U0215320

2021
中国林草生态
综合监测评价报告

国家林业和草原局　编

中国林業出版社

图书在版编目（CIP）数据

2021中国林草生态综合监测评价报告 / 国家林业和草原局编.
-- 北京：中国林业出版社，2023.1
ISBN 978-7-5219-2082-6

Ⅰ. ①2… Ⅱ. ①国… Ⅲ. ①森林生态系统—监测—研究报告—中国—2021②草原生态系统—监测—研究报告—中国—2021
Ⅳ. ①S718.55②S812.29

中国国家版本馆CIP数据核字(2023)第002540号

审 图 号：GS 京（2023）0355 号

责任编辑：李 敏 **电话**：（010）83143575

出 版 中国林业出版社（100009 北京市西城区刘海胡同 7 号）
http：//www.forestry.gov.cn/lycb.html
印 刷 河北京平诚乾印刷有限公司
版 次 2023 年 1 月第 1 版
印 次 2023 年 1 月第 1 次印刷
开 本 889mm × 1194mm 1/16
印 张 22.5
字 数 492 千字
定 价 396.00 元

《2021 中国林草生态综合监测评价报告》
编 委 会

前 言

为贯彻《中华人民共和国森林法》《中华人民共和国草原法》《中华人民共和国湿地保护法》，落实国家林业和草原局“组织开展森林、草原、湿地、荒漠和陆生野生动植物资源动态监测与评价”职责，查清全国林草资源的种类、数量、质量、结构、分布，评价林草生态系统状况，服务山水林田湖草沙一体化保护修复以及碳达峰碳中和战略，支撑林草资源保护发展、林长制督查考核，提升治理体系和治理能力现代化水平，国家林业和草原局组织开展了林草生态综合监测评价工作。

国家林草生态综合监测评价工作，由国家林业和草原局统一部署，各直属院牵头，与各省（自治区、直辖市）林业和草原主管部门共同组建队伍，通力协作，共同完成。自 2021 年 4 月开始，至 12 月结束，历时 9 个月，投入调查监测技术人员 1.7 万人，完成样地调查 45.7 万个，图斑监测 4.7 亿个。监测工作具有以下特点：

（一）组建专业团队，协同攻坚克难

国家林业和草原局成立林草生态综合监测评价工作领导小组，设立领导小组办公室，具体组织实施。组建了由院士领衔的专家顾问组，对重大技术问题进行咨询把关，成立了技术支撑组，编制技术方案和技术规程。下发了《关于开展国家林草生态综合监测评价工作的通知》，明确各级林草主管部门的职责，组建局直属院领军、地方专业技术力量参与的监测队伍，承担样地调查与图斑监测任务，各省级林草主管部门高度重视、精心组织、密切配合，全方位推动监测评价工作。以国家林业和草原局直属院为主体，联合中国科学院、中国林业科学研究院、中国农业科学院、北京林业大学等单位专家团队，对综合监测的技术体系、数据融合、生态评价等技术难点进行重点攻关。

（二）统一监测本底，实施一体监测

本次监测评价工作执行了《国土空间调查、规划、用途管制用地用海分类指南（试行）》《国家林草生态综合监测评价技术规程》等标准。以第三次全国国土调查数据为统一底版，对接融合林草湿数据，形成统一监测本底。按照统一时点，对林草湿监测一体谋划、一体设计、一体实施、一体汇总。利用遥感监测、精准定位、人工智能、模型更新等先进技术，图斑监测和样地调查相结合，实现点面耦合、统一出数。利用生态定位站点长期观测资料，基于各类林草资源监测数据，综合评价生态系统的类型、质量、格局、功能与效益。

（三）强化技术培训，严格督导检查

林草生态综合监测评价工作首次开展，统一技术标准和操作流程至关重要。领导小组办公室组织了局直属院700余名技术人员参加的国家级培训，各直属院分片分区采用集中授课、现场实操，视频授课、网上答疑等方式进行了全员培训。严格执行《国家林草生态综合监测评价质量检查办法（试行）》，实行事前指导、事中检查、成果校审的全面质量管理，落实“首件必检”“地类变化必检”措施。成立了由相关司局负责同志任组长的8个督导小组，实行“分区分片包保”负责制，对各省（自治区、直辖市）的工作进度和成果质量实施督促和指导。

（四）集中分析评价，产出综合成果

2021年10月，林草生态综合监测评价工作领导小组办公室组织局直属院、中国科学院、中国林业科学研究院、中国农业科学院、北京林业大学等单位的152名专家和技术人员，成立汇总工作组，历时100天，对全国样地数据和图斑数据进行了认真审核、汇总分析，涉及数据量达600亿组；研究建立生长模型、更新模型、反演模型、评价模型等各类模型1297套，开展了样地、图斑数据更新和生态功能效益评价；汇总各省（自治区、直辖市）林草湿数据与国土“三调”对接融合成果，统一标准化处理，关联上图，建立林草资源数据库，形成涵盖空间位置、管理属性、自然要素、资源特征等信息的林草资源图，产出了样地调查和图斑监测相结合、国家和地方相衔接的林草资源一套数；编写了《2021中国林草资源及生态状况》《2021中国林草生态综合监测评价报告》，制作了各类林草专题图件和宣传材料。

本次林草生态综合监测评价工作，整合监测资源，实现了单项监测向综合监测转变，创新技术方法，形成了国家和地方一体化监测模式，拓展了监测评价内容，在生态系统评价方面取得突破性进展。综合监测，全面摸清了林草资源本底及其生态状况，成果客观翔实、准确可靠，可为推动山水林田湖草沙系统治理提供科学依据，对促进林草事业高质量发展、推动生态文明建设具有重要意义。

本次监测评价工作的林地、草地、湿地的地类界线和范围，直接采用第三次全国国土调查成果，并按现状更新到2021年。林地包括乔木林地、竹林地、灌木林地和其他林地；草地包括天然牧草地、人工牧草地、其他草地；湿地包括森林沼泽、灌丛沼泽、沼泽草地、其他沼泽地、沿海滩涂、内陆滩涂、红树林地、河流水面、湖泊水面、水库水面、坑塘水面（不含养殖水面，下同）、沟渠以及浅海水域等。

编者

2022年11月

目　录

第一章

林草资源状况

第一节　总体状况[①]

中国林草资源丰富，林地、草地、湿地总面积6.05亿公顷。林草覆盖面积5.29亿公顷，林草覆盖率55.11%。林草植被总生物量234.86亿吨，总碳储量114.43亿吨，年碳汇量12.80亿吨。森林面积2.31亿公顷、居世界第五位，森林覆盖率24.02%。森林蓄积量194.93亿立方米、居世界第六位。天然林面积1.43亿公顷、居世界第五位，人工林面积0.88亿公顷、居世界第一位。草地面积2.65亿公顷、居世界第二位，草原综合植被盖度50.32%，鲜草总产量5.95亿吨。湿地面积0.56亿公顷、居世界第四位。全国林草资源主要指标见表1-1。

表1-1　全国林草资源主要指标

统计单位	森林面积（万公顷）	森林覆盖率（%）	森林蓄积量（万立方米）	草原综合植被盖度（%）	鲜草产量（万吨）
全　国	23063.63	24.02	1949280.80	50.32	59542.87
北　京	71.06	43.31	2952.49	78.73	16.20
天　津	15.40	12.82	508.32	67.51	16.22
河　北	460.52	24.41	15101.10	73.50	1011.17
山　西	322.82	20.60	15877.61	73.33	1096.92
内蒙古	2302.08	20.10	164424.01	45.07	12775.84
辽　宁	524.38	35.27	36073.48	67.44	247.08
吉　林	838.99	43.88	122586.86	72.10	315.03
黑龙江	2012.35	44.47	215847.19	72.49	958.58
上　海	10.68	12.40	857.22	88.12	10.77
江　苏	76.83	7.22	5162.84	76.37	72.47
浙　江	598.91	56.64	37786.63	74.46	54.86
安　徽	393.21	28.06	25669.44	77.47	37.09
福　建	807.72	65.12	80713.30	77.55	85.89
江　西	984.50	58.97	66328.90	80.53	81.52
山　东	223.81	14.16	7672.41	74.73	145.60
河　南	350.28	21.14	17731.81	64.32	161.92

①由于台湾省、香港和澳门特别行政区林草资源分项数据暂缺，除本节的森林面积、森林覆盖率、森林蓄积量、天然林和人工林面积含台湾省、香港和澳门特别行政区数据外，其余指标及后续数据均不含台湾省、香港和澳门特别行政区的数据。

（续）

统计单位	森林面积（万公顷）	森林覆盖率（%）	森林蓄积量（万立方米）	草原综合植被盖度（%）	鲜草产量（万吨）
湖　北	782.97	42.11	48336.09	82.50	72.55
湖　南	1123.44	53.03	58037.93	86.30	126.02
广　东	953.29	53.03	57811.71	79.30	202.24
广　西	1181.30	49.70	85953.26	82.82	242.54
海　南	169.47	48.26	15493.33	87.02	17.44
重　庆	348.48	42.30	21845.89	84.20	16.35
四　川	1736.26	35.72	189498.02	82.30	7032.92
贵　州	771.56	43.81	49081.10	88.44	167.21
云　南	2117.03	55.25	214447.60	79.10	803.11
西　藏	1181.00	9.82	224264.18	48.02	11166.53
陕　西	894.09	43.48	56953.80	57.20	906.67
甘　肃	482.67	11.33	26406.88	53.03	3451.46
青　海	153.67	2.21	4441.91	57.80	11352.66
宁　夏	51.29	9.88	807.15	52.65	342.66
新　疆	901.00	5.52	30404.94	41.60	6555.35
台　湾	219.71	60.71	50203.40	—	—
香　港	2.77	25.05	—	—	—
澳　门	0.09	30.00	—	—	—

专栏 1-1　林木覆盖率与林草覆盖率

林木覆盖率：林地范围内的乔木林、竹林和灌木林面积，园地范围内的乔木林、竹林、木本油料和干果经济灌木林面积，以及林地和园地范围外的乔木林、竹林、红树林面积，计为林木覆盖面积，其占国土面积的比例即为林木覆盖率。

林草覆盖率：林木覆盖面积与草原综合植被盖度大于20%的草原面积之和，计为林草覆盖面积，其占国土面积的比例即为林草覆盖率。

第二节　森林资源

一、森林资源数量

（一）各类林地面积

林地面积28412.59万公顷，占国土面积的29.60%。其中，乔木林地19591.94万公顷，竹林地752.70万公顷，灌木林地5523.83万公顷，疏林地、未成林地、苗圃地、迹地等其他林地2544.12万公顷。林地各地类面积构成见图1-1。

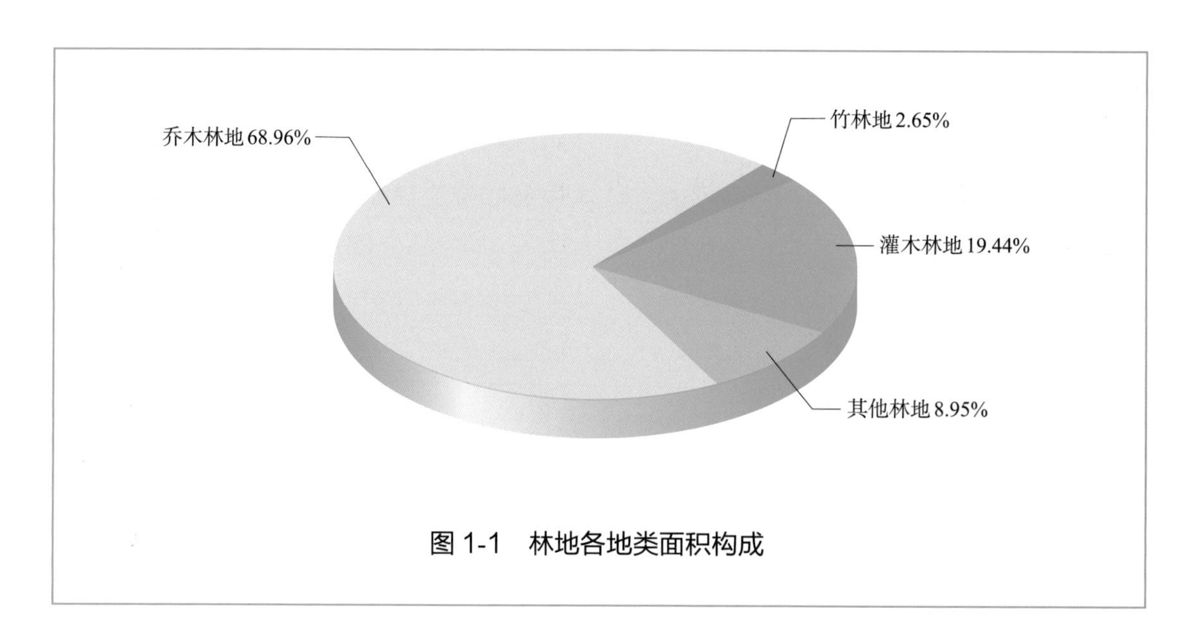

图1-1　林地各地类面积构成

林地中，质量“好”的占41.63%，“中”的占39.71%，“差”的占18.66%。质量“好”的主要分布在我国南方和东北东部，质量“中”的主要分布在我国中部、西南和东北西部，质量“差”的主要分布在我国西北、华北干旱地区和青藏高原。

专栏1-2　林地质量评价方法

根据与森林植被生长密切相关的水热条件、地形地貌特征和土壤等自然环境因素，对林地质量进行综合评定。选取多年平均降水量、湿润指数、年平均气温、≥ 10℃的积温、海拔、坡向、坡度、坡位、土层厚度、腐殖层厚度、枯枝落叶层厚度等11个因子，采用层次分析法，按下式计算林地质量综合评分值：

$$EEQ=\sum_{i=1}^{n}V_i \cdot W_i/10$$

式中：EEQ 为林地质量综合评分值；V_i 为各因子评分值；W_i 为各因子权重。

根据林地质量综合评分值，划分为“好”（分值≥0.7）、“中”（0.5≤分值＜0.7）、“差”（分值＜0.5）3个等级。

（二）各类林木储量

活立木蓄积量2154074.81万立方米，其中森林蓄积量1899077.40万立方米、占88.16%，疏林蓄积量8184.74万立方米、占0.38%，散生木蓄积量138114.91万立方米、占6.41%，四旁树蓄积量108697.76万立方米、占5.05%。主要分布在我国西南和东北省份，其中云南240976.97万立方米、黑龙江238273.22万立方米、西藏233543.37万立方米、四川214908.11万立方米、内蒙古181073.27万立方米、吉林128255.98万立方米，6个省份活立木蓄积量合计1237030.92万立方米、占全国活立木蓄积量的57.43%。各类林木蓄积量构成见图1-2。

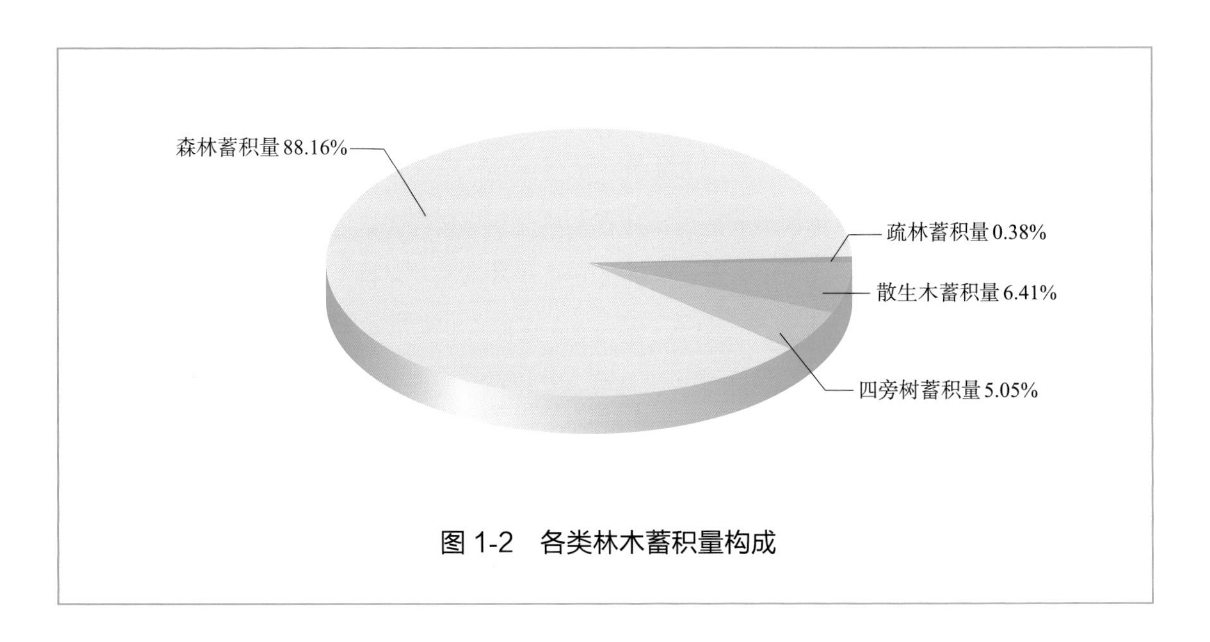

图1-2 各类林木蓄积量构成

林木总生物量218.86亿吨，其中乔木林生物量183.57亿吨、占83.88%，竹林生物量4.20亿吨、占1.92%，灌木林生物量5.91亿吨、占2.70%，疏林生物量0.81亿吨、占0.37%，散生木生物量13.42亿吨、占6.13%，四旁树生物量10.95亿吨、占5.00%。森林生物量189.55亿吨。

林木总碳储量107.23亿吨，其中乔木林碳储量89.89亿吨、占83.83%，竹林碳储量2.10亿吨、占1.96%，灌木林碳储量2.96亿吨、占2.76%，疏林碳储量0.39亿吨、占0.36%，散生木碳储量6.57亿吨、占6.13%，四旁树碳储量5.32亿吨、占4.96%。森林碳储量92.87亿吨。

专栏 1-3 活立木蓄积量与森林蓄积量

活立木蓄积量：指一定区域土地上全部树木蓄积量的总量，包括乔木林蓄积量、疏林蓄积量、散生木蓄积量和四旁树蓄积量。

森林蓄积量：指一定区域内乔木林地上林木蓄积量的总量。

（三）各类森林数量

森林面积22841.06万公顷，森林蓄积量1899077.40万立方米。森林面积中，乔木林19986.51万公顷、占87.50%，竹林756.27万公顷、占3.31%，国家特别规定的灌木林（简称"特灌林"，下同）2098.28万公顷、占9.19%。内蒙古、云南、黑龙江、四川、广西、西藏、湖南森林面积较大，7个省份森林面积合计11653.46万公顷、占全国森林面积的51.02%。

专栏 1-4 森林面积

森林面积：乔木林、竹林和国家特别规定的灌木林面积之和。①乔木林包括林地范围内的乔木林；园地范围内的木本油料、工业原料、干果等经济用途乔木林；森林沼泽范围内的乔木林；建设用地范围内的乔木林。②竹林包括林地范围内的竹林；建设用地范围内的竹林。③国家特别规定的灌木林包括林地范围内，分布在年均降水量400毫米以下的干旱（含极干旱、干旱、半干旱）地区，生态环境脆弱，专为防护用途，且覆盖度大于40%，平均高度0.5米以上的灌木林地；林地和园地范围内的木本油料、工业原料、干果等经济用途灌木林；红树林地。

森林蓄积量中，西藏、黑龙江、云南、四川、内蒙古、吉林森林蓄积量较大，6个省份森林蓄积量合计1131067.86万立方米、占全国森林蓄积量的59.56%。各省份森林面积见表1-2、森林蓄积量见表1-3。

表1-2 各省份森林面积

万公顷

分 级	省份个数（个）	森林面积
2000以上	3	内蒙古2302.08、云南2117.03、黑龙江2012.35
1000～2000	4	四川1736.26、广西1181.30、西藏1181.00、湖南1123.44
500～1000	10	江西984.50、广东953.29、新疆901.00、陕西894.09、吉林838.99、福建807.72、湖北782.97、贵州771.56、浙江598.91、辽宁524.38

（续）

分　级	省份个数（个）	森林面积
100～500	9	甘肃482.67、河北460.52、安徽393.21、河南350.28、重庆348.48、山西322.82、山东223.81、海南169.47、青海153.67
100以下	5	江苏76.83、北京71.06、宁夏51.29、天津15.40、上海10.68

表1-3　各省份森林蓄积量

万立方米

分　级	省份个数（个）	森林蓄积量
100000以上	6	西藏224264.18、黑龙江215847.19、云南214447.60、四川189498.02、内蒙古164424.01、吉林122586.86
50000～100000	6	广西85953.26、福建80713.30、江西66328.90、湖南58037.93、广东57811.71、陕西56953.80
30000～50000	5	贵州49081.10、湖北48336.09、浙江37786.63、辽宁36073.48、新疆30404.94
10000～30000	7	甘肃26406.88、安徽25669.44、重庆21845.89、河南17731.81、山西15877.61、海南15493.33、河北15101.10
10000以下	7	山东7672.41、江苏5162.84、青海4441.91、北京2952.49、上海857.22、宁夏807.15、天津508.32

森林面积、蓄积量按森林类别分，公益林面积13528.58万公顷、蓄积量1217494.77万立方米，商品林面积9312.48万公顷、蓄积量681582.63万立方米。公益林与商品林的面积之比为59∶41，蓄积量之比为64∶36。森林按森林类别的面积蓄积量构成见图1-3。

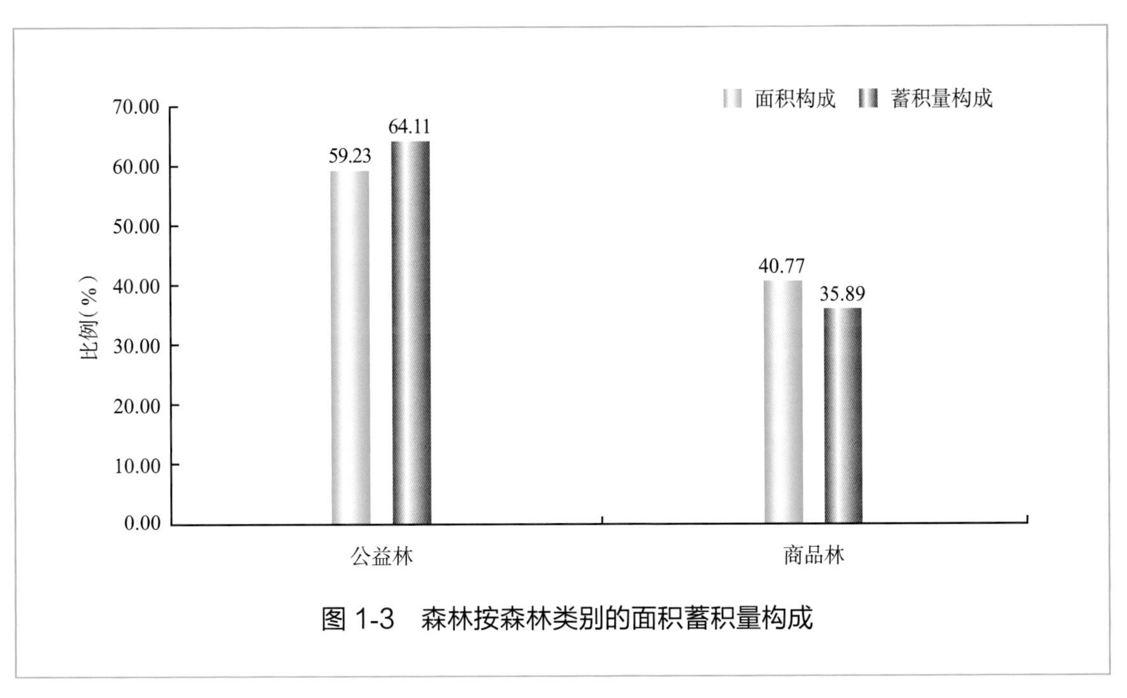

图1-3　森林按森林类别的面积蓄积量构成

1.乔木林面积蓄积量

乔木林面积19986.51万公顷，蓄积量1899077.40万立方米。按龄组分，幼龄林6404.55万公顷、占32.05%，中龄林6330.01万公顷、占31.67%，近熟林、成熟林和过熟林（简称“近成过熟林”）合计7251.95万公顷、占36.28%。幼龄林和中龄林（简称“中幼林”）主要分布在云南、黑龙江、广西、内蒙古、湖南、四川、广东、江西、湖北，9个省份中幼林面积合计7877.96万公顷、占全国中幼林面积的61.86%。近成过熟林主要分布在四川、内蒙古、黑龙江、西藏、云南、吉林，6个省份近成过熟林面积合计4518.26万公顷、占全国近成过熟林面积的62.30%。乔木林分龄组面积蓄积量见表1-4。

表1-4 乔木林分龄组面积蓄积量

龄　组	面积（万公顷）	面积比例（%）	蓄积量（万立方米）	蓄积量比例（%）
合　计	19986.51	100.00	1899077.40	100.00
幼龄林	6404.55	32.05	277126.65	14.59
中龄林	6330.01	31.67	565385.75	29.77
近熟林	3128.48	15.65	374836.72	19.74
成熟林	2805.70	14.04	422001.08	22.22
过熟林	1317.77	6.59	259727.20	13.68

按优势树种（组）归类，乔木林面积中，针叶林6744.47万公顷、占33.75%，针阔混交林1693.10万公顷、占8.47%，阔叶林11548.94万公顷、占57.78%；乔木林蓄积量中，针叶林768488.74万立方米、占40.47%，针阔混交林166325.84万立方米、占8.76%，阔叶林964262.82万立方米、占50.77%。

分优势树种（组）的乔木林面积中，排名居前10位的分别为栎树林、杉木林、落叶松林、桦木林、马尾松林、杨树林、桉树林、云杉林、云南松林、冷杉林，面积合计8757.20万公顷、占全国乔木林面积的43.83%，蓄积量合计893357.72万立方米、占全国乔木林蓄积量的47.05%。乔木林主要优势树种（组）面积蓄积量见表1-5。

专栏1-5 优势树种（组）

优势树种（组）：指林分内树种蓄积量占林分总蓄积量65%以上的树种或树种组。无蓄积量或蓄积量很少的幼龄林和未成林造林地，按株数的组成比例确定；任何一个树种的蓄积量（或株数）比例都达不到65%的林分，按针叶混、针阔混、阔叶混确定优势树种。按优势树种（组）统计的面积、蓄积量反映的是该优势树种（组）林分的数量。

表1-5　乔木林主要优势树种（组）面积蓄积量

树种（组）	面积（万公顷）	面积比例（%）	蓄积量（万立方米）	蓄积量比例（%）
合　计	8757.20	43.83	893357.72	47.05
栎树林	1790.64	8.96	151166.35	7.96
杉木林	1240.27	6.21	113667.90	5.99
落叶松林	1101.42	5.51	115973.26	6.11
桦木林	1021.64	5.11	92497.48	4.87
马尾松林	828.50	4.15	64663.95	3.41
杨树林	805.37	4.03	57204.44	3.01
桉树林	569.36	2.85	26486.08	1.39
云杉林	499.63	2.50	91397.48	4.81
云南松林	487.25	2.44	52379.62	2.76
冷杉林	413.12	2.07	127921.16	6.74

2.竹林面积株数

竹林面积756.27万公顷，其中，毛竹林527.76万公顷、占69.78%，其他竹林228.51万公顷、占30.22%。毛竹株数143.30亿株，其中，毛竹林株数121.74亿株、占84.95%，散生毛竹株数21.56亿株、占15.05%。毛竹株数与面积见表1-6。

表1-6　毛竹株数与面积

统计单位	毛竹株数（亿株）	毛竹林	
		面积（万公顷）	株数（亿株）
全　国	143.30	527.76	121.74
福　建	28.39	126.91	26.59
湖　南	24.63	117.23	19.55
江　西	26.98	99.69	25.05
浙　江	30.59	77.81	25.19
安　徽	10.36	31.32	8.79
广　西	5.38	25.00	3.86
广　东	4.92	20.35	4.60
湖　北	4.37	9.00	3.50
四　川	3.92	8.90	1.95
贵　州	1.68	6.91	1.30

（续）

统计单位	毛竹株数（亿株）	毛竹林	
		面积（万公顷）	株数（亿株）
江　苏	0.90	2.93	0.81
重　庆	0.56	1.45	0.41
河　南	0.27	0.26	0.14
陕　西	0.26		
山　东	0.05		
甘　肃	0.04		

竹林在我国20个省份有分布，其中，面积30万公顷以上的有福建、江西、湖南、浙江、四川、广东、广西、安徽，8个省份合计678.50万公顷、占全国竹林面积的89.72%。毛竹林在我国13个省份有分布，其中，面积70万公顷以上的有福建、湖南、江西、浙江，4个省份合计421.64万公顷、占全国毛竹林面积的79.89%。

3. 特灌林面积

森林面积中，特灌林面积2098.28万公顷。按起源分，天然特灌林1403.89万公顷、占66.91%，人工特灌林694.39万公顷、占33.09%。特灌林主要分布在西北和内蒙古干旱、半干旱地区，新疆、内蒙古、青海、甘肃、陕西、宁夏等6个省份特灌林面积合计1520.94万公顷、占全国特灌林面积的72.49%。

二、森林资源构成

森林按起源分为天然林和人工林，按林地所有权分为国有林和集体林，按主导功能分为公益林和商品林。

（一）天然林和人工林

全国森林面积中，天然林14081.29万公顷、占61.65%，人工林8759.77万公顷、占38.35%。全国森林蓄积量中，天然林1437703.18万立方米、占75.71%，人工林461374.22万立方米、占24.29%。

1. 天然林

全国天然林面积14081.29万公顷。其中，乔木林12301.58万公顷、占87.36%，竹林375.82万公顷、占2.67%，特灌林1403.89万公顷、占9.97%。天然林蓄积量1437703.18万立方米，每公顷蓄积量116.87立方米。内蒙古、黑龙江、云南、西藏、四川天然林面积较大，5个省份面积合计7192.85万公顷、占全国天然林面积的51.08%。各省份天然林面积见表1-7、蓄积量见表1-8。

表1-7 各省份天然林面积

万公顷

分 级	省份个数（个）	天然林面积
1500以上	3	内蒙古1749.25、黑龙江1741.21、云南1522.27
1000～1500	2	西藏1172.53、四川1007.59
500～1000	4	新疆846.33、吉林641.84、陕西640.06、江西612.09
100～500	14	湖北492.25、湖南400.69、福建395.48、甘肃333.57、浙江329.83、广西311.94、贵州281.91、辽宁267.87、广东237.96、重庆223.57、河北219.28、河南163.07、山西158.62、青海134.54
100以下	6	安徽98.24、海南59.00、北京28.43、宁夏10.63、山东0.84、天津0.40

表1-8 各省份天然林蓄积量

万立方米

分 级	省份个数（个）	天然林蓄积量
50000以上	7	西藏224148.54、黑龙江190351.78、云南190311.61、四川160851.74、内蒙古150739.91、吉林106843.79、陕西51355.27
30000～50000	3	福建39302.95、江西39068.54、湖北31617.77
10000～30000	11	新疆27407.32、贵州27029.62、广西23651.75、辽宁22639.54、浙江22191.60、广东22069.28、甘肃21612.20、湖南20639.10、重庆16494.29、山西11163.81、河南10293.95
10000以下	8	海南7664.89、河北7430.16、安徽7035.68、青海4058.37、北京1242.83、宁夏403.49、山东65.86、天津17.54

按权属分，天然林面积中，国有林7814.93万公顷、占55.50%，集体林6266.36万公顷、占44.50%；天然林蓄积量中，国有林955828.24万立方米、占66.48%，集体林481874.94万立方米、占33.52%。

天然乔木林按龄组分，幼龄林面积3257.52万公顷、蓄积量172738.36万立方米，中龄林面积3876.42万公顷、蓄积量398996.55万立方米，近成过熟林面积5167.64万公顷、蓄积量865968.27万立方米。天然乔木林各龄组面积蓄积量见表1-9。

表 1-9　天然乔木林各龄组面积蓄积量

龄　组	面积（万公顷）	面积比例（%）	蓄积量（万立方米）	蓄积量比例（%）
合　计	12301.58	100.00	1437703.18	100.00
幼龄林	3257.52	26.48	172738.36	12.01
中龄林	3876.42	31.51	398996.55	27.75
近熟林	2120.62	17.24	293875.60	20.44
成熟林	1995.16	16.22	338957.08	23.58
过熟林	1051.86	8.55	233135.59	16.22

天然中幼龄林主要分布在黑龙江、云南、内蒙古、湖北、江西、陕西、四川，7个省份面积合计占全国的59.42%；天然近成过熟林主要分布在西藏、黑龙江、内蒙古、四川、云南、吉林、陕西，7个省份面积合计占全国的78.90%。

按优势树种（组）归类，天然乔木林面积中，针叶林3561.88万公顷、占28.96%，针阔混交林1020.00万公顷、占8.29%，阔叶林7719.70万公顷、占62.75%。天然乔木林蓄积量中，针叶林524386.41万立方米、占36.48%，针阔混交林118953.94万立方米、占8.27%，阔叶林794362.83万立方米、占55.25%。分优势树种（组）的天然乔木林面积，全国排名居前10位的分别为栎树林、桦木林、落叶松林、云杉林、冷杉林、云南松林、马尾松林、杉木林、柏木林、高山松林，面积合计5394.69万公顷、占全国的43.84%，蓄积量合计680363.46万立方米、占全国的47.32%。天然乔木林主要优势树种（组）面积蓄积量见表1-10。

表 1-10　天然乔木林主要优势树种（组）面积蓄积量

树种（组）	面积（万公顷）	面积比例（%）	蓄积量（万立方米）	蓄积量比例（%）
合　计	5394.69	43.84	680363.46	47.32
栎树林	1524.65	12.39	144184.07	10.03
桦木林	959.22	7.80	91552.62	6.37
落叶松林	811.21	6.59	86451.75	6.01
云杉林	463.05	3.76	89345.39	6.21
冷杉林	396.44	3.22	127658.19	8.88
云南松林	343.13	2.79	49187.42	3.42
马尾松林	292.98	2.38	29700.44	2.07
杉木林	246.91	2.01	16343.35	1.14
柏木林	179.54	1.46	13385.02	0.93
高山松林	177.56	1.44	32555.21	2.26

2. 人工林

人工林面积8759.77万公顷。其中，乔木林7684.93万公顷、占87.73%，竹林380.45万公顷、占4.34%，特灌林694.39万公顷、占7.93%。人工林蓄积量461374.22万立方米，每公顷蓄积量60.04立方米。广西、四川、湖南、广东、云南、内蒙古、贵州、福建人工林面积较大，8个省份合计占全国的58.06%。各省份人工林面积见表1-11、蓄积量见表1-12。

表1-11 各省份人工林面积

万公顷

分 级	省份个数（个）	人工林面积
400以上	8	广西869.36、四川728.67、湖南722.75、广东715.33、云南594.76、内蒙古552.83、贵州489.65、福建412.24
300～400	1	江西372.41
200～300	8	安徽294.97、湖北290.72、黑龙江271.14、浙江269.08、辽宁256.51、陕西254.03、河北241.24、山东222.97
100～200	6	吉林197.15、河南187.21、山西164.20、甘肃149.10、重庆124.91、海南110.47
100以下	8	江苏76.83、新疆54.67、北京42.63、宁夏40.66、青海19.13、天津15.00、上海10.68、西藏8.47

表1-12 各省份人工林蓄积量

万立方米

分 级	省份个数（个）	人工林蓄积量
30000以上	4	广西62301.51、云南41410.35、湖南37398.83、广东35742.43
20000～30000	5	福建28646.28、贵州27260.36、吉林25495.41、四川24135.99、黑龙江22051.48
10000～20000	6	安徽18633.76、湖北16718.32、山东15743.07、浙江15595.03、江西13684.10、内蒙古13433.94
1000～10000	11	甘肃7828.44、海南7670.94、河北7606.55、河南7437.86、辽宁5598.53、江苏5351.60、山西5162.84、重庆4794.68、陕西4713.80、新疆2997.62、北京1709.66
1000以下	5	青海857.22、宁夏490.78、上海403.66、天津383.54、西藏115.64

按权属分，人工林面积中，国有林1364.94万公顷、占15.58%，集体林7394.83万公顷、占84.42%。人工林蓄积量中，国有林97194.77万立方米、占21.07%，集体林364179.45万立方米、占78.93%。

人工乔木林按龄组分，幼龄林面积3147.03万公顷、蓄积量104388.29万立方米，中龄林面积2453.59万公顷、蓄积量166389.20万立方米，近成过熟林面积2084.31万公顷、蓄积量190596.73万立方米。人工乔木林各龄组面积蓄积量见表1-13。

表1-13 人工乔木林各龄组面积蓄积量

龄 组	面积（万公顷）	面积比例（%）	蓄积量（万立方米）	蓄积量比例（%）
合 计	7684.93	100.00	461374.22	100.00
幼龄林	3147.03	40.95	104388.29	22.63
中龄林	2453.59	31.93	166389.20	36.06
近熟林	1007.86	13.11	80961.12	17.55
成熟林	810.54	10.55	83044.00	18.00
过熟林	265.91	3.46	26591.61	5.76

广西、广东、湖南、四川、云南、贵州中幼龄人工乔木林面积较大，6个省份合计占全国的50.22%。四川、云南、广西、福建、内蒙古、广东、湖南、贵州近成过熟人工乔木林面积较大，8个省份合计占全国的58.29%。

按优势树种（组）归类，人工乔木林面积中，针叶林3182.59万公顷、占41.41%，针阔混交林673.10万公顷、占8.76%，阔叶林3829.24万公顷、占49.83%。人工乔木林蓄积量中，针叶林244102.33万立方米、占52.91%，针阔混交林47371.90万立方米、占10.27%，阔叶林169899.99万立方米、占36.82%。分优势树种（组）的人工乔木林面积，全国排名居前10位的分别为杉木林、杨树林、桉树林、马尾松林、落叶松林、柏木林、刺槐林、油松林、云南松林、湿地松林，面积合计占全国的50.79%，蓄积量合计占全国的56.74%。人工乔木林主要优势树种（组）面积蓄积量见表1-14。

表1-14 人工乔木林主要优势树种（组）面积蓄积量

树种（组）	面积（万公顷）	面积比例（%）	蓄积量（万立方米）	蓄积量比例（%）
合 计	3901.68	50.79	261828.90	56.74
杉木林	993.36	12.93	97324.55	21.09
杨树林	625.04	8.13	39852.00	8.64
桉树林	550.80	7.17	26227.12	5.68
马尾松林	535.52	6.97	34963.51	7.58
落叶松林	290.21	3.78	29521.51	6.40
柏木林	230.39	3.00	8073.41	1.75
刺槐林	203.23	2.64	5832.44	1.26
油松林	201.05	2.62	9723.72	2.11
云南松林	144.12	1.88	3192.20	0.69
湿地松林	127.96	1.67	7118.44	1.54

（二）国有林和集体林

森林面积中，国有林面积9179.87万公顷、占40.19%，集体林面积13661.19万公顷、占59.81%。森林蓄积量中，国有林蓄积量1053023.01万立方米、占55.45%，集体林蓄积量846054.39万立方米、占44.55%。

1.国有林

国有林面积9179.87万公顷。其中，乔木林8002.60万公顷、占87.18%，竹林45.90万公顷、占0.50%，特灌林1131.37万公顷、占12.32%。国有林蓄积量1053023.01万立方米，每公顷蓄积量131.59立方米。黑龙江、内蒙古、西藏、新疆、四川、吉林、云南的国有林面积较大，7个省份合计占全国的80.40%。西藏、黑龙江、内蒙古、四川、吉林、云南的国有林蓄积量较大，6个省份合计占全国的83.45%。各省份国有林面积见表1-15、蓄积量见表1-16。

表1-15　各省份国有林面积

万公顷

分　级	省份个数（个）	国有林面积
1000以上	3	黑龙江1941.44、内蒙古1555.40、西藏1175.49
500～1000	3	新疆885.95、四川730.25、吉林628.35
100～500	8	云南464.00、甘肃308.02、陕西263.97、青海135.78、山西118.42、江西114.35、广西110.64、广东108.67
100以下	17	海南98.69、河北65.15、湖南59.39、辽宁58.81、湖北53.88、福建53.01、安徽38.13、河南36.38、浙江33.42、重庆25.62、山东25.60、贵州25.18、江苏24.68、宁夏22.62、北京8.98、上海5.24、天津4.36

表1-16　各省份国有林蓄积量

万立方米

分　级	省份个数（个）	国有林蓄积量
100000以上	5	西藏224168.51、黑龙江207881.88、内蒙古154519.23、四川116402.69、吉林103111.96
50000～100000	1	云南72663.01
10000～50000	5	新疆29051.32、陕西24955.61、甘肃20561.52、江西13452.72、海南10628.25
5000～10000	7	广西9620.07、山西8483.98、广东7917.93、福建6459.27、湖南5656.02、辽宁5618.77、湖北5538.99
5000以下	13	河北4119.43、青海4068.44、浙江3012.90、河南2794.25、贵州2669.15、安徽2518.80、重庆2333.45、江苏1762.16、山东1169.07、宁夏677.56、北京560.62、上海458.41、天津187.04

按森林类别分，国有林面积中，公益林7295.46万公顷、占79.47%，商品林1884.41万公顷、占20.53%。国有林蓄积量中，公益林835027.45万立方米、占79.30%，商品林217995.56万立方米、占20.70%。

国有乔木林按龄组分，幼龄林面积1281.92万公顷、蓄积量69167.41万立方米，中龄林面积2454.68万公顷、蓄积量257176.89万立方米，近成过熟林面积4266.00万公顷、蓄积量726678.71万立方米。中幼林主要分布在黑龙江、内蒙古、吉林、云南、四川、西藏，6个省份面积合计占全国的73.98%。近成过熟林主要分布在西藏、黑龙江、内蒙古、四川、吉林、云南，6个省份面积合计占全国的80.44%。国有乔木林各龄组面积蓄积量见表1-17。

表1-17　国有乔木林各龄组面积蓄积量

龄　组	面积（万公顷）	面积比例（%）	蓄积量（万立方米）	蓄积量比例（%）
合　计	8002.60	100.00	1053023.01	100.00
幼龄林	1281.92	16.02	69167.41	6.57
中龄林	2454.68	30.67	257176.89	24.42
近熟林	1630.54	20.38	227572.53	21.61
成熟林	1698.29	21.22	293526.77	27.88
过熟林	937.17	11.71	205579.41	19.52

按优势树种（组）归类，国有乔木林面积中，针叶林2729.61万公顷、占34.11%，针阔混交林544.45万公顷、占6.80%，阔叶林4728.54万公顷、占59.09%。国有乔木林蓄积量中，针叶林447025.10万立方米、占42.45%，针阔混交林77516.09万立方米、占7.36%，阔叶林528481.82万立方米、占50.19%。分优势树种（组）的国有乔木林面积，全国排名居前10位的分别为落叶松林、桦木林、栎树林、云杉林、冷杉林、杨树林、高山松林、云南松林、柏木林、杉木林，面积合计占全国的53.29%，蓄积量合计占全国的55.09%。国有乔木林主要优势树种（组）面积蓄积量见表1-18。

表1-18　国有乔木林主要优势树种（组）面积蓄积量

树种（组）	面积（万公顷）	面积比例（%）	蓄积量（万立方米）	蓄积量比例（%）
合　计	4264.16	53.29	580070.48	55.09
落叶松林	943.21	11.79	105349.03	10.00
桦木林	907.82	11.34	85764.10	8.14
栎树林	803.46	10.04	85178.69	8.09
云杉林	463.03	5.79	86837.46	8.25
冷杉林	368.01	4.60	117475.47	11.16
杨树林	275.48	3.44	24775.13	2.35
高山松林	156.09	1.95	29064.93	2.76
云南松林	131.25	1.64	22376.82	2.13
柏木林	123.67	1.55	8604.15	0.82
杉木林	92.14	1.15	14644.70	1.39

2.集体林

集体林面积13661.19万公顷。其中，乔木林11983.91万公顷、占87.72%，竹林710.37万公顷、占5.20%，特灌林966.91万公顷、占7.08%。集体林蓄积量846054.39万立方米，每公顷蓄积量70.60立方米。云南、广西、湖南、四川、江西、广东、福建、内蒙古、贵州、湖北的集体林面积较大，10个省份合计占全国的69.43%。云南、广西、福建、四川、江西、湖南、广东、贵州、湖北、浙江的集体林蓄积量较大，10个省份合计占全国的76.19%。各省份集体林面积见表1-19、蓄积量见表1-20。

表1-19　各省份集体林面积

万公顷

分　级	省份个数（个）	集体林面积
1000以上	4	云南1653.03、广西1070.66、湖南1064.05、四川1006.01
500～1000	8	江西870.15、广东844.62、福建754.71、内蒙古746.68、贵州746.38、湖北729.09、陕西630.12、浙江565.49
100～500	9	辽宁465.57、河北395.37、安徽355.08、重庆322.86、河南313.90、吉林210.64、山西204.40、山东198.21、甘肃174.65
100以下	10	黑龙江70.91、海南70.78、北京62.08、江苏52.15、宁夏28.67、青海17.89、新疆15.05、天津11.04、西藏5.51、上海5.44

表1-20　各省份集体林蓄积量

万立方米

分　级	省份个数（个）	集体林蓄积量
100000以上	1	云南141784.59
50000～100000	5	广西76333.19、福建74254.03、四川73095.33、江西52876.18、湖南52381.91
30000～50000	6	广东49893.78、贵州46411.95、湖北42797.10、浙江34773.73、陕西31998.19、辽宁30454.71
10000～30000	5	安徽23150.64、重庆19512.44、吉林19474.90、河南14937.56、河北10981.67
10000以下	14	内蒙古9904.78、黑龙江7965.31、山西7393.63、山东6503.34、甘肃5845.36、海南4865.08、江苏3400.68、北京2391.87、新疆1353.62、上海398.81、青海373.47、天津321.28、宁夏129.59、西藏95.67

按森林类别分，集体林面积中，公益林6233.12万公顷、占45.63%，商品林7428.07万公顷、占54.37%。集体林蓄积量中，公益林382467.32万立方米、占45.21%，商品林463587.07万立方米、占54.79%。

集体乔木林按龄组分，幼龄林面积5122.63万公顷、蓄积量207959.24万立方米，中龄林面积3875.33万公顷、蓄积量308208.86万立方米，近成过熟林面积2985.95万公顷、蓄积量329886.29万立方米。中幼林主要分布在云南、广西、湖南、广东、湖北、江西、贵州、四川、陕西，9个省份面积合计占全国的67.70%。近成过熟林主要分布在云南、四川、福建、广西、湖南、贵州、广东、浙江，8个省份面积合计占全国的64.32%。集体乔木林各龄组面积蓄积量见表1-21。

表1-21　集体乔木林各龄组面积蓄积量

龄　组	面积（万公顷）	面积比例（%）	蓄积量（万立方米）	蓄积量比例（%）
合　计	11983.91	100.00	846054.39	100.00
幼龄林	5122.63	42.74	207959.24	24.58
中龄林	3875.33	32.34	308208.86	36.43
近熟林	1497.94	12.50	147264.19	17.41
成熟林	1107.41	9.24	128474.31	15.18
过熟林	380.60	3.18	54147.79	6.40

按优势树种（组）归类，集体乔木林面积中，针叶林4014.86万公顷、占33.50%，针阔混交林1148.65万公顷、占9.59%，阔叶林6820.40万公顷、占56.91%。集体乔木林蓄积量中，针叶林321463.64万立方米、占37.99%，针阔混交林88809.75万立方米、占

10.50%，阔叶林435781.00万立方米、占51.51%。分优势树种（组）的集体乔木林面积，全国排名居前10位的分别为杉木林、栎树林、马尾松林、杨树林、桉树林、云南松林、柏木林、油松林、刺槐林和落叶松林，面积合计占全国的43.37%，蓄积量合计占全国的41.44%。集体乔木林主要优势树种（组）面积蓄积量见表1-22。

表1-22 集体乔木林主要优势树种（组）面积蓄积量

树种（组）	面积（万公顷）	面积比例（%）	蓄积量（万立方米）	蓄积量比例（%）
合 计	5197.55	43.37	350657.62	41.44
杉木林	1148.13	9.58	99023.20	11.70
栎树林	987.18	8.24	65987.66	7.80
马尾松林	794.47	6.63	61365.87	7.25
杨树林	529.89	4.42	32429.31	3.83
桉树林	511.72	4.27	23072.53	2.73
云南松林	356.00	2.97	30002.80	3.55
柏木林	286.26	2.39	12854.28	1.52
油松林	221.80	1.85	10353.49	1.22
刺槐林	203.89	1.70	4944.25	0.58
落叶松林	158.21	1.32	10624.23	1.26

（三）公益林和商品林

森林面积中，公益林13528.58万公顷、占59.23%，商品林9312.48万公顷、占40.77%。森林蓄积量中，公益林1217494.77万立方米、占64.11%，商品林681582.63万立方米、占35.89%。

1.公益林

公益林面积13528.58万公顷。其中，乔木林11471.91万公顷、占84.80%，竹林245.99万公顷、占1.82%，特灌林1810.68万公顷、占13.38%。公益林蓄积量1217494.77万立方米，每公顷蓄积量106.13立方米。主要分布在东北内蒙古林区、西南林区以及西北生态区位重要、生态环境脆弱的区域。内蒙古、黑龙江、西藏、四川、云南、新疆的公益林面积较大，6个省份合计占全国的54.60%。各省份公益林面积见表1-23、蓄积量见表1-24。

表1-23　各省份公益林面积

万公顷

分　级	省份个数（个）	公益林面积
1500以上	1	内蒙古1822.04
1000～1500	3	黑龙江1431.67、西藏1178.36、四川1061.79
500～1000	3	云南996.91、新疆896.50、陕西686.12
100～500	17	甘肃477.86、湖南411.80、吉林406.47、广东403.50、贵州354.20、江西339.19、浙江324.82、山西298.52、广西296.23、河北296.01、湖北285.19、辽宁276.93、福建257.60、重庆201.22、河南193.73、青海153.41、安徽140.25
100以下	7	山东87.16、海南81.25、北京69.02、宁夏50.31、江苏31.80、上海9.66、天津9.06

表1-24　各省份公益林蓄积量

万立方米

分　级	省份个数(个)	公益林蓄积量
100000以上	5	西藏223904.64、黑龙江154952.08、四川139556.69、云南120127.21、内蒙古117685.82
20000～100000	13	吉林60069.11、陕西45881.50、广东31342.83、新疆29870.59、福建26999.93、甘肃25838.31、江西25246.06、湖南23358.26、浙江23051.08、广西22783.06、贵州22089.51、湖北21716.36、辽宁20715.08
10000～20000	5	山西14938.50、重庆13428.91、河南10698.27、河北10170.84、安徽10155.70
10000以下	8	海南9831.82、青海4393.96、山东2937.05、北京2689.89、江苏1655.03、宁夏692.73、上海432.04、天津281.91

按起源分，公益林面积中，天然林10154.12万公顷、占75.06%，人工林3374.46万公顷、占24.94%。公益林蓄积量中，天然林1058507.56万立方米、占86.94%，人工林158987.21万立方米、占13.06%。

乔木公益林按龄组分，幼龄林面积3137.22万公顷、蓄积量136847.94万立方米，中龄林面积3475.61万公顷、蓄积量317595.60万立方米，近成过熟林面积4859.08万公顷、蓄积量763051.23万立方米。中幼林主要分布在黑龙江、内蒙古、云南、四川、陕西、广东，6个省份面积合计占全国的46.82%。近成过熟林主要分布在西藏、四川、内蒙古、黑龙江、云南、陕西、吉林，7个省份面积合计占全国的73.11%。乔木公益林各龄组面积蓄积量见表1-25。

表1-25 乔木公益林各龄组面积蓄积量

龄 组	面积（万公顷）	面积比例（%）	蓄积量（万立方米）	蓄积量比例（%）
合 计	11471.91	100.00	1217494.77	100.00
幼龄林	3137.22	27.35	136847.94	11.24
中龄林	3475.61	30.29	317595.60	26.09
近熟林	1924.60	16.78	242331.68	19.90
成熟林	1906.65	16.62	306013.44	25.13
过熟林	1027.83	8.96	214706.11	17.64

按优势树种（组）归类，乔木公益林面积中，针叶林3791.94万公顷、占33.05%，针阔混交林881.07万公顷、占7.68%，阔叶林6798.90万公顷、占59.27%。乔木公益林蓄积量中，针叶林502367.58万立方米、占41.26%，针阔混交林93968.49万立方米、占7.72%，阔叶林621158.70万立方米、占51.02%。分优势树种（组）的乔木公益林面积，全国排名居前10位的分别为栎树林、桦木林、落叶松林、云杉林、杨树林、冷杉林、马尾松林、杉木林、云南松林、柏木林，面积合计占全国的44.86%，蓄积量合计占全国的48.59%。乔木公益林主要优势树种（组）面积蓄积量见表1-26。

表1-26 乔木公益林主要优势树种（组）面积蓄积量

树种（组）	面积（万公顷）	面积比例（%）	蓄积量（万立方米）	蓄积量比例（%）
合 计	5148.56	44.86	591640.27	48.59
栎树林	1273.09	11.10	111067.05	9.12
桦木林	742.41	6.47	66739.69	5.48
落叶松林	708.27	6.17	76591.81	6.29
云杉林	476.63	4.15	86966.88	7.14
杨树林	404.09	3.52	31027.38	2.55
冷杉林	384.48	3.35	120147.34	9.87
马尾松林	312.42	2.72	22924.02	1.88
杉木林	301.25	2.63	26791.66	2.20
云南松林	278.13	2.42	35312.43	2.90
柏木林	267.79	2.33	14072.01	1.16

2.商品林

商品林面积9312.48万公顷。其中，乔木林8514.60万公顷、占91.43%，竹林510.28万公顷、占5.48%，特灌林287.60万公顷、占3.09%。商品林蓄积量681582.63万立方米，每公顷蓄积量80.05立方米。云南、广西、湖南、四川、江西、黑龙江、福建、广东的商品林面积较大，8个省份合计占全国的61.39%。云南、广西、吉林、黑龙江、福建、四川、内蒙古、江西的商品林蓄积量较大，8个省份合计占全国的69.31%。各省份商品林面积见表1-27、蓄积量见表1-28。

表1-27 各省份商品林面积

万公顷

分 级	省份个数（个）	商品林面积
1000以上	1	云南1120.12
500～1000	7	广西885.07、湖南711.64、四川674.47、江西645.31、黑龙江580.68、福建550.12、广东549.79
100～500	12	湖北497.78、内蒙古480.04、吉林432.52、贵州417.36、浙江274.09、安徽252.96、辽宁247.45、陕西207.97、河北164.51、河南156.55、重庆147.26、山东136.65
100以下	11	海南88.22、江苏45.03、山西24.30、天津6.34、甘肃4.81、新疆4.50、西藏2.64、北京2.04、上海1.02、宁夏0.98、青海0.26

表1-28 各省份商品林蓄积量

万立方米

分 级	省份个数（个）	商品林蓄积量
50000以上	5	云南94320.39、广西63170.20、吉林62517.75、黑龙江60895.11、福建53713.37
20000～50000	7	四川49941.33、内蒙古46738.19、江西41082.84、湖南34679.67、贵州26991.59、湖北26619.73、广东26468.88
10000～20000	4	安徽15513.74、辽宁15358.40、浙江14735.55、陕西11072.30
10000以下	15	重庆8416.98、河南7033.54、海南5661.51、河北4930.26、山东4735.36、江苏3507.81、山西939.11、甘肃568.57、新疆534.35、上海425.18、西藏359.54、北京262.60、天津226.41、宁夏114.42、青海47.95

按起源分，商品林面积中，天然林3927.17万公顷、占42.17%，人工林5385.31万公顷、占57.83%。商品林蓄积量中，天然林379195.62万立方米、占55.63%，人工林302387.01万立方米、占44.37%。

乔木商品林按龄组分，幼龄林面积3267.33万公顷、蓄积量140278.71万立方米，中龄林面积2854.40万公顷、蓄积量247790.15万立方米，近成过熟林面积2392.87万公顷、蓄积量293513.77万立方米。乔木商品林各龄组面积蓄积量构成见表1-29。

表1-29 乔木商品林各龄组面积蓄积量

龄 组	面积（万公顷）	面积比例（%）	蓄积量（万立方米）	蓄积量比例（%）
合 计	8514.60	100.00	681582.63	100.00
幼龄林	3267.33	38.37	140278.71	20.58
中龄林	2854.40	33.52	247790.15	36.36
近熟林	1203.88	14.14	132505.04	19.44
成熟林	899.05	10.56	115987.64	17.02
过熟林	289.94	3.41	45021.09	6.60

按优势树种（组）归类，乔木商品林面积中，针叶林2952.53万公顷、占34.67%，针阔混交林812.03万公顷、占9.54%，阔叶林4750.04万公顷、占55.79%。乔木商品林蓄积量中，针叶林266121.16万立方米、占39.04%，针阔混交林72357.35万立方米、占10.62%，阔叶林343104.12万立方米、占50.34%。分优势树种（组）的乔木商品林面积，全国排名居前10位的分别为杉木林、桉树林、栎树林、马尾松林、杨树林、落叶松林、桦木林、云南松林、柏木林、湿地松林，面积合计占全国的47.20%，蓄积量合计占全国的46.06%。乔木商品林主要优势树种（组）面积蓄积量见表1-30。

表1-30 乔木商品林主要优势树种（组）面积蓄积量

树种（组）	面积（万公顷）	面积比例（%）	蓄积量（万立方米）	蓄积量比例（%）
合 计	4017.93	47.20	313992.89	46.06
杉木林	939.02	11.03	86876.24	12.75
桉树林	521.52	6.13	24196.66	3.55
栎树林	517.55	6.08	40099.30	5.88
马尾松林	516.08	6.06	41739.93	6.12
杨树林	401.28	4.71	26177.06	3.84
落叶松林	393.15	4.62	39381.45	5.78
桦木林	279.23	3.28	25757.79	3.78
云南松林	209.12	2.46	17067.19	2.50
柏木林	142.14	1.67	7386.42	1.08
湿地松林	98.84	1.16	5310.85	0.78

三、森林质量特征

森林质量指标一般包括单位面积蓄积量、单位面积生长量、单位面积株数、平均胸径、平均树高、平均郁闭度、树种组成结构等。乔木林是森林资源的主体，森林质量通常采用乔木林的质量指标反映。

（一）单位面积蓄积量

乔木林每公顷蓄积量95.02立方米。按起源分，天然林116.87立方米，人工林60.04立方米。按权属分，国有林131.59立方米，集体林70.60立方米。按森林类别分，公益林106.13立方米，商品林80.05立方米。乔木林各龄组每公顷蓄积量见表1-31。

表1-31　乔木林各龄组每公顷蓄积量

立方米

起　源	乔木林	幼龄林	中龄林	近熟林	成熟林	过熟林
合　计	95.02	43.27	89.32	119.81	150.41	197.10
天然林	116.87	53.03	102.93	138.58	169.89	221.64
人工林	60.04	33.17	67.81	80.33	102.46	100.00

林区省份的乔木林每公顷蓄积量明显高于全国平均水平，其中西藏229.96立方米、吉林146.34立方米、福建121.64立方米、四川113.81立方米、新疆112.29立方米、黑龙江107.26立方米、云南103.80立方米。

（二）单位面积生物量

乔木林每公顷生物量91.84吨。按起源分，天然林112.21吨，人工林59.25吨。按权属分，国有林118.05吨，集体林74.35吨。按森林类别分，公益林100.65吨，商品林79.98吨。乔木林各龄组每公顷生物量见表1-32。

表1-32　乔木林各龄组每公顷生物量

吨

起　源	乔木林	幼龄林	中龄林	近熟林	成熟林	过熟林
合　计	91.84	48.28	90.87	114.92	134.20	163.31
天然林	112.21	61.53	105.50	132.61	150.09	180.93
人工林	59.25	34.57	67.75	77.69	95.09	93.65

（三）单位面积生长量

乔木林每公顷年均生长量4.57立方米。按起源分，天然林4.07立方米，人工林5.37

立方米。按权属分，国有林3.84立方米，集体林5.05立方米。按森林类别分，公益林3.68立方米，商品林5.77立方米。乔木林各龄组每公顷年均生长量见表1-33。

表1-33　乔木林各龄组每公顷年均生长量

立方米

起　源	乔木林	幼龄林	中龄林	近熟林	成熟林	过熟林
合　计	4.57	3.75	5.53	4.56	4.49	4.10
天然林	4.07	3.47	4.84	4.06	3.71	3.75
人工林	5.37	4.05	6.62	5.60	6.40	5.46

（四）平均胸径

乔木林平均胸径14.4厘米。按起源分，天然林15.3厘米，人工林13.1厘米。按权属分，国有林16.6厘米，集体林13.0厘米。乔木林平均胸径高于全国平均水平的有12个省份，其中西藏26.1厘米、新疆20.8厘米、青海17.9厘米、吉林17.5厘米、四川16.9厘米、海南16.2厘米。

毛竹林平均胸径为9.5厘米。按起源分，天然毛竹林9.6厘米，人工毛竹林9.4厘米。按权属分，国有毛竹林9.4厘米，集体毛竹林9.6厘米。

（五）平均树高

乔木林平均树高为10.6米。按起源分，天然林11.2米，人工林9.8米。按权属分，国有林12.4米，集体林9.6米。乔木林按起源分高度级面积及比例见表1-34。

表1-34　乔木林按起源分高度级面积及比例

高度级	乔木林		天然林		人工林	
	面积（万公顷）	比例（%）	面积（万公顷）	比例（%）	面积（万公顷）	比例（%）
合　计	19986.51	100.00	12301.58	100.00	7684.93	100.00
5.0米以下	1652.17	8.25	630.94	5.13	1021.23	13.38
5.0~10.0米	7654.63	38.50	4195.06	34.11	3459.57	45.66
10.0~15.0米	6695.19	33.38	4361.61	35.26	2333.58	30.30
15.0~20.0米	3140.48	15.60	2397.12	19.58	743.36	9.08
20.0~25.0米	651.21	3.28	544.55	4.49	106.66	1.31
25.0~30.0米	143.52	0.74	125.55	1.04	17.97	0.24
30.0米以上	49.31	0.25	46.75	0.39	2.56	0.03

毛竹林平均高10.2米。按起源分，天然毛竹林10.5米，人工毛竹林9.6米。按权属分，国有毛竹林10.4米，集体毛竹林10.1米。

特灌林平均高度2.1米。按起源分，天然特灌林1.6米，人工特灌林为3.0米。按权属分，国有特灌林1.4米，集体特灌林2.9米。特灌林中，小灌林（0.5米以下）面积386.08万公顷、占18.40%，中灌林（0.5～2.0米)1263.59万公顷、占60.22%，大灌林（2.0米以上）448.61万公顷、占21.38%。

（六）平均郁闭度

乔木林平均郁闭度0.59。按起源分，天然林0.61，人工林0.56。按权属分，国有林0.60，集体林0.58。乔木林中，郁闭度0.2～0.4的面积4523.60万公顷、占22.63%，0.5～0.7的面积10766.12万公顷、占53.87%,0.8～1.0的面积4696.79万公顷、占23.50%。乔木林各龄组按郁闭度等级面积见表1-35。

表1-35　乔木林各龄组按郁闭度等级面积

龄　组	0.2～0.4		0.5～0.7		0.8～1.0	
	面积（万公顷）	比例（%）	面积（万公顷）	比例（%）	面积（万公顷）	比例（%）
合　计	4523.60	100.00	10766.12	100.00	4696.79	100.00
幼龄林	2243.59	49.60	2929.98	27.22	1230.98	26.21
中龄林	1079.05	23.85	3588.87	33.34	1662.09	35.39
近熟林	466.65	10.32	1833.97	17.03	827.86	17.62
成熟林	437.34	9.67	1626.00	15.10	742.36	15.81
过熟林	296.97	6.56	787.30	7.31	233.50	4.97

竹林平均郁闭度0.68。按起源分，天然竹林0.69，人工竹林0.67。按权属分，国有竹林0.73，集体竹林0.68。竹林中，郁闭度0.2～0.4的面积49.98万公顷、占6.61%，0.5～0.7的面积410.23万公顷、占54.24%，0.8～1.0的面积296.06万公顷、占39.15%。

特灌林平均覆盖度44%。按起源分，天然特灌林44%，人工特灌林44%。按权属分，国有特灌林43%，集体特灌林46%。特灌林中，覆盖度40%~60%的1633.31万公顷、占77.84%，60%以上的464.97万公顷、占22.16%。

（七）单位面积株数

乔木林每公顷株数1104株。按起源分，天然林1035株，人工林1214株。按权属分，国有林993株，集体林1178株。

毛竹林每公顷株数2307株。按起源分，天然毛竹林2140株，人工毛竹林2557株。按权属分，国有毛竹林3268株，集体毛竹林2255株。

（八）树种组成结构

乔木林中，纯林面积11398.07万公顷、占57.03%，混交林面积8588.44万公顷、占42.97%。天然乔木林中，纯林面积6103.65万公顷、占49.62%，混交林面积6197.93万公顷、占50.38%；人工乔木林中，纯林面积5294.42万公顷、占68.89%，混交林面积2390.51万公顷、占31.11%。

纯林面积比例较大的有新疆92.44%、青海89.20%、山东87.58%、天津87.14%、宁夏84.62%、河北84.13%；混交林面积比例较大的有浙江61.01%、湖北60.19%、吉林59.36%、福建56.22%、黑龙江54.72%、湖南51.70%。乔木林树种组成结构见表1-36。

表1-36 乔木林树种组成结构

类型		合计		天然林		人工林	
		面积（万公顷）	比例（%）	面积（万公顷）	比例（%）	面积（万公顷）	比例（%）
合计		19986.51	100.00	12301.58	100.00	7684.93	100.00
纯林	针叶纯林	6002.45	30.03	3040.97	24.72	2961.48	38.54
	阔叶纯林	5395.62	27.00	3062.68	24.90	2332.94	30.36
混交林	针叶混交林	768.26	3.84	400.27	3.25	367.99	4.79
	针阔混交林	2132.52	10.67	1349.88	10.97	782.64	10.18
	阔叶混交林	5687.66	28.46	4447.78	36.16	1239.88	16.13

专栏1-6 纯林和混交林评定标准

根据乔木林分的树种组成，划分为纯林、相对纯林和混交林3类。其中，单个树种蓄积量≥90%的为纯林，单个树种蓄积量占65%~90%的为相对纯林，单个树种蓄积量占35%~65%的为混交林。在汇总分析中，将相对纯林归并到纯林中统计。

（九）自然度

森林面积中，处于和接近原始状态（自然度Ⅰ级）的天然林面积占4.43%，人为干扰影响较小（自然度Ⅱ级）的天然林面积占13.31%，人为干扰较大（自然度Ⅲ级和自然度Ⅳ级）的天然次生林面积占36.65%，人为干扰很大（自然度Ⅴ级）的天然残次林和人工林面积占45.61%。

四、森林资源动态

2021年综合监测结果显示，全国森林覆盖率由第九次清查的22.96%提高到24.02%，上升了1.06个百分点；森林面积和森林蓄积量依然保持双增长，人工林所占比例继续保持上升势头；森林长消盈余持续扩大，森林质量稳步提升。全国森林覆盖率动态变化见图1-4。

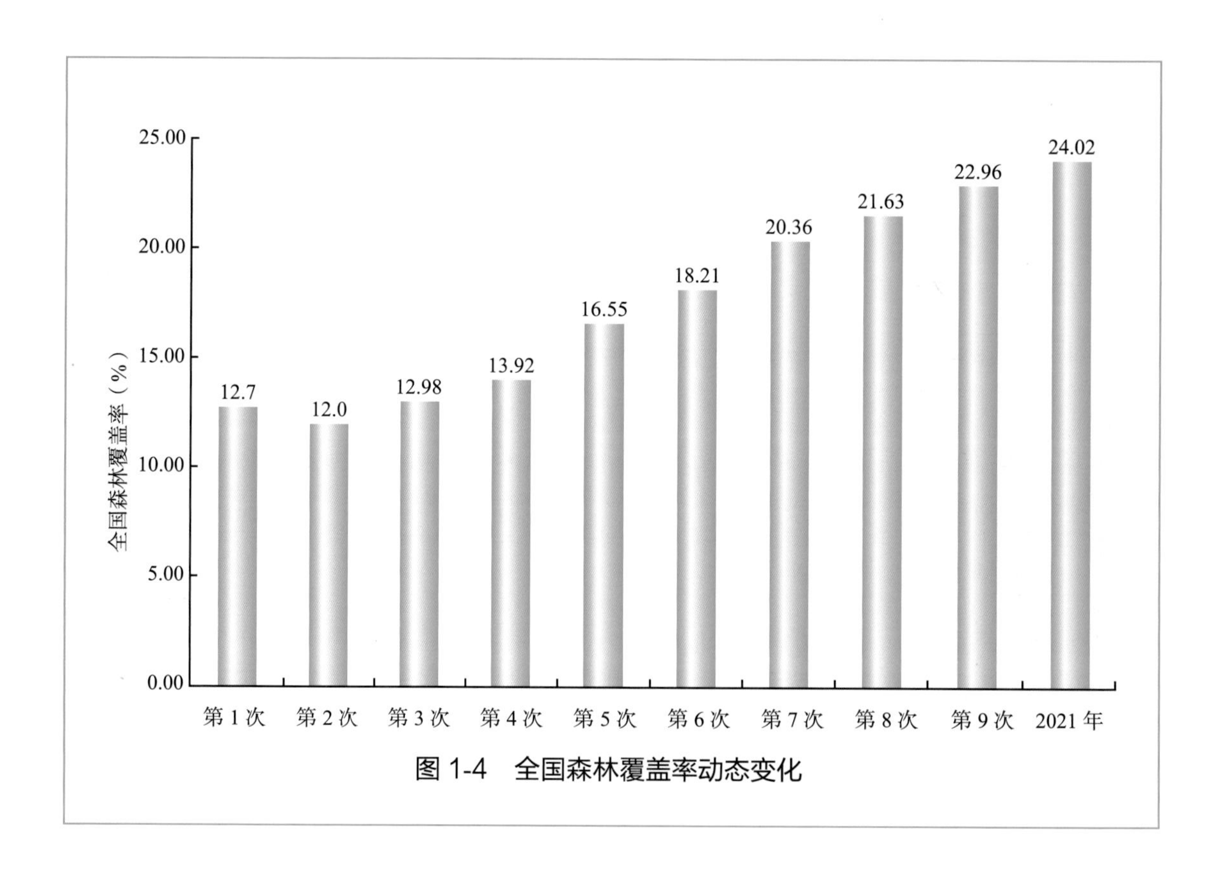

图1-4 全国森林覆盖率动态变化

（一）森林资源总量动态

全国森林面积比第九次清查增加1019.01万公顷，达到23063.63万公顷，增幅为4.62%；森林蓄积量增加19.33亿立方米，达到194.93亿立方米，增幅为11.01%。十八大以来的十年间，森林面积增加2784万公顷，森林蓄积量增加49亿立方米。历次全国清查森林面积和蓄积量动态变化见图1-5。

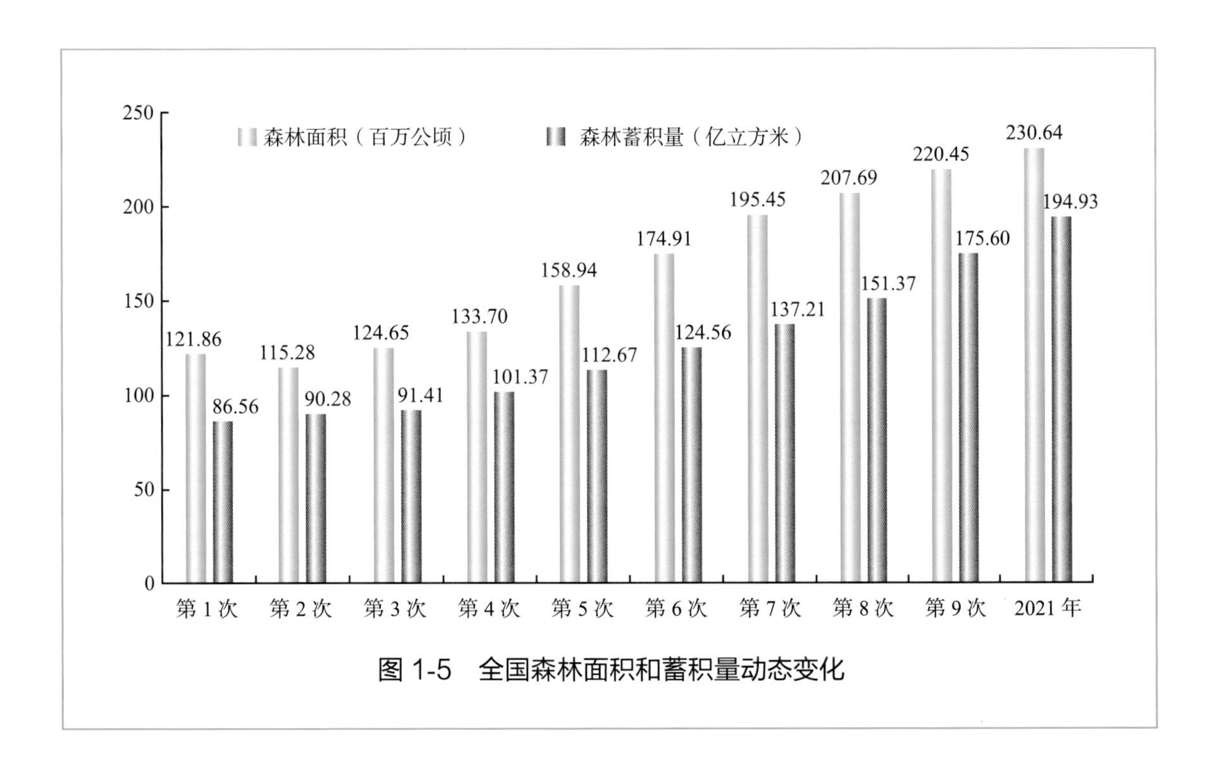

图 1-5 全国森林面积和蓄积量动态变化

森林蓄积量增量按经济发展区域分，东部地区增加2.76亿立方米，增幅14.06%；中部地区增加4.83亿立方米，增幅26.27%；东北地区增加5.88亿立方米，增幅18.61%；西部地区增加5.86亿立方米，增幅5.80%。东北和西部地区森林蓄积量增量较大，其中排名居前的3个省份分别是黑龙江、吉林和广西，森林蓄积量增量分别为3.11亿立方米、2.13亿立方米、1.82亿立方米；中部地区增速较快，其中排名居前的3个省份分别是湖南、湖北和江西，森林蓄积量增幅分别为42.54%、32.40%和30.91%。

（二）森林资源结构动态

1.起源结构变化

全国天然林面积净增213.52万公顷，人工林面积净增805.49万公顷，分别占森林面积净增量的20.95%和79.05%；天然林蓄积量净增7.07亿立方米，人工林蓄积量净增12.26亿立方米，分别占森林蓄积量净增量的36.55%和63.45%。天然林和人工林面积之比由第九次清查的64：36变为62：38；天然林和人工林蓄积量之比由第九次清查的80：20变为76：24；人工林资源所占比例继续保持上升势头。历次清查全国人工林面积蓄积量占比动态变化见图1-6。

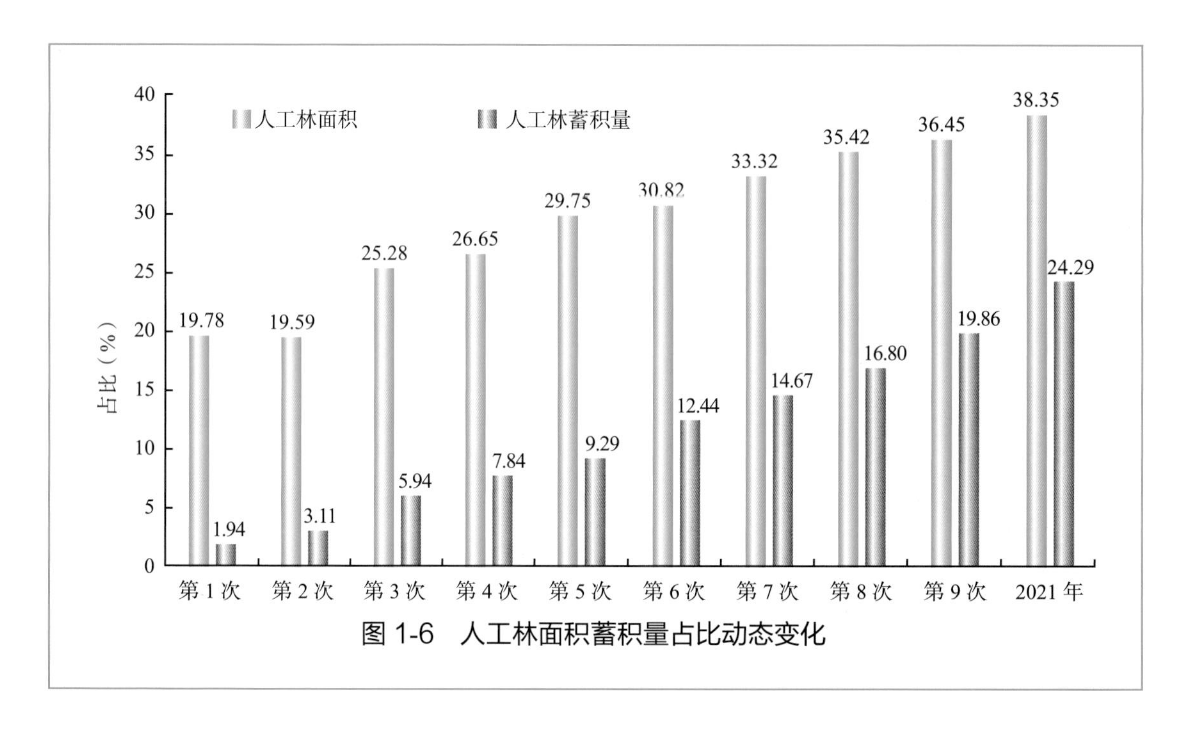

图 1-6　人工林面积蓄积量占比动态变化

2. 树种结构变化

针叶林（含针阔混交林）面积增加833.63万公顷，阔叶林面积增加1164.03万公顷，分别占乔木林面积增量的41.73%和58.27%；针叶林蓄积量增加8.83亿立方米，阔叶林蓄积量增加10.50亿立方米，分别占乔木林蓄积量增量的45.67%和54.33%。针叶林和阔叶林面积之比与第九次清查的42：58基本保持一致；针叶林和阔叶林蓄积量之比由第九次清查的50：50变为49：51。历次清查针叶林面积蓄积量占比动态变化见图1-7。

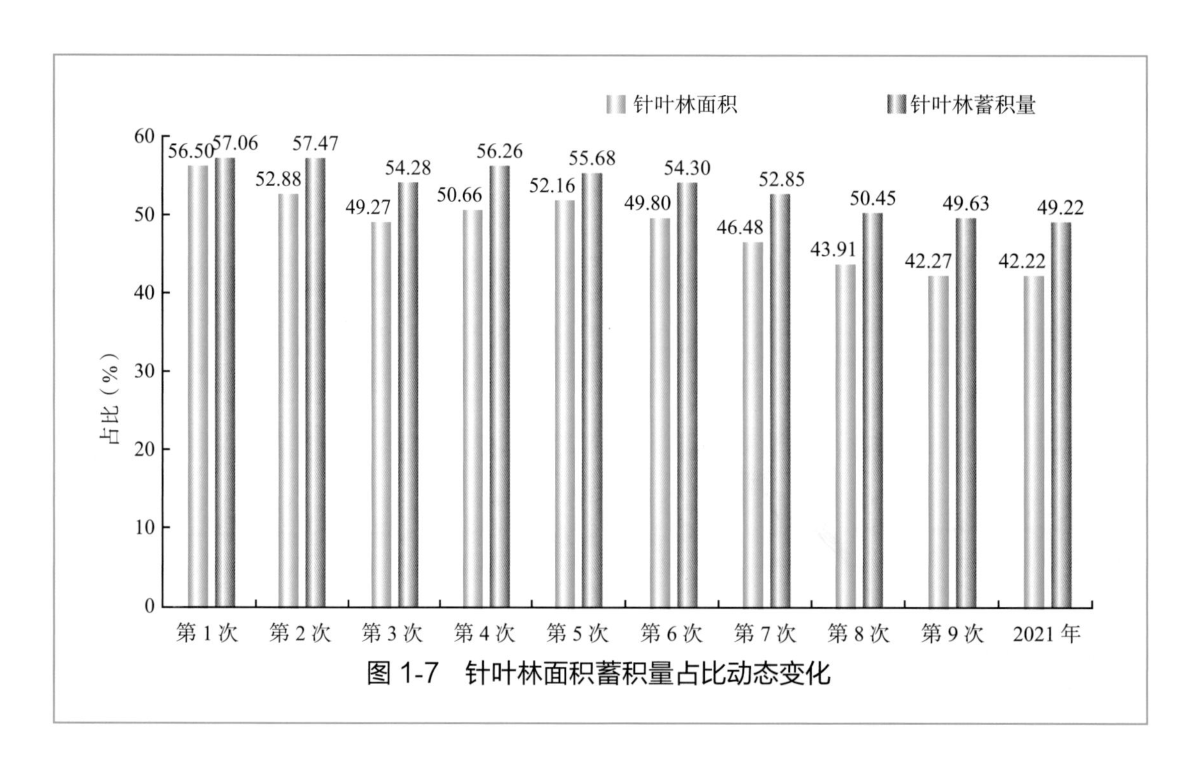

图 1-7　针叶林面积蓄积量占比动态变化

3.龄组结构变化

中幼林面积增加1231.10万公顷，近成过熟林面积增加766.56万公顷，分别占乔木林面积增量的61.63%和38.37%；中幼林蓄积量增加14.65亿立方米，近成过熟林蓄积量增加4.68亿立方米，分别占乔木林蓄积量增量的75.79%和24.21%。中幼林和近成过熟林面积之比与第九次清查的64：36基本一致；中幼林和近成过熟林蓄积量之比由第九次清查的41：59变为44：56。历次清查中幼林面积蓄积量占比动态变化见图1-8。

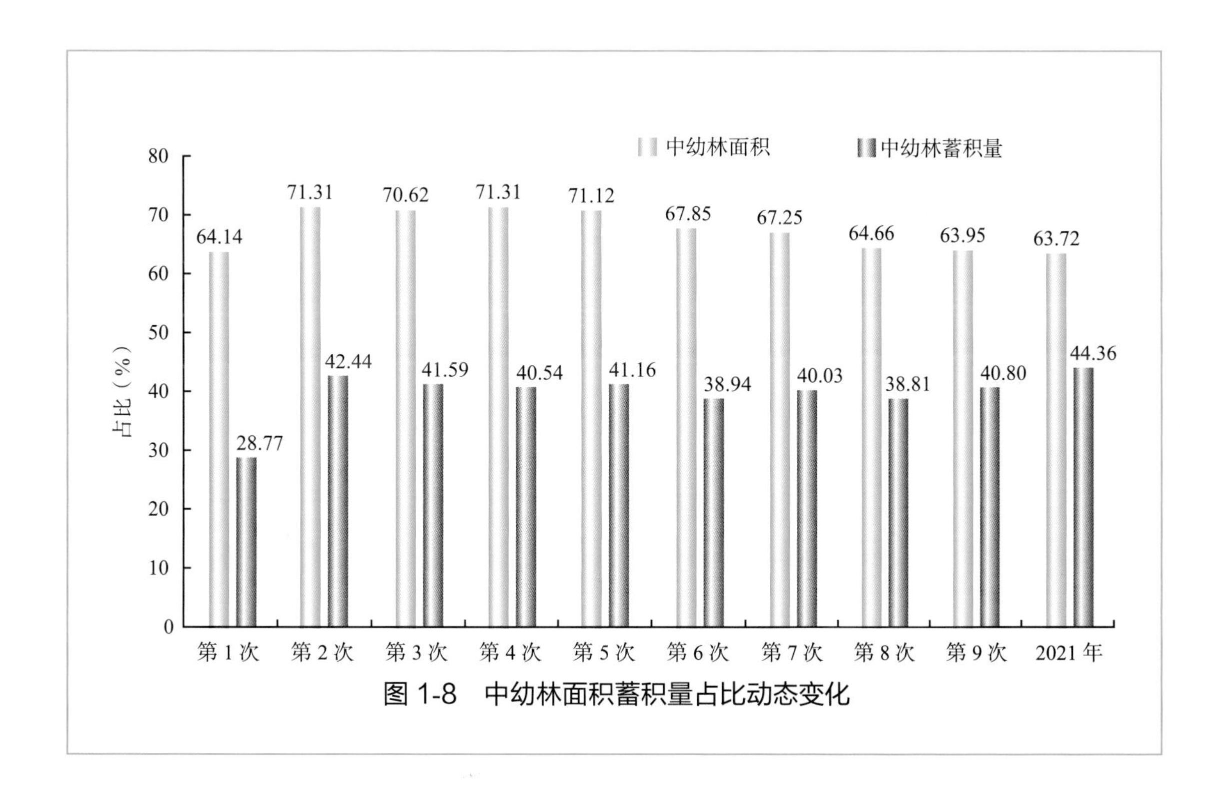

图1-8　中幼林面积蓄积量占比动态变化

（三）森林资源消长动态

林木蓄积量年均总生长量10.54亿立方米，总消耗量4.83亿立方米；年均净生长量8.91亿立方米，年均采伐量3.20亿立方米，年均长消盈余5.71亿立方米，比第九次清查增加46%，森林蓄积量长消盈余持续扩大。历次清查林木蓄积量年均净生长量和采伐量动态变化见图1-9。

森林生长量持续增加，天然林人工林同比增长。全国森林蓄积量年均净生长量7.65亿立方米，比第九次清查增加0.69亿立方米，增幅10%。其中，人工林蓄积量年均净生长量3.77亿立方米，比第九次清查增加13%；天然林蓄积量年均净生长量3.88亿立方米，比第九次清查增加7%。人工林蓄积量净生长量与天然林蓄积量净生长量的比例为49：51，人工林蓄积量净生长量比例比第九次清查提高1个百分点。

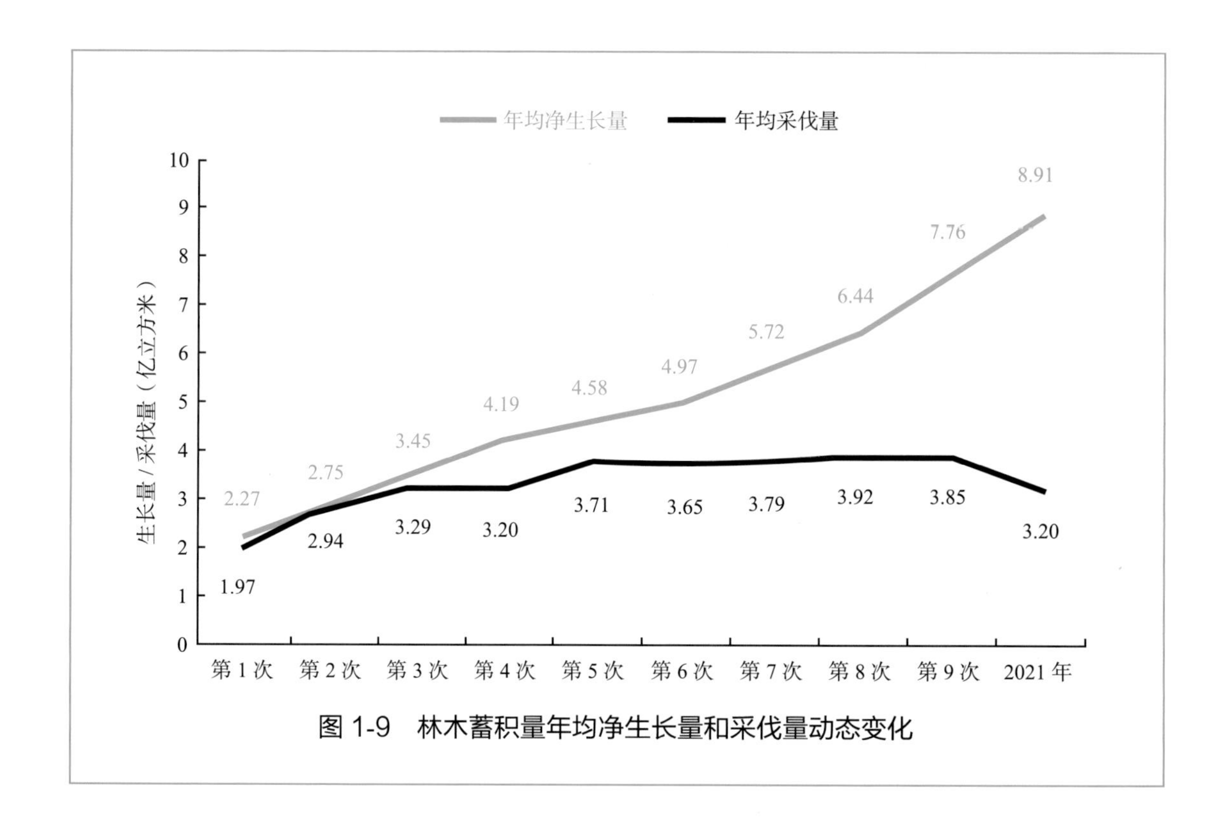

图 1-9　林木蓄积量年均净生长量和采伐量动态变化

森林采伐量继续下降，天然林采伐量不到人工林的1/3。全国森林蓄积量年均采伐量2.31亿立方米，比第九次清查减少0.92亿立方米，降幅28%。全国人工林年均采伐量1.80亿立方米，占78%，天然林年均采伐量0.51亿立方米，占全国年均采伐量的22%，天然林采伐量所占比例持续下降，仅相当于人工林的28%。

（四）森林资源质量动态

乔木林每公顷蓄积量比第九次清查增加0.19立方米，达到95.02立方米；每公顷生物量比第九次清查增加5.62吨，达到91.84吨；每公顷碳储量比第九次清查增加2.86吨，达到44.97吨；乔木林平均胸径增加1.0厘米，达到14.4厘米；平均树高增加0.1米，达到10.6米。历次清查乔木林每公顷蓄积量动态变化见图1-10。

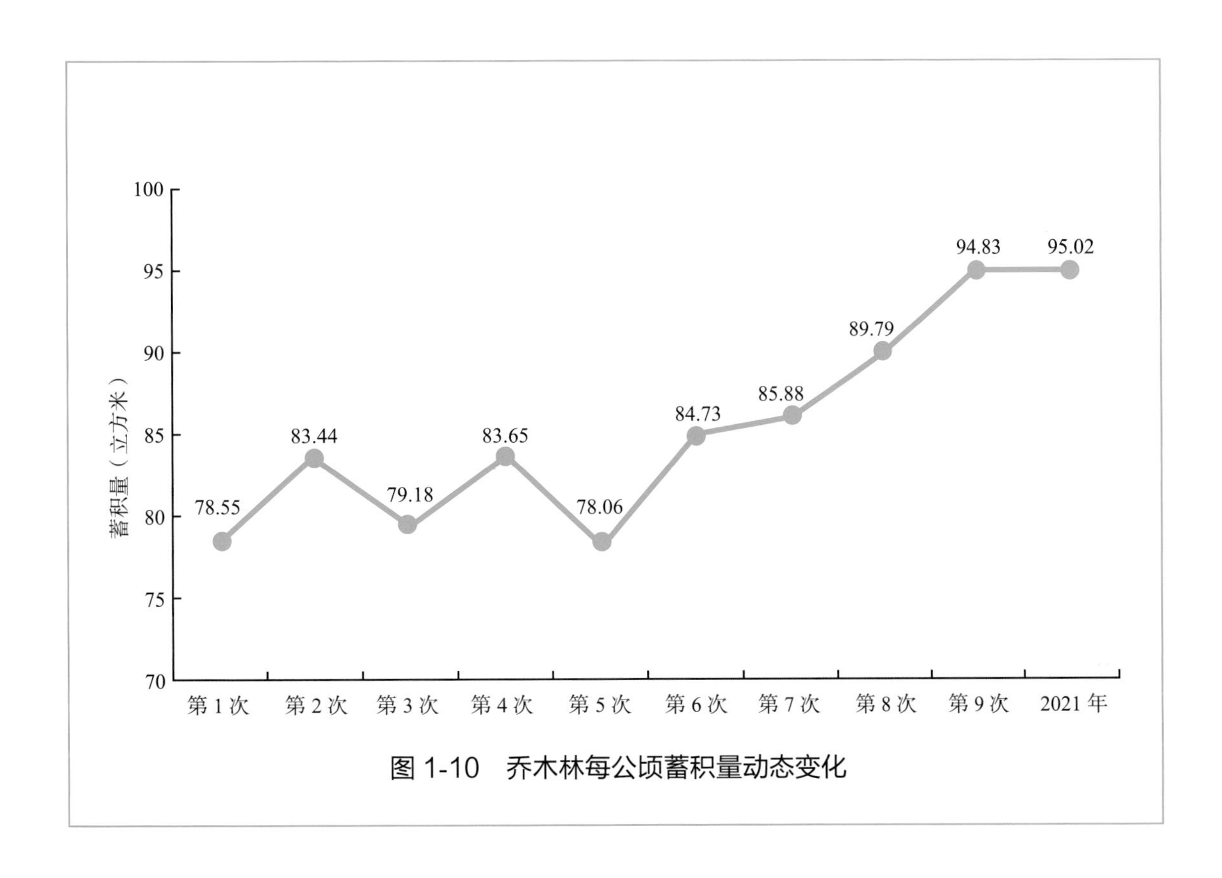

图 1-10　乔木林每公顷蓄积量动态变化

第三节　草原资源

草地面积26453.01万公顷，草原综合植被盖度50.32%，植被碳储量7.20亿吨。鲜草年总产量5.95亿吨，折合干草年总产量1.92亿吨，单位面积干草产量0.73吨/公顷。

专栏 1-7　草原综合植被盖度

草原综合植被盖度是指宏观尺度上草原植物垂直投影面积占该区域草原面积的百分比，反映草原植被的疏密程度，是定量监测评估草原生态质量状况的重要指标。计算方式是，将同类型草原样方盖度平均，得出该类型草原的植被盖度；以某一类型草原面积占该区域草原面积的比例作为草原类型权重，将该区域所有草原类型的草原植被盖度值加权求和，得到该区域的草原综合植被盖度。将各省份的草原综合植被盖度加权求和，得到全国草原综合植被盖度。

一、各类草地面积

草地面积26453.01万公顷。六大牧区包括西藏、内蒙古、新疆、青海、甘肃和四川（下同），草地面积24968.88万公顷，占全国的94.39%。各省份草地面积见表1-37。

表1-37　各省份草地面积

万公顷

分　级	省份个数（个）	草地面积
3500以上	4	西藏8006.51、内蒙古5417.19、新疆5198.60、青海3947.09
500～3500	2	甘肃1430.71、四川968.78
100～500	6	山西310.51、陕西221.03、宁夏203.10、河北194.73、云南132.29、黑龙江118.57
10～100	8	吉林67.47、辽宁48.72、广西27.62、河南25.70、广东23.85、山东23.52、贵州18.83、湖南14.05
10以下	11	江苏9.36、湖北8.94、江西8.87、福建7.49、浙江6.35、安徽4.79、重庆2.36、海南1.71、天津1.50、北京1.45、上海1.32

按草地分类，面积较大的有高寒草甸、高寒典型草原、温性典型草原、温性荒漠、温性荒漠草原等5类，面积合计占75.63%。全国按面积排名前10位的草地类见表1-38。

表1-38　主要草地类面积比例

草地类	面积（万公顷）	比例（%）
高寒草甸	6752.24	25.53
高寒典型草原	4701.28	17.77
温性典型草原	3516.88	13.29
温性荒漠	3201.84	12.10
温性荒漠草原	1836.49	6.94
低地草甸	1171.40	4.43
温性草甸草原	956.16	3.61
温性草原化荒漠	913.71	3.45
山地草甸	873.46	3.30
高寒荒漠草原	716.55	2.71

草地面积按地理大区分，内蒙古高原草原区5286.64万公顷、占19.98%，西北山地盆地草原区6604.33万公顷、占24.97%，青藏高原草原区13587.01万公顷、占51.36%，东

北华北平原山地丘陵草原区684.11万公顷、占2.59%，南方山地丘陵草原区290.92万公顷、占1.10%。各地理大区草地面积比例见图1-11。

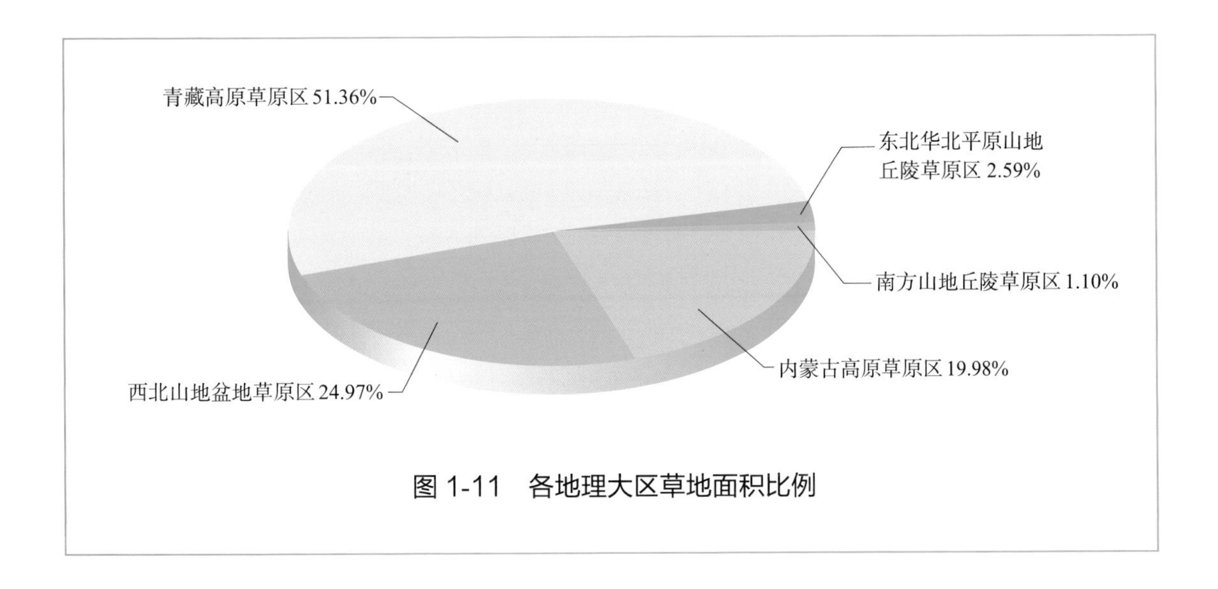

图1-11 各地理大区草地面积比例

二、草原储量

（一）产草量

草地鲜草总产量59542.87万吨，折合干草总产量19195.91万吨。内蒙古、青海、西藏、四川、新疆、甘肃、山西、河北、黑龙江和陕西鲜草产量较大，这10个省份鲜草产量合计56308.10万吨、占全国的94.57%，折合干草总产量18145.89万吨。六大牧区草地鲜草总产量52334.76万吨、占全国的87.89%，折合干草总产量16887.97万吨。各省份草地鲜草产量见表1-39，干草产量见表1-40。

表1-39 各省份草地鲜草总产量

万吨

分 级	省份个数（个）	草地鲜草总产量
10000以上	3	内蒙古12775.84、青海11352.66、西藏11166.53
3000～10000	3	四川7032.92、新疆6555.35、甘肃3451.46
300～3000	7	山西1096.92、河北1011.17、黑龙江958.58、陕西906.67、云南803.11、宁夏342.66、吉林315.03
100～300	7	辽宁247.08、广西242.54、广东202.24、贵州167.21、河南161.92、山东145.60、湖南126.02
100以下	11	福建85.89、江西81.52、湖北72.55、江苏72.47、浙江54.86、安徽37.09、海南17.44、重庆16.35、天津16.22、北京16.20、上海10.77

表1-40 各省份草地干草总产量

万吨

分 级	省份个数（个）	草地干草总产量
1000以上	6	内蒙古4277.97、青海3610.15、西藏3613.05、四川2147.75、新疆2071.50、甘肃1167.55
100~1000	6	山西340.04、河北331.76、陕西299.66、黑龙江286.46、云南254.36、宁夏122.85
50~100	6	吉林95.74、广西79.25、辽宁78.25、广东66.46、贵州53.85、河南53.25
10~50	8	山东46.00、湖南40.88、福建31.25、江西25.67、江苏23.83、湖北23.77、浙江18.32、安徽12.10
10以下	5	海南5.70、北京5.15、天津4.99、重庆4.81、上海3.54

内蒙古高原草原区草地鲜草总产量14951.30万吨、占25.11%，干草总产量4938.51万吨、占25.73%；西北山地盆地草原区草地鲜草总产量8377.78万吨、占14.07%，干草总产量2718.94万吨、占14.16%；青藏高原草原区草地鲜草总产量30669.28万吨、占51.51%，干草总产量9769.85万吨、占50.90%；东北华北平原山地丘陵草原区草地鲜草总产量3325.22万吨、占5.58%，干草总产量1053.55万吨、占5.49%；南方山地丘陵草原区草地鲜草总产量2219.29万吨、占3.73%，干草总产量715.06万吨、占3.72%。各地理大区鲜草和干草总产量见图1-12。

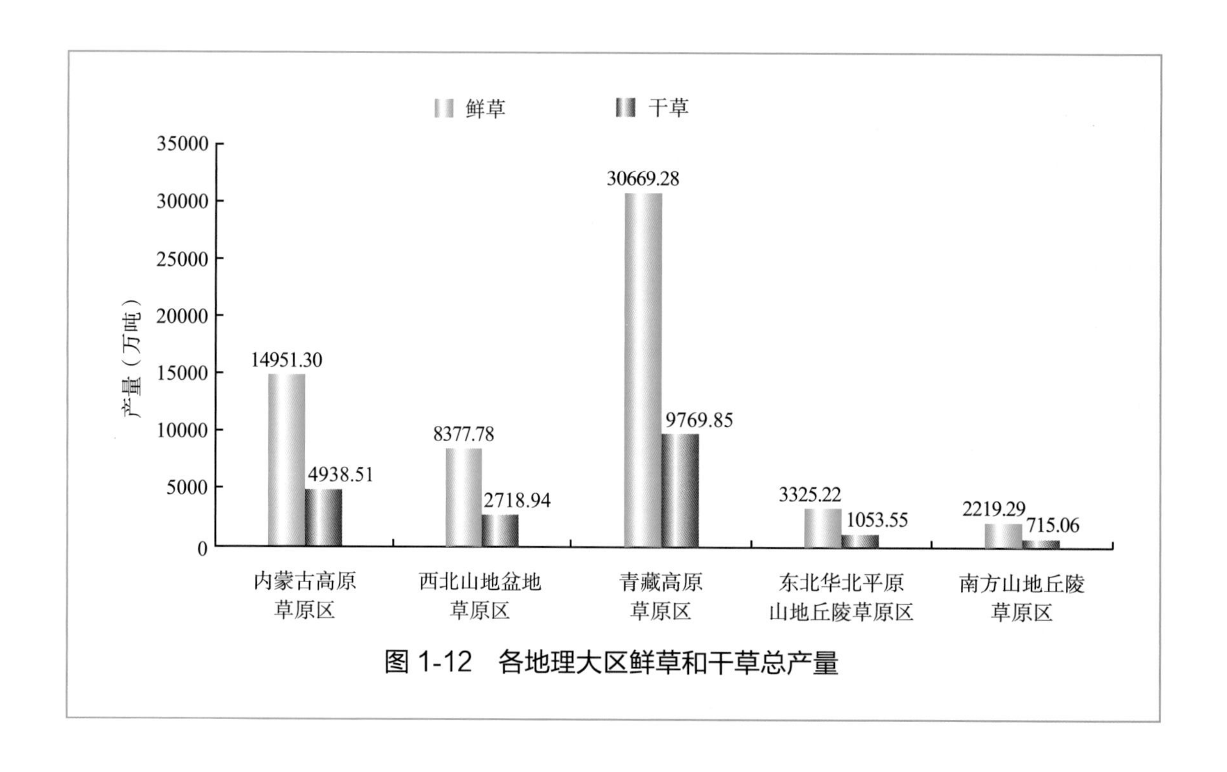

图1-12 各地理大区鲜草和干草总产量

（二）草地生物量和碳储量

草地植被生物量160045.97万吨，植被碳储量72020.69万吨。青海、内蒙古、西藏、四川、新疆、甘肃、山西、黑龙江、河北和陕西草地植被生物量和碳储量较大，这10个省份草地植被生物量和碳储量占全国的95.31%。六大牧区草地植被生物量和碳储量占全国的89.86%。各省份草地植被生物量见表1-41，草地植被碳储量见表1-42。

表1-41　各省份草地生物量

万吨

分　级	省份个数（个）	草地生物量
10000以上	6	青海33319.37、内蒙古31640.73、西藏30858.46、四川20078.50、新疆17895.98、甘肃10019.56
1000～10000	6	山西2311.34、黑龙江2269.40、河北2141.22、陕西2008.69、云南1816.25、宁夏1077.33
500～1000	3	吉林774.22、辽宁541.73、广西508.82
100～500	10	广东427.41、贵州355.87、河南341.91、山东330.94、湖南266.66、福建204.28、江西188.08、江苏154.18、湖北153.93、浙江117.62
100以下	6	安徽79.55、天津39.09、海南36.42、重庆33.03、北京32.66、上海22.74

表1-42　各省份草地碳储量

万吨

分　级	省份个数（个）	草地碳储量
10000以上	3	青海14993.72、内蒙古14238.33、西藏13886.31
1000～10000	5	四川9035.33、新疆8053.19、甘肃4508.80、山西1040.11、黑龙江1021.23
500～1000	3	河北963.55、陕西903.91、云南817.31
100～500	9	宁夏484.80、吉林348.40、辽宁243.78、广西228.97、广东192.33、贵州160.14、河南153.86、山东148.92、湖南120.00
100以下	11	福建91.92、江西84.63、江苏69.38、湖北69.27、浙江52.93、安徽35.80、天津17.59、海南16.39、重庆14.86、北京14.70、上海10.23

内蒙古高原草原区植被生物量35738.26万吨，植被碳储量16082.22万吨；西北山地盆地草原区植被生物量23970.65万吨、植被碳储量10786.79万吨；青藏高原草原区植被生物量88003.65万吨，植被碳储量39601.64万吨；东北华北平原山地丘陵草原区植被生物量7511.45万吨，植被碳储量3380.15万吨；南方山地丘陵草原区植被生物量4821.96万吨，植被碳储量2169.89万吨。各地理大区植被生物量和碳储量见图1-13。

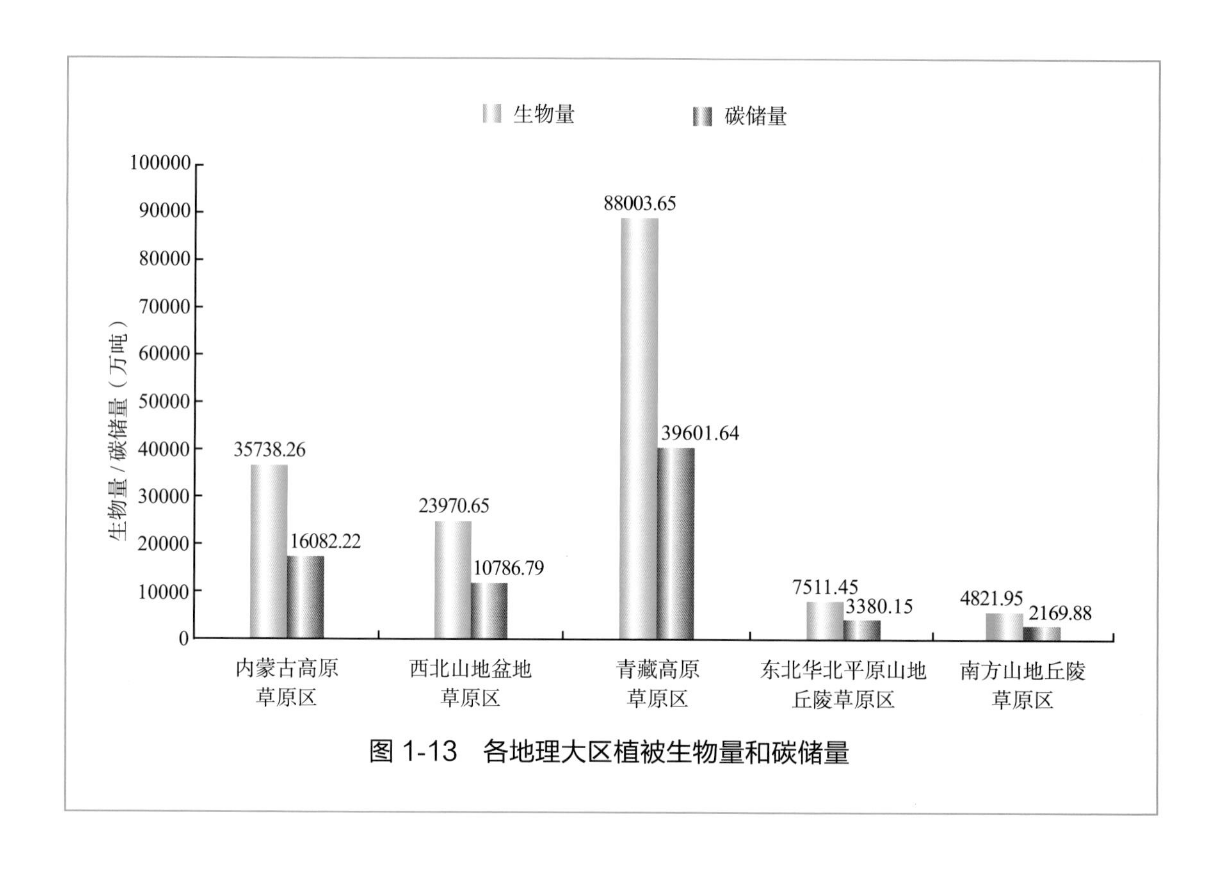

图 1-13　各地理大区植被生物量和碳储量

三、草原质量特征

（一）草原综合植被盖度

草原综合植被盖度50.32%。草原综合植被盖度超过80%的有贵州、上海、海南、湖南、重庆、广西、湖北、四川和江西9个省份，70%～80%的有广东、云南、北京、福建、安徽、江苏、山东、浙江、河北、山西、黑龙江和吉林12个省份，60%～70%的有天津、辽宁和河南3个省份，50%～60%的有青海、陕西、甘肃和宁夏4个省份，小于50%的有西藏、内蒙古和新疆3个省份。各省份草原综合植被盖度见表1-43。

表1-43　各省份草原综合植被盖度

分　级	省份个数（个）	草原综合植被盖度
80%及以上	9	贵州88.44%、上海88.12%、海南87.02%、湖南86.30%、重庆84.20%、广西82.82%、湖北82.50%、四川82.30%、江西80.53%
70%~80%	12	广东79.30%、云南79.10%、北京78.73%、福建77.55%、安徽77.47%、江苏76.37%、山东74.73%、浙江74.46%、河北73.50%、山西73.33%、黑龙江72.49%、吉林72.10%
60%~70%	3	天津67.51%、辽宁67.44%、河南64.32%
50%~60%	4	青海57.80%、陕西57.20%、甘肃53.03%、宁夏52.65%
小于50%	3	西藏48.02%、内蒙古45.07%、新疆41.60%

按地理大区分析，内蒙古高原草原区51.29%，西北山地盆地草原区38.91%，青藏高原草原区53.63%，东北华北平原山地丘陵草原区74.10%，南方山地丘陵草原区81.44%。各地理大区草原综合植被盖度见图1-14。

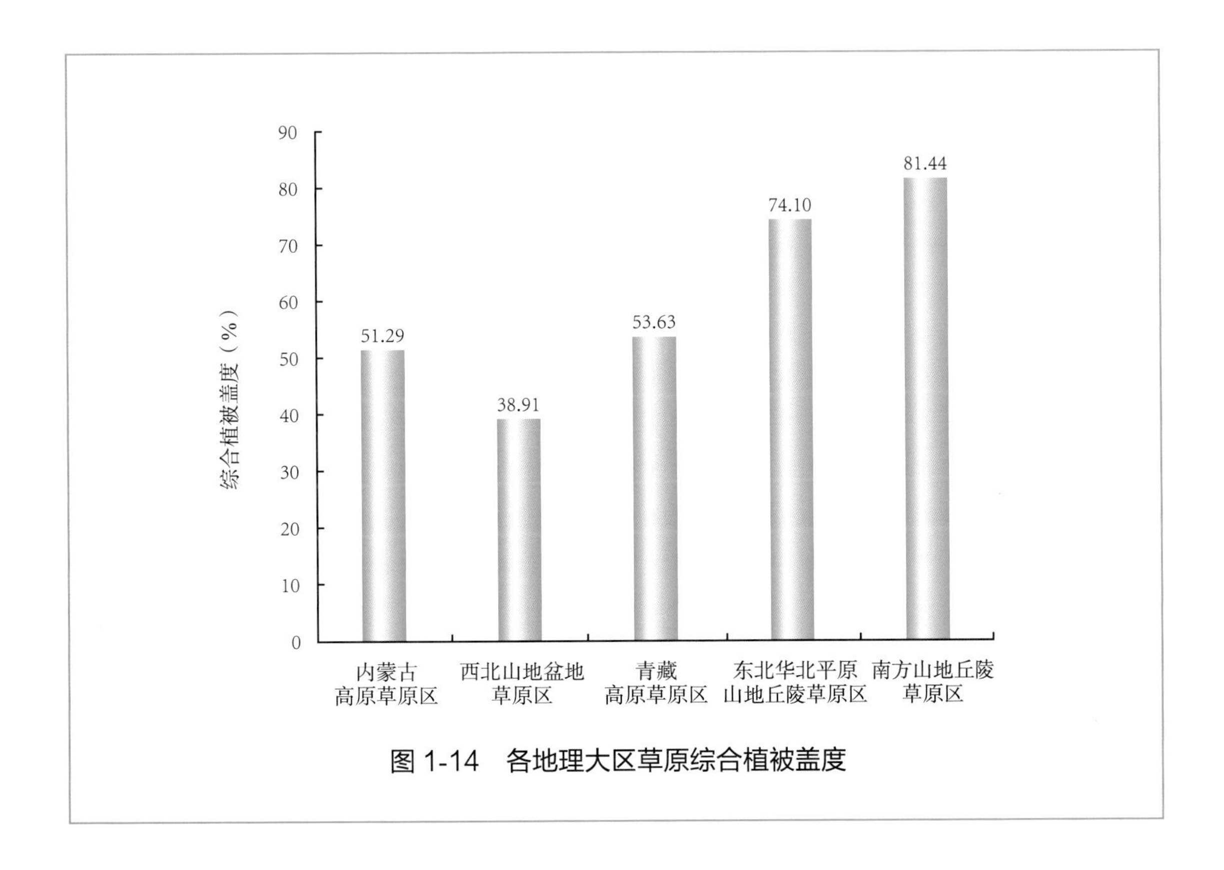

图 1-14 各地理大区草原综合植被盖度

（二）净初级生产力

草地净初级生产力2.07吨/（公顷·年）。净初级生产力超过7.00吨/（公顷·年）的有云南、福建、贵州、海南、广西和广东6个省份，5.00～7.00吨/（公顷·年）的有浙江、湖南、江西、湖北、安徽、重庆、上海、江苏、辽宁、河南和河北11个省份，3.00～5.00吨/（公顷·年）的有四川、山西、北京、黑龙江、山东、吉林、陕西和内蒙古8个省份，1.50～3.00吨/（公顷·年）的有天津、宁夏、甘肃、青海4个省份，小于1.50吨/（公顷·年）的有新疆和西藏2个省份。各省份草地净初级生产力见表1-44。

表1-44 各省份草地净初级生产力

吨/（公顷·年）

分 级	省份个数（个）	草地净初级生产力
7.00及以上	6	云南9.80、福建8.69、贵州8.15、海南8.06、广西8.01、广东7.29、
5.00～7.00	11	浙江6.79、湖南6.79、江西6.74、湖北6.69、安徽6.24、重庆6.04、上海5.93、江苏5.77、辽宁5.73、河南5.54、河北5.07
3.00～5.00	8	四川4.89、山西4.83、北京4.73、黑龙江4.65、山东4.50、吉林3.63、陕西3.47、内蒙古3.18
1.50～3.00	4	天津2.85、宁夏1.93、甘肃1.73、青海1.71
小于1.50	2	新疆1.31、西藏1.17

（三）单位面积产草量

全国草地单位面积鲜草产量2.25吨/公顷。其中，内蒙古高原草原区2.83吨/公顷，西北山地盆地草原区1.27吨/公顷，青藏高原草原区2.26吨/公顷，东北华北平原山地丘陵草原区4.86吨/公顷，南方山地丘陵草原区7.63吨/公顷。

全国单位面积干草产量0.73吨/公顷。其中，内蒙古高原草原区0.93吨/公顷，西北山地盆地草原区0.41吨/公顷，青藏高原草原区0.72吨/公顷，东北华北平原山地丘陵草原区1.54吨/公顷，南方山地丘陵草原区2.46吨/公顷。各地理大区单位面积鲜草、干草产量见图1-15。

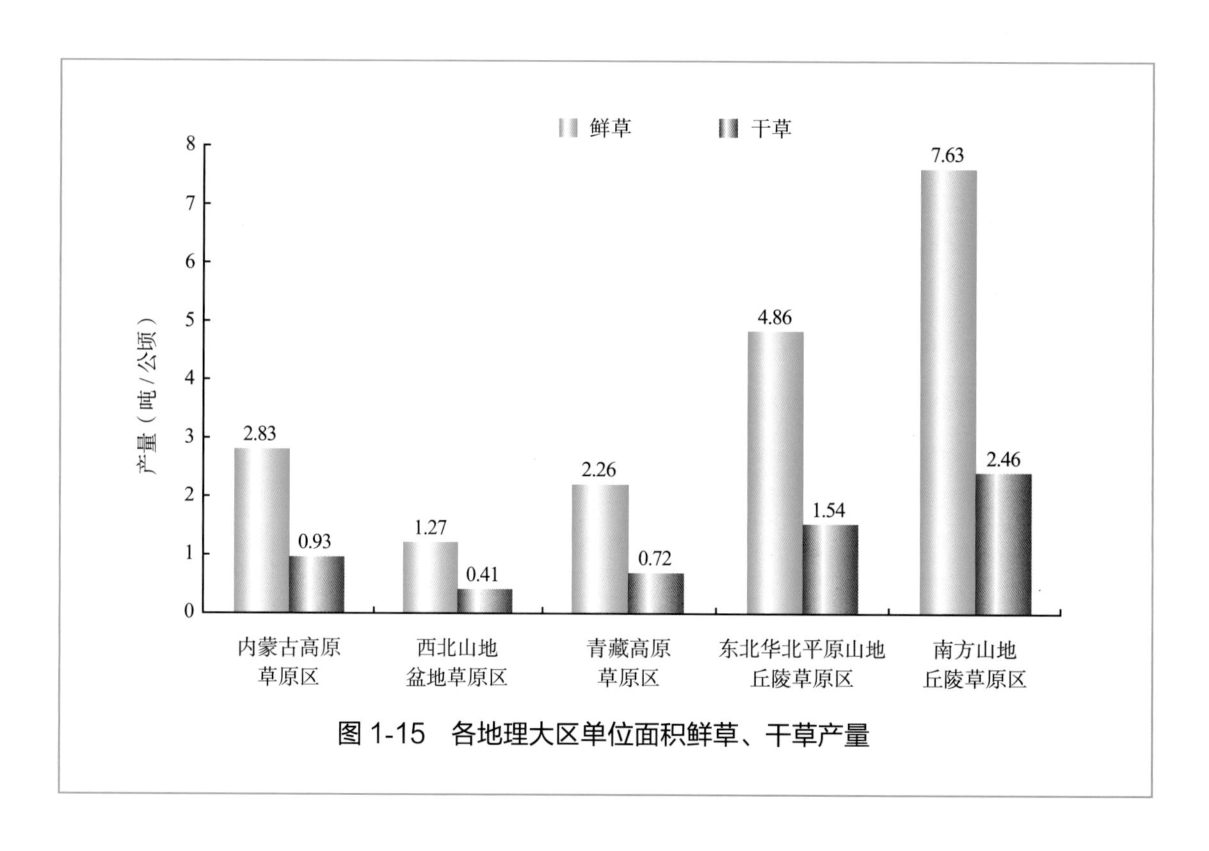

图1-15 各地理大区单位面积鲜草、干草产量

第四节　湿地资源

依据《中华人民共和国湿地保护法》，湿地包括森林沼泽、灌丛沼泽、沼泽草地、其他沼泽地、沿海滩涂、内陆滩涂、红树林地、河流水面、湖泊水面、水库水面、坑塘水面、沟渠以及浅海水域等。

一、湿地资源数量

全国湿地面积5629.38万公顷。其中，沼泽草地1114.41万公顷，占19.80%；河流水面880.78万公顷，占15.64%；湖泊水面846.48万公顷，占15.04%；内陆滩涂588.61万公顷，占10.46%；坑塘水面454.92万公顷，占8.08%；浅海水域411.68万公顷，占7.31%；沟渠351.75万公顷，占6.25%；水库水面336.84万公顷，占5.98%；森林沼泽220.78万公顷，占3.92%；其他沼泽地193.68万公顷，占3.44%；沿海滩涂151.23万公顷，占2.69%；灌丛沼泽75.51万公顷，占1.34%；红树林地2.71万公顷，占0.05%。各类湿地面积构成见图1-16。

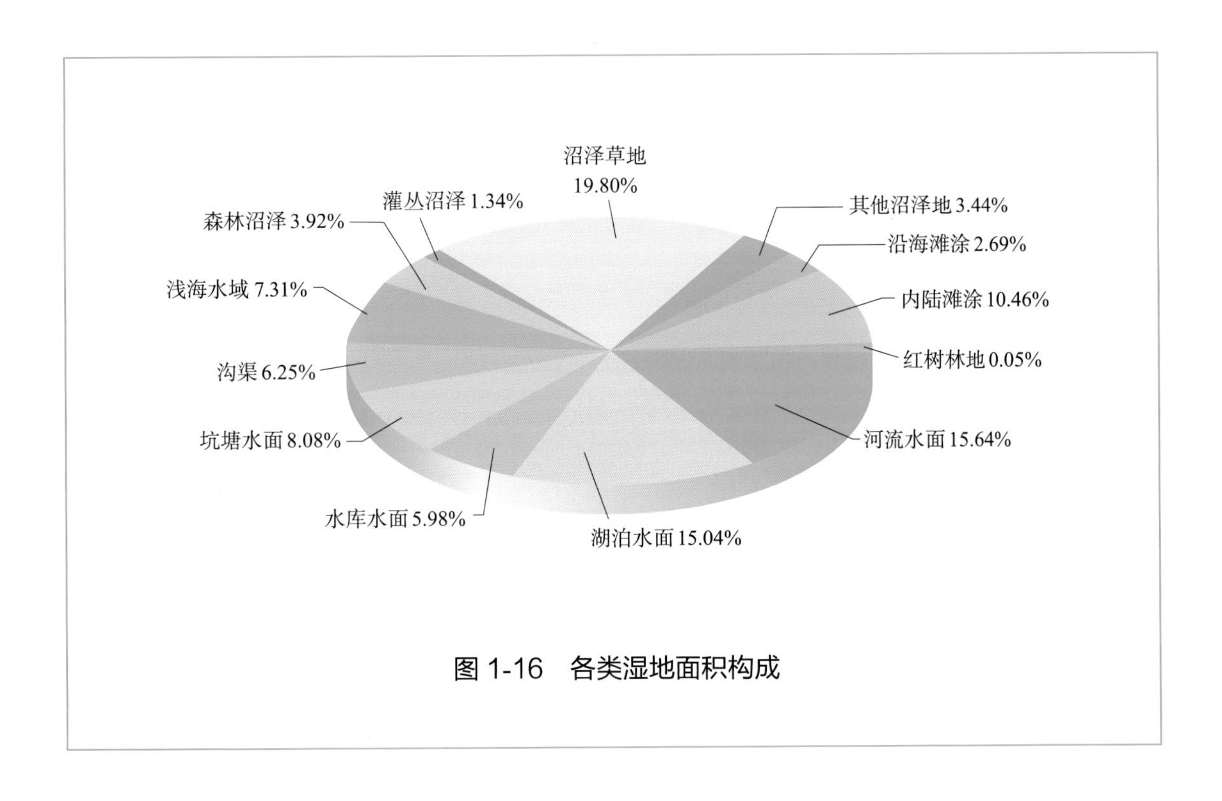

图1-16　各类湿地面积构成

二、国际重要湿地

63处国际重要湿地范围面积732.54万公顷。其中内陆湿地为48处，范围面积643.97万公顷，占87.91%；近海与海岸湿地为15处，范围面积88.57万公顷，占12.09%。

专栏1-8 国际重要湿地

国际重要湿地是指符合“国际重要湿地公约”评估标准，由缔约国提出加入申请，由国际重要湿地公约秘书处批准后列入《国际重要湿地名录》的湿地。截至目前，我国列入《湿地公约》（全称为《关于特别是作为水禽栖息地的国际重要湿地》）国际重要湿地名录的湿地有64处，其中香港1处。本次监测范围为63处国际重要湿地（不包括香港米埔内后海湾国际重要湿地）。

63处国际重要湿地中，湿地面积372.75万公顷。其中，森林沼泽6.67万公顷，灌丛沼泽2.97万公顷，沼泽草地71.69万公顷，其他沼泽地60.78万公顷，沿海滩涂21.70万公顷，内陆滩涂12.94万公顷，红树林地1.78万公顷，浅海水域8.97万公顷，其他湿地（包括河流、湖泊、水库、坑塘水面等）面积为185.25万公顷。国际重要湿地的各类湿地构成见图1-17。

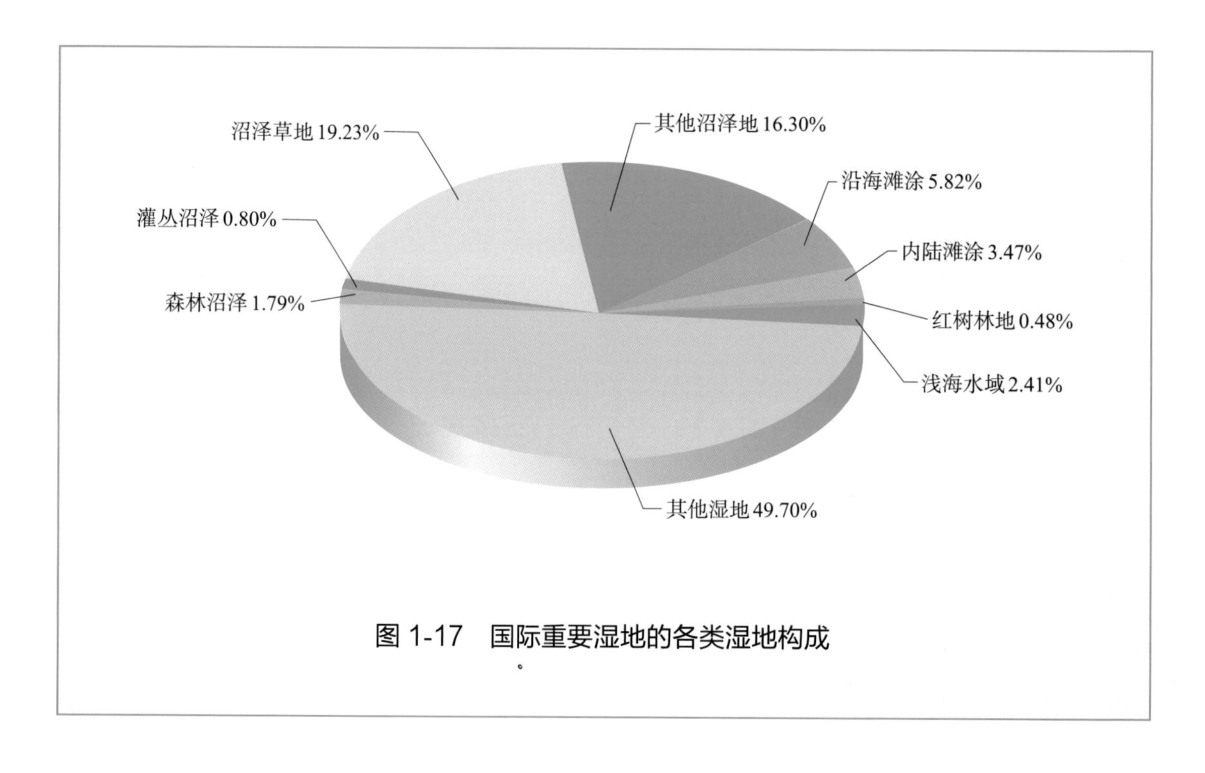

图1-17 国际重要湿地的各类湿地构成

（一）水源补给状况

63处国际重要湿地水源补给状况基本稳定。自然补给能够满足生态需要的湿地有54处，占85.71%；自然补水不足、采取了人工补水措施的湿地9处，包括内蒙古鄂尔多斯湿地和达赉湖、甘肃尕海、吉林莫莫格湿地、辽宁双台河口、山东黄河三角洲、江苏大丰麋鹿、天津北大港和河南民权黄河故道湿地，补水量共24.4亿立方米。

（二）水质状况

60处国际重要湿地开展了水质监测。53处为地表水水质，其中，Ⅰ类地表水5处，占9.43%；Ⅱ类16处，占30.19%；Ⅲ类14处，占26.42%；Ⅳ类9处，占16.98%；Ⅴ类9处，占16.98%。7处为海水水质，其中，一类海水3处，占42.86%；二类海水4处，占57.14%。

专栏1-9　地表水水质分类标准

依据《地表水环境质量标准(GB 3838—2002)》，地表水水质按24项基本指标的不同标准值划分为五类。其中，Ⅰ类水质主要适用于源头水、国家自然保护区；Ⅱ类水质主要适用于集中式生活饮用水地表水源地一级保护区、珍稀水生生物栖息地、鱼虾类产卵场、仔稚幼鱼的索饵场等；Ⅲ类水质主要适用于集中式生活饮用水地表水源地二级保护区、鱼虾类越冬场、洄游通道、水产养殖区等渔业水域及游泳区；Ⅳ类水质主要适用于一般工业用水区及人体非直接接触的娱乐用水区；Ⅴ类水质主要适用于农业用水区及一般景观要求水域。

（三）湿地植物

63处国际重要湿地中，共有湿地植物192科853属2258种（包括变种、变型），分别占全国湿地植物科、属、种数的80.33%、67.97%和53.51%。其中，苔藓植物21科31属44种，蕨类植物29科40属68种，裸子植物2科4属8种，被子植物140科778属2138种。

（四）湿地鸟类

开展鸟类监测的61处国际重要湿地中，记录有湿地鸟类14目36科260种，占我国湿地鸟类种数的79.51%。其中，有国家Ⅰ级重点保护野生动物29种，国家Ⅱ级重点保护野生动物52种；有IUCN红色名录极危(CR)物种6种，濒危（EN）物种17种，易危（VU）物种19种；有CITES附录Ⅰ物种12种，CITES附录Ⅱ物种13种。

（五）外来植物入侵状况

内陆国际重要湿地发现的外来植物种类较多，主要有空心莲子草、一年蓬、加拿大一枝黄花、野燕麦、凤眼莲、土荆芥等，但分布面积小，尚未形成入侵态势。互花米草是入侵近海与海岸类型国际重要湿地的主要外来物种，上海崇明东滩、江苏盐城、江苏大丰麋鹿、福建漳江口红树林、广西山口红树林、山东黄河三角洲6处国际重要湿地都有互花米草入侵，入侵总面积为26357.20公顷，较2019年增加1445.91公顷，呈扩大趋势。

（六）受威胁状况

63处国际重要湿地中，受外来植物入侵威胁的有26处，受农业和生活等污染威胁的有11处，受工业污染排放威胁的有2处，受过度放牧威胁的有6处。

森林、草原、湿地是我国陆地生态空间的主体，既相对独立，又相互依存，共同构成林草生态系统。不仅为经济社会发展和人们生产生活提供丰富的物质产品，而且具有多种生态功能，还为大众提供绿色休闲、森林康养等社会服务，是生产优质生态产品、构建优美生态环境最重要的物质基础。

第二章

林草生态系统状况

专栏 2-1 林草湿生态空间

林草湿生态空间：生态空间是指具有自然属性、以提供生态服务或生态产品为主体功能的国土空间。森林生态系统、草原生态系统、湿地生态系统构成林草湿生态空间，包括林地、草地、湿地涉及的生态空间范围。

林草湿生态空间总面积60494.98万公顷，占国土面积的63.02%。林草植被总生物量234.86亿吨，总碳储量114.43亿吨。其中，林木生物量218.86亿吨，碳储量107.23亿吨；草原生物量16.00亿吨，植被碳储量7.20亿吨。林草生态系统年涵养水源8038.52亿立方米，年固碳量3.49亿吨，年固土量117.20亿吨，年保肥量7.72亿吨，年吸收大气污染物量0.75亿吨，年滞尘量102.57亿吨，年释氧量9.34亿吨，年植被养分固持量0.49亿吨，生态系统服务功能年价值量达到28.58万亿元，相当于2020年全国GDP的1/4强。

第一节 生态系统类型

森林生态系统、草原生态系统、湿地生态系统共同构成林草湿生态系统空间，总面积60494.98万公顷。其中，森林生态系统28412.59万公顷，草原生态系统26453.01万公顷，湿地生态系统5629.38万公顷。按人类影响程度分，自然生态系统47904.29万公顷、占79.19%，人工生态系统12590.69万公顷、占20.81%。

森林生态系统中，自然植被面积17020.53万公顷、占59.90%，人工植被面积11392.06万公顷、占40.10%。自然植被主要由寒温性和温性针叶林、暖性针叶林、热性针叶林、落叶阔叶林、亚热带常绿阔叶林、热带雨林季雨林、竹林和灌丛构成，其中寒温性和温性针叶林、落叶阔叶林、亚热带常绿阔叶林面积较大，三者合计占64.01%。人工植被主要由针叶林、针阔混交林、阔叶林和灌木林构成，其中针叶林、阔叶林面积较大，二者合计占61.91%。森林生态系统自然植被面积构成见表2-1，森林生态系统人工植被面积构成见表2-2。

表2-1 森林生态系统自然植被面积构成

类 型	面积（万公顷）	比例（%）
合 计	17020.53	100.00
寒温性和温性针叶林	3304.18	19.41
暖性针叶林	1184.80	6.96
热性针叶林	2.52	0.02
落叶阔叶林	6055.19	35.58
亚热带常绿阔叶林	1535.18	9.02
热带雨林季雨林	78.92	0.46
竹 林	374.67	2.20
灌 丛	4485.07	26.35

表2-2 森林生态系统人工植被面积构成

类 型	面积（万公顷）	比例（%）
合 计	11392.06	100.00
针叶林	3535.69	31.04
针阔混交林	762.51	6.69
阔叶林	3516.76	30.87
灌木林	1032.98	9.07
未成林、迹地、苗圃等	2544.12	22.33

草原生态系统中，天然草原面积26397.89万公顷、占99.79%，人工草地面积55.12万公顷、占0.21%。天然草原主要由草原、草甸、荒漠、灌草丛和稀树草原构成，其中草原、草甸面积最大，二者合计占80.21%。天然草原面积构成见表2-3。

表2-3 天然草原面积构成

类 型	面积（万公顷）	比例（%）
合 计	26397.89	100.00
草 原	12376.17	46.88
草 甸	8797.10	33.33
荒 漠	4533.50	17.17
灌草丛	680.53	2.58
稀树草原	10.59	0.04

湿地生态系统中，天然湿地面积4485.87万公顷、占79.69%，人工湿地面积1143.51万公顷、占20.31%。天然湿地主要由沼泽草地、河流水面、湖泊水面、内陆滩涂、浅海水域、森林沼泽、其他沼泽地、沿海滩涂、灌丛沼泽、红树林地构成，其中沼泽草地、河流水面、湖泊水面、内陆滩涂面积较大，四者合计占76.47%。人工湿地主要由坑塘水面、沟渠和水库水面构成。天然湿地面积构成见表2-4，人工湿地面积构成见表2-5。

表2-4 天然湿地面积构成

类 型	面积（万公顷）	比例（%）
合 计	4485.87	100.00
沼泽草地	1114.41	24.84
河流水面	880.78	19.64
湖泊水面	846.48	18.87
内陆滩涂	588.61	13.12
浅海水域	411.68	9.18
森林沼泽	220.78	4.92
其他沼泽地	193.68	4.32
沿海滩涂	151.23	3.37
灌丛沼泽	75.51	1.68
红树林地	2.71	0.06

表2-5　人工湿地面积构成

类　型	面积（万公顷）	比例（%）
合　计	1143.51	100.00
坑塘水面	454.92	39.78
沟　渠	351.75	30.76
水库水面	336.84	29.46

第二节　生态系统格局

一、自然地理格局

（一）三级阶梯分布

我国地势西高东低，呈三级阶梯状逐级下降，并向东向海洋倾斜。受自然地理条件和社会经济的影响，三级阶梯林草生态空间呈现不同特征。

第一级阶梯国土面积占全国的28.78%，林草生态空间面积占全国的33.45%；第二级阶梯国土面积占全国的40.69%，林草生态空间面积占全国的41.51%；第三级阶梯国土面积占全国的30.53%，林草生态空间面积占全国的25.04%。三级阶梯各类林草生态空间面积及比例见表2-6。

表2-6　三级阶梯各类林草生态空间面积及比例

阶　梯	林草生态空间		林　地		草　地	
	面积（万公顷）	比例（%）	面积（万公顷）	比例（%）	面积（万公顷）	比例（%）
合　计	54865.60	100.00	28412.59	100.00	26453.01	100.00
第一级阶梯	18352.06	33.45	3476.33	12.24	14875.73	56.23
第二级阶梯	22776.27	41.51	12129.91	42.69	10646.36	40.25
第三级阶梯	13737.27	25.04	12806.35	45.07	930.92	3.52

第一级阶梯林草生态空间面积18352.06万公顷、占该级阶梯国土面积的67.27%。林草生态空间面积中，林地3476.33万公顷、占18.94%，草地14875.73万公顷、占81.06%。该阶梯林地面积占全国林地面积的比例小，为12.24%；草地面积占全国草地面积的比例大，占全国的56.23%。该阶梯是我国主要河流的发源地，承载着山川河流安全、

生物多样性保育、水资源供给、温室气体沉降等功能，是我国重要的生态安全屏障。

第二级阶梯林草生态空间面积22776.27万公顷、占该级阶梯国土面积的59.05%。林草生态空间面积中，林地12129.91万公顷、占53.26%，草地10646.36万公顷、占46.74%。该阶梯林地和草地面积占全国林地和草地面积的比例大，分别占全国的42.69%和40.25%。该阶梯是我国植被类型最丰富的区域，承载着土壤保育、水土保持、水源涵养、物种保护、森林康养等功能，是我国生态保护和建设的主体。

第三级阶梯林草生态空间面积13737.27万公顷、占该阶梯国土面积的47.47%。林草生态空间面积中，林地12806.35万公顷、占93.22%，草地930.92万公顷、占6.78%。该阶梯林地面积占全国的比例大，为45.07%；草地面积占全国的比例小，为3.52%。该阶梯林草资源相对零散，与农村、城镇空间交替分布，承载着净化空气、优美环境、休闲游憩、生产维护等功能，是我国发育较为成熟的生产生活空间。

（二）五大气候区分布

根据《中华人民共和国气候区划》，将全国分成湿润、亚湿润、亚干旱、干旱、极干旱5个气候大区。5个气候大区中，林草生态空间面积以湿润区最大，占全国的37.57%；以极干旱区最小，仅占全国的4.59%。各气候大区林草生态空间面积及比例见表2-7。

表2-7　各气候大区林草生态空间面积及比例

气候大区	林草生态空间		林　地		草　地	
	面积（万公顷）	比例（%）	面积（万公顷）	比例（%）	面积（万公顷）	比例（%）
合　计	54865.60	100.00	28412.59	100.00	26453.01	100.00
湿润区	20614.56	37.57	19328.94	68.03	1285.62	4.86
亚湿润区	9227.42	16.82	5299.23	18.65	3928.19	14.85
亚干旱区	14461.38	26.36	2312.64	8.14	12148.74	45.93
干旱区	8041.06	14.66	737.21	2.59	7303.85	27.61
极干旱区	2521.18	4.59	734.57	2.59	1786.61	6.75

5个气候大区中，林地面积以湿润区最多，占全国的68.03%；以极干旱区最少，占全国的2.59%。草地面积以亚干旱区最多，占全国的45.93%；以湿润区最少，占全国的4.86%。

（三）七大流域分布

中国十大流域中的长江、黑龙江、珠江、黄河、辽河、海河和淮河等七大流域国土面积占全国国土面积近一半。七大流域中，林草生态空间面积以长江流域最大，占全国的21.04%；以淮河流域最小，占全国的1.11%。各大流域林草生态空间面积及比例见表2-8。

表2-8 各流域林草生态空间面积及比例

流 域	林草生态空间		林 地		草 地	
	面积（万公顷）	比例（%）	面积（万公顷）	比例（%）	面积（万公顷）	比例（%）
合 计	29217.53	53.25	21901.03	77.09	7316.50	27.66
长江流域	11541.67	21.04	9207.26	32.41	2334.41	8.82
黄河流域	5148.17	9.38	2190.00	7.71	2958.17	11.18
黑龙江流域	5084.15	9.27	4025.99	14.17	1058.16	4.00
辽河流域	1584.87	2.89	1154.42	4.06	430.45	1.63
海河流域	1390.45	2.53	996.18	3.51	394.27	1.49
淮河流域	609.98	1.11	570.99	2.01	38.99	0.15
珠江流域	3858.24	7.03	3756.19	13.22	102.05	0.39

七大流域中，林地面积以长江流域最多，占全国的32.41%；以淮河流域最少，占全国的2.01%。草地面积以黄河流域最多，占全国的11.18%；以淮河流域最少，占全国的0.15%。

二、保护利用格局

长期以来，我国秉承尊重自然、顺应自然的理念，坚持生态优先、保护优先、保育结合、可持续发展的原则，保护自然，保障民生。以培育稳定、健康、优质、高效的林草生态系统为目标，着力推进自然保护地体系建设，不断完善生态效益补偿制度，大力推进分类经营管理，科学开展生态产品开发利用，初步形成了数量与质量并重、保护与利用协调、政策与措施衔接、生态与经济双赢的格局。

（一）保护格局

我国林草湿生态空间中，纳入自然保护地的面积13866.76万公顷、占22.92%。受保护的面积中，纳入国家公园保护的面积1992.19万公顷、占14.37%；纳入自然保护区保护的面积9426.67万公顷、占67.98%；纳入自然公园保护的面积2447.90万公顷、占

17.65%。纳入不同保护地类型和等级保护的林草湿地面积及比例见表2-9。

表2-9　纳入不同保护地类型和等级保护的林草湿地面积及比例

类　型	合　计		国家级		地方级	
	面积（万公顷）	比例（%）	面积（万公顷）	比例（%）	面积（万公顷）	比例（%）
合　计	13866.76	100.00	9982.61	100.00	3884.15	100.00
国家公园	1992.19	14.37	1992.19	19.96	0.00	0.00
自然保护区	9426.67	67.98	6513.70	65.25	2912.97	75.00
自然公园	2447.90	17.65	1476.72	14.79	971.18	25.00

专栏2-2　自然保护地

自然保护地：指各级政府依法划定，对重要的自然生态系统、自然遗迹、自然景观及其所承载的自然资源、生态功能和文化价值实施长期保护的陆域或海域。按照自然生态系统原真性、整体性、系统性及其内在规律，依据管理目标与效能并借鉴国际经验，将自然保护地按生态价值和保护强度高低依次分为国家公园、自然保护区、自然公园3类。

林地纳入自然保护地的面积4849.74万公顷。其中，纳入国家公园保护的面积522.62万公顷、占10.78%；纳入自然保护区保护的面积2669.59万公顷、占55.05%；纳入自然公园保护的面积1657.53万公顷、占34.17%。纳入各类保护地的林地面积及比例见表2-10。

表2-10　纳入各类保护地的林地面积及比例

类　型	合　计		国家级		地方级	
	林地面积（万公顷）	比例（%）	林地面积（万公顷）	比例（%）	林地面积（万公顷）	比例（%）
合　计	4849.74	100.00	2885.48	100.00	1964.26	100.00
国家公园	522.62	10.78	522.62	18.11	0.00	0.00
自然保护区	2669.59	55.05	1376.91	47.72	1292.68	65.81
自然公园	1657.53	34.17	985.95	34.17	671.58	34.19

草地纳入自然保护地的面积7042.06万公顷。其中，纳入国家公园保护的面积1167.09万公顷、占16.57%；纳入自然保护区保护的面积5441.03万公顷、占77.26%；纳入自然公园保护的面积433.94万公顷、占6.17%。纳入各类保护地的草地面积及比例见表2-11。

表2-11 纳入各类保护地的草地面积及比例

类　型	合　计		国家级		地方级	
	草地面积（万公顷）	比例（%）	草地面积（万公顷）	比例（%）	草地面积（万公顷）	比例（%）
合　计	7042.06	100.00	5629.56	100.00	1412.50	100.00
国家公园	1167.09	16.57	1167.09	20.73	0.00	0.00
自然保护区	5441.03	77.26	4205.00	74.70	1236.03	87.51
自然公园	433.94	6.17	257.47	4.57	176.47	12.49

湿地纳入自然保护地的面积1974.96万公顷。其中，纳入国家公园保护的面积302.48万公顷、占15.32%；纳入自然保护区保护的面积1316.05万公顷、占66.63%；纳入自然公园保护的面积356.43万公顷、占18.05%。纳入各类保护地的湿地面积及比例见表2-12。

表2-12 纳入各类保护地的湿地面积及比例

类　型	合　计		国家级		地方级	
	湿地面积（万公顷）	比例（%）	湿地面积（万公顷）	比例（%）	湿地面积（万公顷）	比例（%）
合　计	1974.96	100.00	1467.57	100.00	507.39	100.00
国家公园	302.48	15.32	302.48	20.61	0.00	0.00
自然保护区	1316.05	66.63	931.79	63.49	384.26	75.73
自然公园	356.43	18.05	233.30	15.90	123.13	24.27

此外，实施生态效益补偿是我国生态保护的一项重要制度，是协调保护与利用、生态与民生、权责和义务的重大举措。实施天然林全面保护，将17189.59万公顷天然林资源[①]纳入保护修复范围。根据分类经营策略，将13528.58万公顷的公益林地，按照中央和地方事权纳入生态补偿范围。实施草原生态保护补助奖励政策，将8043.20万公顷禁牧区面积纳入禁牧补助范围，对17366.73万公顷草畜平衡区进行生态保护奖励。

①天然林资源包括天然起源的乔木林、竹林、灌木林、疏林。

（二）利用格局

林草湿生态空间按照主体功能和利用主导方向，分为以水源涵养、防风固沙、水土保持等为主导功能的生态利用空间，以提供木材、非木质林产品、畜牧产品为主导功能的生产利用空间，以旅游观光、宜居环境、风景名胜、休闲康养等为主导的生活利用空间，初步形成了服务于生态、生产、生活的利用格局。

林草湿生态空间中，服务于生态的面积35328.91万公顷、占58.40%，服务于生产的面积20326.97万公顷、占33.60%，服务于生活的面积4839.10万公顷、占8.00%，林草湿生态空间服务于生态、生产、生活的比例为58∶34∶8。

三、社会经济格局

（一）经济区域格局

我国区域发展格局划分为东部地区、中部地区、西部大开发地区（简称“西部地区”）和东北地区。东部地区国土面积占全国的9.86%，林草生态空间面积占全国的7.40%；中部地区国土面积占全国的10.84%，林草生态空间面积占全国的9.25%；西部地区国土面积占全国的70.94%，林草生态空间面积占全国的76.29%；东北地区国土面积占全国的8.36%，林草生态空间面积占全国的7.06%。各经济区域林草生态空间面积及比例见表2-13。

表2-13　各经济区域林草生态空间面积及比例

经济区域	林草生态空间		林　地		草　地		林草覆盖率（%）
	面积（万公顷）	比例（%）	面积（万公顷）	比例（%）	面积（万公顷）	比例（%）	
全　国	54865.60	100.00	28412.59	100.00	26453.01	100.00	55.11
东部地区	4059.97	7.40	3788.69	13.34	271.28	1.03	44.62
中部地区	5072.30	9.25	4699.44	16.54	372.86	1.41	47.22
西部地区	41858.78	76.29	16284.67	57.31	25574.11	96.67	59.36
东北地区	3874.55	7.06	3639.79	12.81	234.76	0.89	47.22

东部地区包括北京、天津、河北、上海、江苏、浙江、福建、山东、广东和海南10个省份。林草生态空间面积4059.97万公顷、占该区国土面积的43.43%，林草覆盖率44.62%。林草生态空间面积中，林地3788.69万公顷、占93.92%，草地271.28万公顷、占6.68%。该区林地和草地面积占全国的比例小，分别为13.34%和1.03%。

中部地区包括山西、安徽、江西、河南、湖北和湖南6个省份。林草生态空间面积5072.30万公顷、占该区国土面积的49.38%，林草覆盖率47.22%。林草生态空间面积中，林地4699.44万公顷、占92.65%，草地372.86万公顷、占7.35%。该区林地和草地面积占全国的比例小，分别为16.54%和1.41%。

西部地区包括内蒙古、广西、重庆、四川、贵州、云南、西藏、陕西、甘肃、青海、宁夏和新疆12个省份。林草生态空间面积41858.78万公顷、占该区国土面积的62.25%，林草覆盖率59.36%。林草生态空间面积中，林地16284.67万公顷、占38.90%，草地25574.11万公顷、占61.10%。该区林地和草地面积占全国的比例大，分别为57.31%和96.67%。

东北地区包括辽宁、吉林和黑龙江3个省份。林草生态空间面积3874.55万公顷、占该区国土面积的48.90%，林草覆盖率47.22%。林草生态空间面积中，林地3639.79万公顷、占93.94%，草地234.76万公顷、占6.06%。该区林地和草地面积占全国的比例小，分别为12.81%和0.89%。

（二）人均分布格局

我国人均林草生态空间面积0.39公顷，其中人均林地面积0.20公顷，人均森林面积0.16公顷，人均草地面积0.19公顷。人均林草生态空间面积大于1公顷的有西藏、青海、内蒙古、新疆，不足0.05公顷的有北京、山东、天津、江苏、上海。各省份林草生态空间人均面积见表2-14。

表2-14　各省份林草生态空间人均面积

公顷／人

分级	省份个数（个）	林草生态空间人均面积
1.0以上	4	西藏26.85、青海7.44、内蒙古3.27、新疆2.48
0.4～1.0	5	甘肃0.89、黑龙江0.72、云南0.56、四川0.42、宁夏0.41
0.1～0.4	14	吉林0.39、陕西0.37、广西0.33、贵州0.30、山西0.26、江西0.23、福建0.21、湖南0.19、湖北0.16、辽宁0.15、重庆0.15、海南0.12、河北0.11、浙江0.10
0.1以下	8	广东0.09、安徽0.07、河南0.05、北京0.04、山东0.03、天津0.01、江苏0.01、上海0.004

第三节　生态系统质量

生态系统质量是一定时空范围内生态系统要素、结构和功能的综合特征，反映生态系统维持自然状态、稳定性和自组织能力的优劣。林草生态空间净初级生产力402.85克碳/（平方米·年），单位面积生物量42.81吨/公顷。森林和草原面积中，“健康”的占

45.89%、“亚健康”的占26.64%、“不健康”的占21.39%、“极不健康”的占6.08%。生态空间综合质量指数0.4956，处于中等质量水平。

一、净初级生产力

林草湿生态空间净初级生产力402.85克碳/（平方米·年），总体上表现为自东南向西北递减的趋势。云南、福建、海南、浙江、江西净初级生产力较高，在800克碳/（平方米·年）以上；宁夏、青海、新疆、西藏等省份净初级生产力较低，不足200克碳/（平方米·年）。各省份林草湿生态空间净初级生产力分级见表2-15。

表2-15　各省份林草湿生态空间净初级生产力

克碳/（平方米·年）

分　级	省份个数(个)	省　份
900以上	2	云南、福建
600～900	8	海南、浙江、江西、吉林、安徽、黑龙江、广东、湖北
300～600	16	重庆、湖南、广西、辽宁、陕西、河南、江苏、河北、山东、北京、山西、贵州、天津、内蒙古、四川、上海
300以下	5	甘肃、宁夏、青海、新疆、西藏

二、单位面积生物量

林草生态空间单位面积生物量42.81吨/公顷。海南、吉林、江苏、上海、福建、浙江单位面积生物量较高，在100吨/公顷以上；河北、内蒙古、甘肃、西藏、新疆、青海、宁夏等省份林草空间面积大、占全国的58.03%，单位面积生物量低、不足30吨/公顷，对全国单位面积生物量影响大。各省份林草生态空间单位面积生物量分级见表2-16。

表2-16　各省份林草生态空间单位面积生物量

吨/公顷

分　级	省份个数（个）	省　份
100以上	6	海南、吉林、江苏、上海、福建、浙江
50～100	16	黑龙江、安徽、云南、江西、河南、湖北、重庆、广西、广东、湖南、辽宁、四川、陕西、山东、天津、北京
30～50	2	贵州、山西
30以下	7	河北、内蒙古、甘肃、西藏、新疆、青海、宁夏

三、林草健康状况

健康状况是反映生态系统自我调节并保持其稳定性的能力，林草生态系统良好的健康状况是实现绿色发展的必要条件。森林和草原面积中，“健康”的22623.38万公顷、占45.89%，“亚健康”的13132.62万公顷、占26.64%，“不健康”的10542.18万公顷、占21.39%，“极不健康”的2995.89万公顷、占6.08%。

森林面积中，“健康”的19216.48万公顷、占84.13%，“亚健康”的2809.55万公顷、占12.30%，“不健康”的601.81万公顷、占2.64%，“极不健康”的213.22万公顷、占0.93%。

专栏 2-3　森林健康等级

根据林木的生长发育、外观表象特征及受灾情况综合评定森林健康状况，分为“健康”“亚健康”“不健康”“极不健康”4个等级。林木生长发育良好，枝干发达，树叶大小和色泽正常，能正常结实和繁殖，未受任何灾害的森林为“健康”等级；林木生长发育较好，树叶偶见发黄、褪色或非正常脱落（发生率10%以下），结实和繁殖受到一定程度的影响，未受灾或轻度受灾的森林为“亚健康”等级；林木生长发育一般，树叶存在发黄、褪色或非正常脱落现象（发生率10%~30%），结实和繁殖受到抑制，或受到中度灾害的森林为“不健康”等级；林木生长发育达不到正常状态，树叶多见发黄、褪色或非正常脱落（发生率30%以上），生长明显受到抑制，不能结实和繁殖，或受到重度灾害的森林为“极不健康”等级。

草原面积中，“健康”的3406.90万公顷、占12.88%，“亚健康”的10323.07万公顷、占39.02%，“不健康”的9940.37万公顷、占37.58%，“极不健康”的2782.67万公顷、占10.52%。

专栏2-4 草原健康等级评定标准

草原类组	判定指标	健康等级			
		健康	亚健康	不健康	极不健康
草　原	裸地（斑）面积占比（%）	＜ 20	20~30	30~40	＞ 40
	原生植物群落优势种或共优种的优势度	≥ 60	40~60	20~40	＜ 20
草　甸	裸地（斑）面积占比（%）	＜ 10	10~20	20~30	＞ 30
	原生植物群落优势种或共优种的优势度	≥ 60	40~60	20~40	＜ 20
荒　漠	裸地（斑）面积占比（%）	＜ 40	40~60	60~80	＞ 80
	原生植物群落优势种或共优种的优势	≥ 60	40~60	20~40	＜ 20
灌草丛	裸地（斑）面积占比（%）	＜ 10	10~20	20~30	＞ 30
	原生植物群落优势种或共优种的优势度	≥ 60	40~60	20~40	＜ 20
稀树草原	裸地（斑）面积占比（%）	＜ 20	20~40	40~60	＞ 60
	原生植物群落优势种或共优种的优势度	≥ 60	40~60	20~40	＜ 20

四、生态系统质量等级

林草湿生态空间质量指数0.4956，生态空间质量处于中等水平。云南、黑龙江、四川、广东、福建、吉林、内蒙古、贵州、湖南、西藏等9个省份生态空间质量较好，山西、河南、江苏、山东、宁夏等5个省份生态空间质量指数较差。各省份林草湿生态空间质量等级见表2-17。

表2-17 各省份林草湿生态空间质量等级

分　级	省份个数（个）	省　份
好	9	云南、黑龙江、四川、广东、福建、吉林、内蒙古、贵州、湖南
中	17	西藏、广西、海南、青海、辽宁、江西、浙江、湖北、重庆、陕西、河北、甘肃、天津、安徽、上海、北京、新疆
差	5	山西、河南、江苏、山东、宁夏

专栏2-5 林草湿生态空间质量

选择空间景观格局、空间绿色活力和空间生态功能三大类一级指标，数量分布、景观结构、区域生产力、物种丰富性、生态系统结构、水土保持功能、碳中和功能和生物多样性保育功能等8个二级指标和NDVI指数、草原植被综合盖度等25个三级指标，作为生态空间质量状况评估的主要指标，利用林草生态综合监测评价数据评估生态空间质量状况。

第四节 生态系统碳汇

林草生态系统通过植被的恢复和生长，吸收大气中的二氧化碳并将其固定在植被或土壤中，从而减少温室气体浓度，减缓全球气候变暖。林草生态系统这种能力，即林草生态系统碳汇，通常采用林草碳储量、碳密度、碳汇能力来反映。

一、林草碳储量

林草植被总碳储量114.43亿吨。其中，林木植被碳储量107.23亿吨，云南、黑龙江、四川、内蒙古、西藏、吉林、广西、福建、江西、陕西等10个省份较大，10个省份合计占全国的68.76%；草原植被碳储量7.20亿吨，青海、内蒙古、西藏、四川、新疆、甘肃等6个省份较大，6个省份合计占全国的89.86%。各省份林草植被碳储量、林木植被碳储量、草原植被碳储量分别见表2-18、表2-19、表2-20。

表2-18 各省份林草植被碳储量

万吨

分 级	省份个数(个)	林草植被碳储量
100000以上	4	云南117626.92、四川105479.42、内蒙古104964.61、黑龙江104200.49
50000～100000	3	西藏95873.36、吉林59833.31、广西53917.38
30000～50000	8	福建48072.10、江西45611.91、陕西42394.27、湖南40101.62、广东35138.98、湖北33940.82、浙江30715.80、新疆30706.40
10000～30000	9	贵州28226.63、甘肃22916.99、青海19674.73、辽宁19641.23、安徽18722.65、河南16642.64、重庆16224.88、山西14787.74、河北11728.92
10000以下	7	海南9112.29、山东7534.61、江苏5582.40、北京2588.52、宁夏1318.65、上海574.69、天津427.88

表2-19 各省份林木植被碳储量

万吨

分 级	省份个数（个）	林木植被碳储量
100000以上	2	云南116809.61、黑龙江103179.26
50000～100000	5	四川96444.09、内蒙古90726.28、西藏81987.05、吉林59484.91、广西53688.41
30000～50000	7	福建47980.18、江西45527.28、陕西41490.36、湖南39981.62、广东34946.65、湖北33871.55、浙江30662.87

（续）

分 级	省份个数（个）	林木植被碳储量
10000～30000	9	贵州28066.49、新疆22653.21、辽宁19397.45、安徽18686.85、甘肃18408.19、河南16488.78、重庆16210.02、山西13747.63、河北10765.37
10000以下	8	海南9095.90、山东7385.69、江苏5513.02、青海4681.01、北京2573.82、宁夏833.85、上海564.46、天津410.29

表2-20 各省份草原植被碳储量

万吨

分 级	省份个数（个）	草原植被碳储量
10000以上	3	青海14993.72、内蒙古14238.33、西藏13886.31
1000～10000	5	四川9035.33、新疆8053.19、甘肃4508.80、山西1040.11、黑龙江1021.23
500～1000	3	河北963.55、陕西903.91、云南817.31
100～500	9	宁夏484.80、吉林348.40、辽宁243.78、广西228.97、广东192.33、贵州160.14、河南153.86、山东148.92、湖南120.00
100以下	11	福建91.92、江西84.63、江苏69.38、湖北69.27、浙江52.93、安徽35.80、天津17.59、海南16.39、重庆14.86、北京14.70、上海10.23

二、林草碳密度

林草碳密度是反映林草生态系统固碳能力的重要指标之一，通常用单位面积的碳储量表达。森林碳密度40.66吨/公顷。其中，乔木林碳密度44.97吨/公顷，竹林碳密度27.78吨/公顷，国家特别规定灌木林碳密度4.24吨/公顷。面积排名前10位的乔木林优势树种（组）中，冷杉林、云杉林、栎树林、桦木林碳密度超过45吨/公顷，乔木林主要优势树种（组）碳密度见表2-21。

表2-21 乔木林主要优势树种（组）碳密度

树种（组）	碳密度（吨/公顷）	树种（组）	碳密度（吨/公顷）
栎树林	51.24	杨树林	30.50
杉木林	34.63	桉树林	28.56
落叶松林	44.68	云杉林	63.73
桦木林	45.59	云南松林	34.18
马尾松林	40.06	冷杉林	85.77

草原碳密度2.72吨/公顷。其中，内蒙古高原草原区碳密度3.04吨/公顷，西北山地盆地草原区碳密度1.63吨/公顷，青藏高原草原区碳密度2.91吨/公顷，东北华北平原山地丘陵草原区碳密度4.94吨/公顷，南方山地丘陵草原区碳密度7.46吨/公顷，草地分区域碳密度见图2-1。

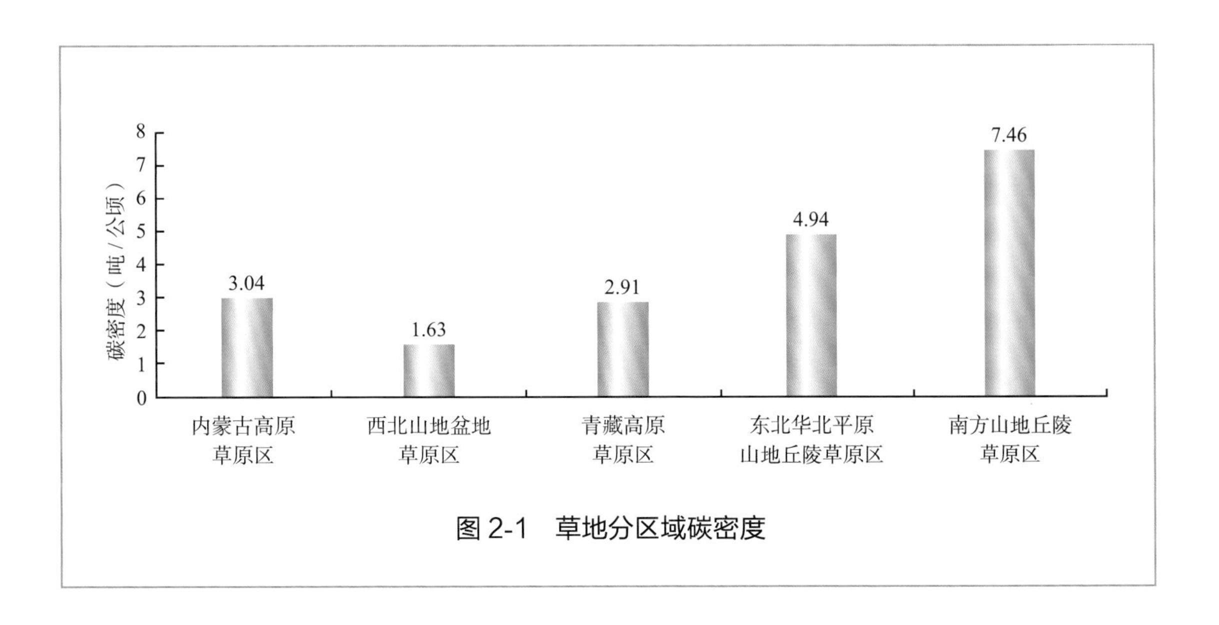

图2-1　草地分区域碳密度

三、林草碳汇能力

林草湿生态空间年固碳量3.49亿吨，吸收二氧化碳当量12.80亿吨。其中，森林植被固碳3.10亿吨，吸收二氧化碳当量11.37亿吨；草地植被固碳0.28亿吨，吸收二氧化碳当量1.03亿吨；湿地植被（不含浮水植物和沉水植物）固碳0.11亿吨，吸收二氧化碳当量0.40亿吨。

第五节　生态系统功能与价值

一、生态功能物质量与价值量

林草湿生态空间年涵养水源8038.53亿立方米，年固碳量3.49亿吨，年固土量117.20亿吨，年保肥量7.72亿吨，年吸收大气污染物量0.75亿吨，年滞尘量102.57亿吨，年释氧量9.34亿吨，年植被养分固持量0.49亿吨。年涵养水源量中，森林6289.58亿立方米，草地927.53亿立方米，湿地821.42亿立方米；年固碳量中，森林植被3.10亿吨，草地植被0.28亿吨，湿地植被（不含浮水植物和沉水植物）0.11亿吨；年释氧量中，森林

8.30亿吨，草地0.75亿吨，湿地0.29亿吨。按照权重当量平衡原则选取替代品价格，采用等效替代法，对林草湿空间服务价值进行核算。林草湿生态空间生态产品总价值量为28.58万亿元/年，其中，森林16.62万亿元/年，草地8.51万亿元/年，湿地3.45万亿元/年。林草湿生态系统服务功能按照服务类别不同可分为生态系统支持功能、生态系统调节功能、生态系统供给功能、生态系统文化功能四大类。按照权重当量平衡原则选取替代品价格，采用等效替代法，对林草湿空间服务价值进行核算的结果，调节服务12.79万亿元/年、占44.75%，供给服务9.28万亿元/年、占32.47%，支持服务4.19万亿元/年、占14.66%，文化服务2.32万亿元/年、占8.12%。各功能类别生态服务价值见表2-22。

表2-22　各功能类别生态服务价值

服务类别	功能类别	价值量（亿元/年）	比例（%）
	合　计	285752.06	100.00
支持服务	小　计	41882.24	14.66
	保育土壤	36291.99	
	养分固持	5590.25	
调节服务	小　计	127879.81	44.75
	涵养水源	53681.42	
	固碳释氧	22097.87	
	净化大气环境与降解污染物	50641.67	
	森林防护	1458.85	
供给服务	小　计	92772.35	32.47
	栖息地与生物多样性保护	69195.34	
	提供产品	22833.64	
	湿地水源供给	743.37	
文化服务	小　计	23217.66	8.12
	生态康养	23217.66	

专栏 2-6 林草湿生态空间生态产品核算方法

基于全空间、全指标、全口径、全周期的“四全”评估构架，利用分布式测算方法评估林草湿生态空间生态产品。方法为：对林草湿生态空间中的森林、草地、湿地生态系统按照支持服务、调节服务、供给服务和文化服务四大类别划分为一级分布式测算单元；每个一级分布式测算单元按照省级行政区（不含港澳台）划分为 31 个二级分布式测算单元；每个二级分布式测算单元按照生态系统类型划分森林、草地和湿地 3 个三级分布式测算单元；每个三级分布式测算单元划分为 48 个林分类型、6 个草地类型和 7 个湿地类型的四级分布式测算单元；每个四级分布式测算单元按照保育土壤、养分固持、涵养水源、固碳释氧、净化大气环境、降解污染、森林防护、产品供给、生物多样性保护、休闲游憩等功能类别划分为 25 个森林生态系统服务功能指标类别、21 个草地生态系统服务功能指标类别和 18 个湿地生态系统服务功能指标类别五级分布式测算单元。基于以上分布式测算单元划分，本次评估划分成相对均质的生态系统及其生态环境要素共 12213 个单元。

专栏 2-7 等效替代法与权重当量平衡原则

等效替代法是当前生态环境效益经济评价中采用最普遍的一种方法，是生态系统功能物质量向价值量转化的过程中，在保证某评估指标生态功能相同的前提下，将实际的、复杂的生态问题和生态过程转化为等效的、简单的、易于研究的问题和过程来估算生态系统各项功能价值量的研究和处理方法。

权重当量平衡原则是指生态系统服务功能价值量评估过程中，当选取某个替代品的价格进行等效替代核算某项评估指标的价值量时，应考虑计算所得的各评估指标价值量在总价值量中所占的权重，使其保持相对平衡。

西藏、内蒙古、青海、四川、黑龙江、云南、新疆、广东、广西等省份林草湿生态空间价值量较大，超过1万亿元/年，9个省份合计占全国的64.57%。

西藏、内蒙古、黑龙江、四川、云南、青海、甘肃、新疆、吉林等省份支持服务价值量较高，超过1000亿元/年，9个省份占全国的74.62%；内蒙古、西藏、四川、黑龙江、青海、新疆、云南、广东等省份调节服务价值量较高，超过5000亿元/年，8个省份合计占全国的62.25%；青海、内蒙古、西藏、四川、黑龙江、云南、新疆等省份供给服务价值量较高，超过5000亿元/年，7个省份合计占全国的62.44%；江西、浙江、贵州、广西、湖北、四川、安徽、湖南、广东、福建文化服务价值量较高，超过1000亿元/年，10个省份合计占全国的84.11%。

二、生态空间“绿色水库”

林草湿生态空间“绿色水库”功能总涵养水源物质量为8038.52亿立方米/年，四川、西藏、云南、内蒙古、黑龙江等省份涵养水源物质量在500亿立方米/年以上，5个省份合计占全国的43.84%。生态空间“绿色水库”总价值量为5.37万亿元/年，西藏、四川、内蒙古、黑龙江、云南、青海等省份涵养水源价值量在3000亿元/年以上，6个省份合计占全国的48.90%。各省份林草湿生态空间“绿色水库”物质量见图2-2。

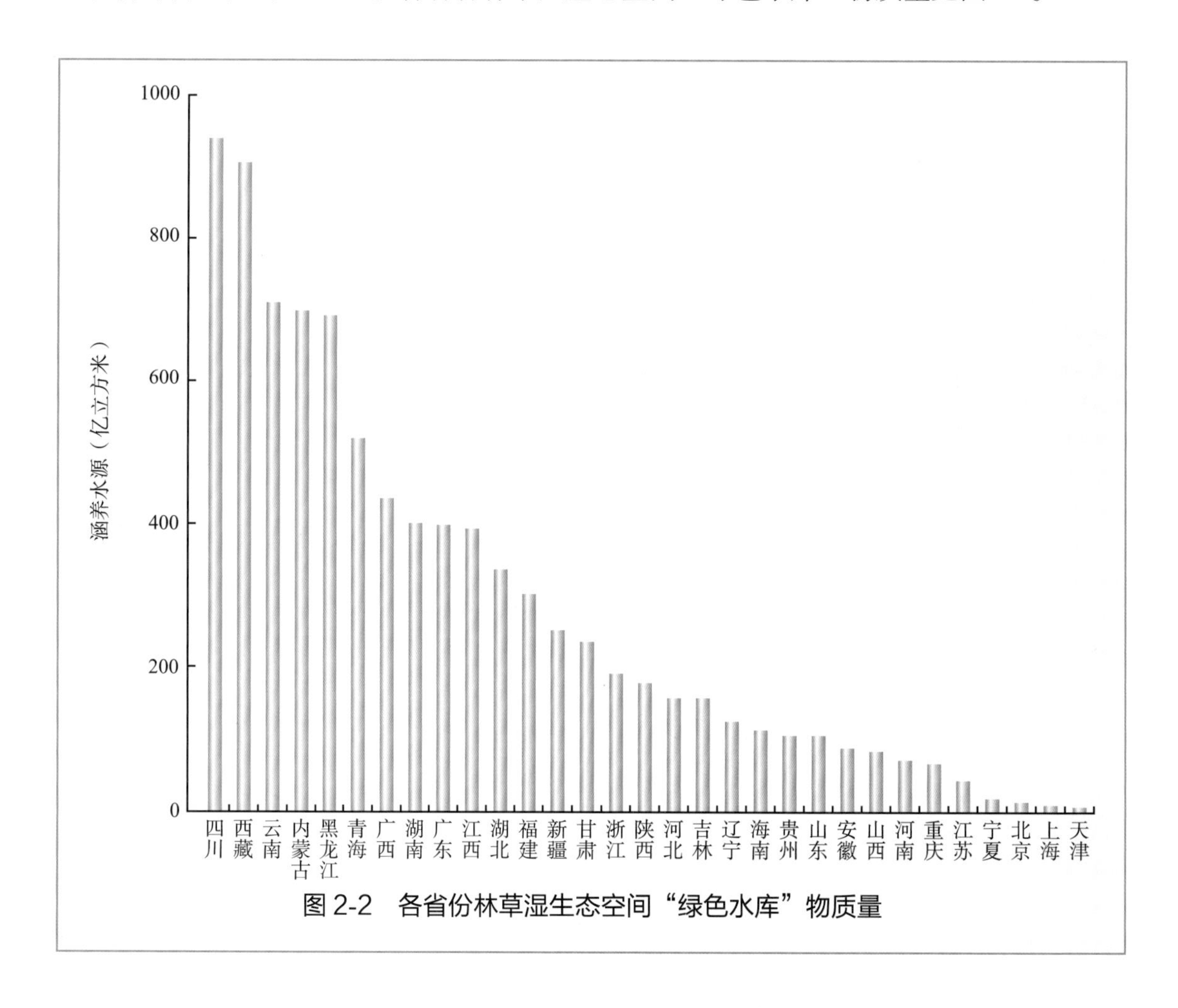

图2-2 各省份林草湿生态空间“绿色水库”物质量

专栏 2-8 绿色水库

“绿色水库”指生态空间涵养水源功能，主要体现在蓄水、调节径流、削洪抗旱和净化水质等方面，是调节水量和净化水质功能之和。通过对降水的截留、吸收和下渗，对降水进行时空再分配，减少无效水，增加有效水。

三、生态空间“绿色碳库”

林草湿生态空间生态产品“绿色碳库”功能碳当量为3.49亿吨/年，内蒙古、西藏、青海、新疆、黑龙江、云南、四川等7个省份的碳中和量在4000万吨/年（碳当量）以上，合计占全国的65.43%。生态空间“绿色碳库”价值总量为2.21万亿元/年，内蒙古、青海、新疆、西藏、黑龙江、四川、云南等7个省份“绿色碳库”价值量在1000亿元/年以上，合计占全国的66.35%。

专栏 2-9 绿色碳库

“绿色碳库”是生态空间碳中和功能，生态空间植被层通过光合作用将空气中的二氧化碳合成碳水化合物转化为生物量，同时释放出等当量的氧气。生态空间土壤层也是一个巨大的绿色碳库，土壤层通过有机碳的积累和储存，捕获并封存了通过植被层固定并迁移到土壤层的碳。绿色植物的“特异功能”，就是能够进行光合作用，从空气中捕获二氧化碳（灰碳），并转化为葡萄糖（绿碳），再经生化作用合成碳水化合物（绿碳）。生物链就是绿碳链。植物绿碳经由食物链传递，转化为动物体内碳水化合物（绿碳）。与光合作用对应的是呼吸作用。动植物通过呼吸作用把一部分绿碳重新转化为二氧化碳，并释放进入大气（灰碳），另一部分则构成生物机体，在机体内贮存（绿碳）。动植物死后，通过微生物分解作用，尸体中的碳（绿碳）成为二氧化碳排入大气（灰碳）。

四、生态空间“绿色氧吧库”

林草湿生态空间治污减霾“绿色氧吧库”功能价值总量为5.06万亿元/年，内蒙古、西藏、四川、新疆、甘肃、黑龙江、广东、广西等省份价值量在2000亿元/年以上，7个省份合计占全国的66.12%。

专栏 2-10　绿色氧吧库

治污减霾“绿色氧吧库”指生态空间净化大气、水体环境的功能，是提供负离子、吸收气体污染物（二氧化硫、氮氧化物和氟化物）、降解污染、滞纳 TSP、滞纳 PM10 和滞纳 PM2.5 功能之和。

五、生态空间“绿色基因库”

林草湿生态空间“绿色基因库”功能价值总量为6.92万亿元/年，青海、西藏、四川、内蒙古、云南、黑龙江等省域价值量在3000亿元/年以上，6个省份合计占全国的52.32%。

专栏 2-11　绿色基因库

“绿色基因库”指生态空间生物多样性保护、生境提供功能。森林生态系统为生物物种提供生存与繁衍的场所，从而对其起到保育作用的功能；湿地生态系统的高度异质性为众多野生动植物栖息、繁衍提供了基地，因而在保护生物多样性方面有极其重要的价值；草地生态系统多数分布在降水少、气候干旱、生长季节短暂的区域，这些区域往往不适合森林的生长，而草本植被独特的耐旱、耐寒特性是目前国内外抗逆性基因研究的重点。

六、生态空间康养功能价值

林草湿生态空间康养功能总价值量为2.32万亿元/年。各省份林草湿生态空间康养功能价值量排序见图2-3。

专栏 2-12　康养功能价值

生态空间康养功能价值总量为 23217.27 亿元 / 年，依据《中国林业和草原统计年鉴 2020》，其中森林生态康养价值量为 18574.13 亿元 / 年，草地生态康养价值量为 53.40 亿元 / 年，湿地生态康养价值量为 4590.13 亿元 / 年。

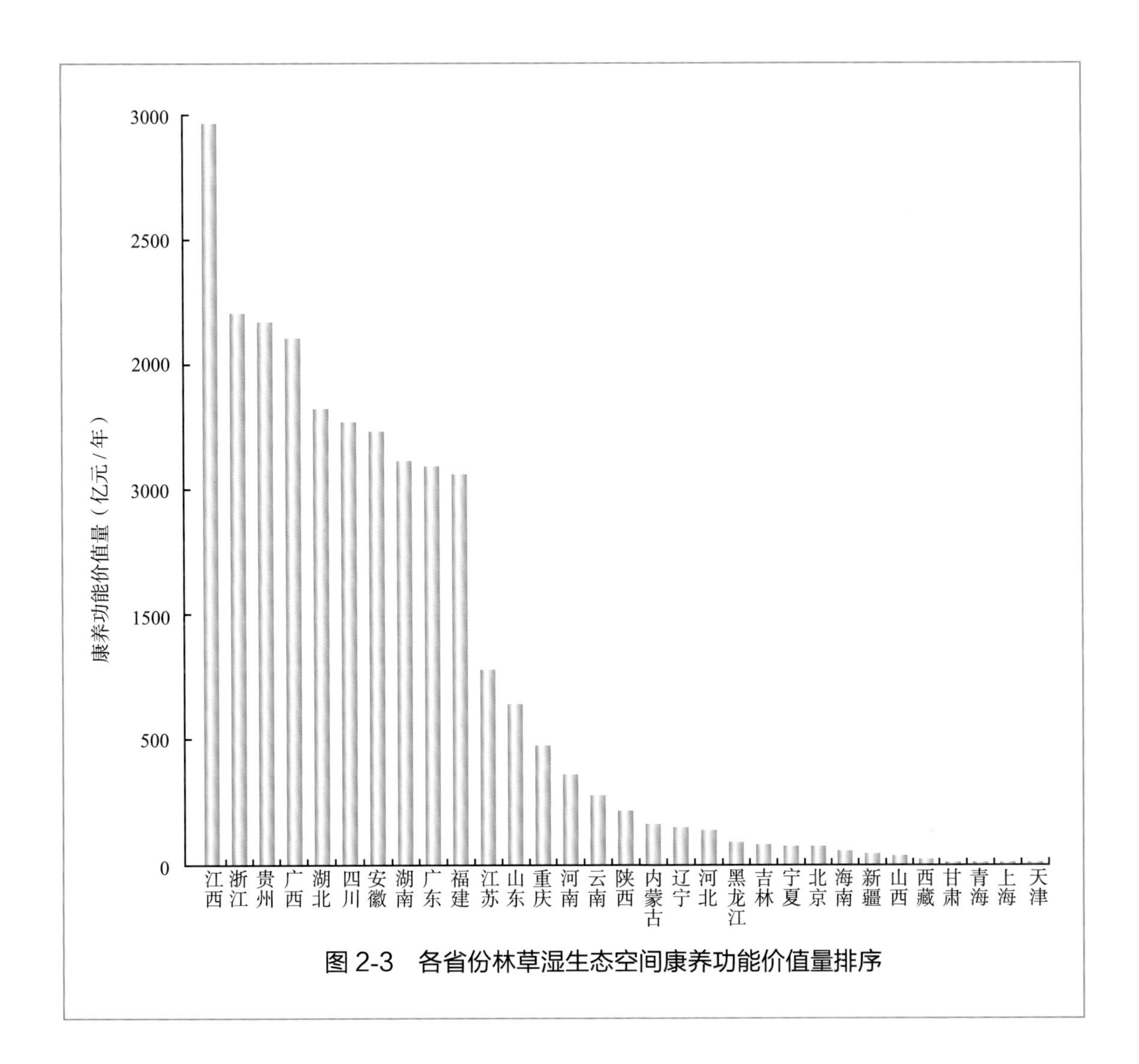

图 2-3　各省份林草湿生态空间康养功能价值量排序

第三章

重点区域林草资源状况[1]

①本章节湿地面积不含浅海水域。

第一节　重点战略区林草资源

一、长江经济带

长江经济带横跨中国东中西三大区域，覆盖11个省份，是党中央重点实施的“三大战略”之一，是具有全球影响力的内河经济带、东中西互动合作的协调发展带、沿海沿江沿边全面推进的对内对外开放带，也是生态文明建设的先行示范带。该区域以生态优先、绿色发展为引领，依托长江黄金水道，推动长江上中下游地区协调发展和沿江地区高质量发展。区域土地面积约205.23万平方公里，占国土面积的21.38%。林草覆盖面积12029.81万公顷，林草覆盖率58.62%。森林面积8943.87万公顷，森林覆盖率43.58%。森林蓄积量717051.66万立方米，单位面积蓄积量88.74立方米/公顷。天然林面积4968.44万公顷、蓄积量515239.95万立方米；人工林面积3975.43万公顷、蓄积量201811.71万立方米。

林地、草地、湿地面积合计13434.11万公顷，占区域土地面积的65.46%。长江经济带林草资源分布见图3-1。

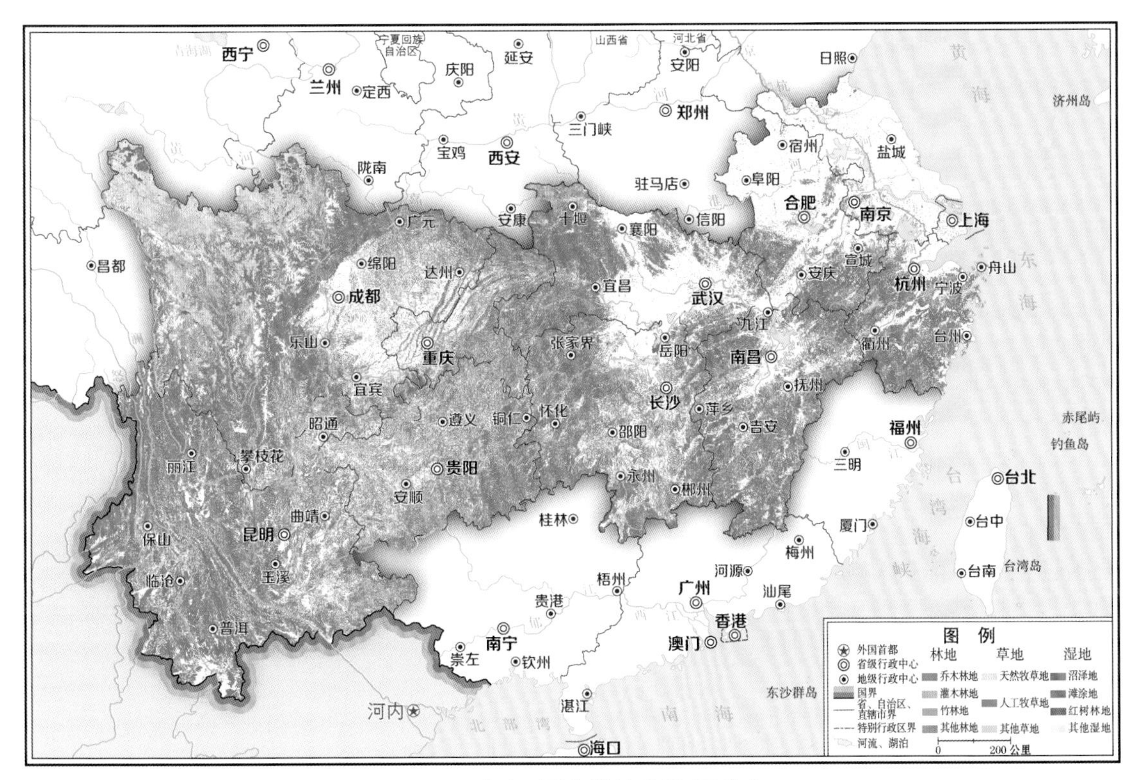

图3-1　长江经济带林草资源分布

林地面积10975.25万公顷。其中，乔木林地8080.58万公顷，竹林地511.41万公顷，灌木林地1743.79万公顷，其他林地639.47万公顷。林地各地类面积及比例见表3-1。

表3-1　林地各地类面积及比例

林地地类	面积（万公顷）	比例（%）
合　计	10975.25	100.00
乔木林地	8080.58	73.62
竹林地	511.41	4.66
灌木林地	1743.79	15.89
其他林地	639.47	5.83

草地面积1175.94万公顷。按草原类组分，草原0.07万公顷，草甸972.10万公顷，灌草丛191.30万公顷，稀树草原10.59万公顷，人工草地1.88万公顷。草地各类组面积及比例见表3-2。

表3-2　草地各类组面积及比例

草地类组	面积（万公顷）	比例（%）
合　计	1175.94	100.00
草　原	0.07	0.01
草　甸	972.10	82.66
灌草丛	191.30	16.27
稀树草原	10.59	0.90
人工草地	1.88	0.16

湿地面积1282.92万公顷。其中，森林沼泽3.02万公顷，灌丛沼泽8.84万公顷，沼泽草地91.82万公顷，其他沼泽地17.40万公顷，内陆滩涂54.28万公顷，沿海滩涂56.93万公顷，红树林地0.01万公顷，河流水面333.24万公顷，湖泊水面169.11万公顷，水库水面145.74万公顷，坑塘水面273.05万公顷，沟渠129.48万公顷。湿地各类型面积及比例见表3-3。

表3-3 湿地各类型面积及比例

湿地地类	面积（万公顷）	比例（%）
合　计	1282.92	100.00
森林沼泽	3.02	0.24
灌丛沼泽	8.84	0.69
沼泽草地	91.82	7.16
其他沼泽地	17.40	1.36
内陆滩涂	54.28	4.23
沿海滩涂	56.93	4.44
红树林地	0.01	0.001
河流水面	333.24	25.97
湖泊水面	169.11	13.18
水库水面	145.74	11.36
坑塘水面	273.05	21.28
沟　渠	129.48	10.09

二、黄河流域生态保护和高质量发展区

黄河流域西接昆仑、北抵阴山、南倚秦岭、东临渤海，横跨东中西部，是我国重要的生态安全屏障，也是人口活动和经济发展的重要区域，在国家发展大局和社会主义现代化建设全局中具有举足轻重的战略地位。黄河流域生态保护和高质量发展区范围为黄河流经的9个省份448个县（区/市），区域土地面积130.64万平方公里，占国土面积的13.61%。林草覆盖面积8256.53万公顷，林草覆盖率63.20%。森林面积1884.45万公顷，森林覆盖率14.42%。森林蓄积量102601.98万立方米，单位面积蓄积量70.95立方米/公顷。天然林面积1068.09万公顷、蓄积量84210.23万立方米；人工林面积816.36万公顷、蓄积量18391.75万立方米。

林地、草地、湿地面积合计9382.86万公顷，占区域土地面积的71.82%。黄河流域生态保护和高质量发展区林草资源分布见图3-2。

林地面积3093.34万公顷。其中，乔木林地1432.98万公顷，竹林地0.63万公顷，灌木林地1056.76万公顷，其他林地602.97万公顷。林地各地类面积及比例见表3-4。

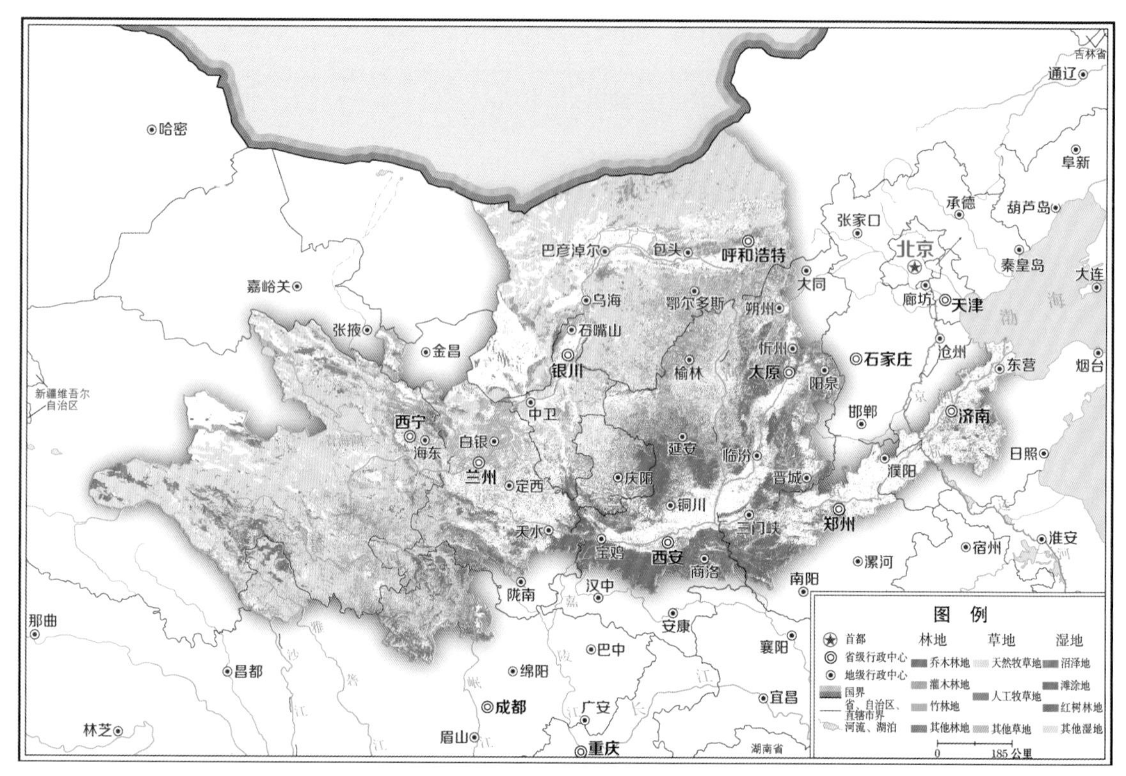

图 3-2　黄河流域生态保护和高质量发展区林草资源分布

表3-4　林地各地类面积及比例

林地地类	面积（万公顷）	比例（%）
合　计	3093.34	100.00
乔木林地	1432.98	46.33
竹林地	0.63	0.02
灌木林地	1056.76	34.16
其他林地	602.97	19.49

草地面积5562.64万公顷。按草原类组分，草原2511.14万公顷，草甸1975.64万公顷，荒漠879.26万公顷，灌草丛185.72万公顷，人工草地10.88万公顷。草地各类组面积及比例见表3-5。

表3-5 草地各类组面积及比例

草地类组	面积（万公顷）	比例（%）
合　计	5562.64	100.00
草　原	2511.14	45.14
草　甸	1975.64	35.52
荒　漠	879.26	15.81
灌草丛	185.72	3.34
人工草地	10.88	0.19

湿地面积726.88万公顷。其中，森林沼泽0.15万公顷，灌丛沼泽5.35万公顷，沼泽草地359.77万公顷，其他沼泽地27.59万公顷，沿海滩涂8.88万公顷，内陆滩涂69.75万公顷，河流水面等255.39万公顷。湿地各类型面积及比例见表3-6。

表3-6 湿地各类型面积及比例

湿地地类	面积（万公顷）	比例（%）
合　计	726.88	100.00
森林沼泽	0.15	0.02
灌丛沼泽	5.35	0.74
沼泽草地	359.77	49.49
其他沼泽地	27.59	3.80
沿海滩涂	8.88	1.22
内陆滩涂	69.75	9.59
河流水面	85.92	11.82
湖泊水面	80.90	11.13
水库水面	22.68	3.12
坑塘水面	22.87	3.15
沟　渠	43.02	5.92

三、京津冀协同发展区

京津冀协同发展区以实现京津冀协同发展、创新驱动、推进区域发展体制机制创新为目标，是面向未来打造新型首都经济圈、实现国家高质量发展的重要战略区。该区域土地面积21.6万平方公里，占国土面积的2.25%。林草覆盖面积934.05万公顷，林草覆盖率43.24%。森林面积546.98万公顷，森林覆盖率25.32%。森林蓄积量18561.91万立方米，单位面积蓄积量38.99立方米/公顷。天然林面积248.11万公顷、蓄积量8690.53万立方米；人工林面积298.87万公顷、蓄积量9871.38万立方米。

林地、草地、湿地面积合计1042.81万公顷，占区域土地面积的48.28%。京津冀协同发展区林草资源分布见图3-3。

林地面积754.12万公顷。其中，乔木林地476.12万公顷，灌木林地130.14万公顷，其他林地147.86万公顷。林地各地类面积及比例见表3-7。

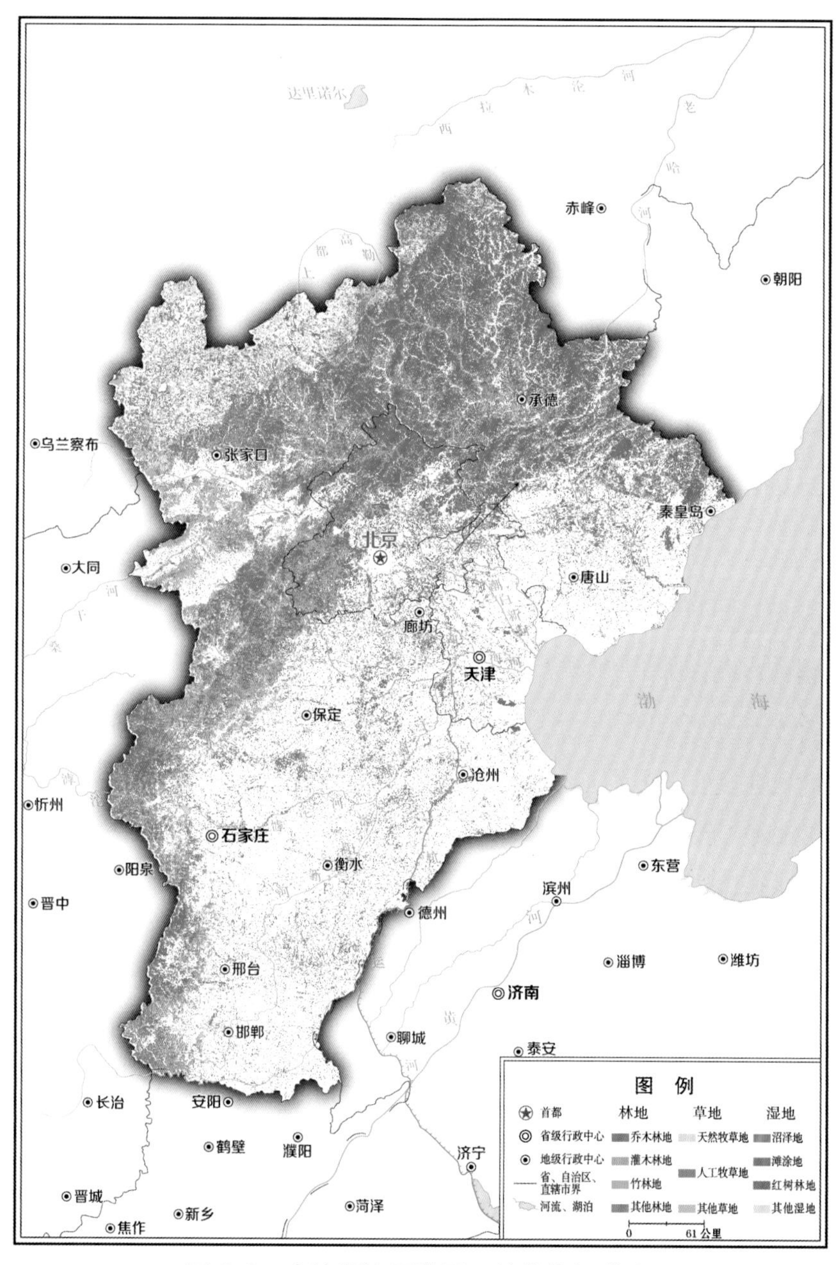

图3-3 京津冀协同发展区林草资源分布

表3-7 林地各地类面积及比例

林地地类	面积（万公顷）	比例（%）
合　计	754.12	100.00
乔木林地	476.12	63.13
灌木林地	130.14	17.26
其他林地	147.86	19.61

草地面积197.68万公顷。按草原类组分，草原41.95万公顷，草甸10.06万公顷，灌草丛142.93万公顷，人工草地2.74万公顷。草地各类组面积及比例见表3-8。

表3-8 草地各类组面积及比例

草地类组	面积（万公顷）	比例（%）
合　计	197.68	100.00
草　原	41.95	21.22
草　甸	10.06	5.09
灌草丛	142.93	72.30
人工草地	2.74	1.39

湿地面积91.01万公顷。其中，森林沼泽0.02万公顷，灌丛沼泽0.11万公顷，沼泽草地1.77万公顷，其他沼泽地1.38万公顷，内陆滩涂6.62万公顷，沿海滩涂8.00万公顷，河流水面22.62万公顷，湖泊水面2.50万公顷，水库水面12.72万公顷，坑塘水面12.90万公顷，沟渠22.37万公顷。湿地各类型面积及比例见表3-9。

表3-9 湿地各类型面积及比例

湿地地类	面积（万公顷）	比例（%）
合　计	91.01	100.00
森林沼泽	0.02	0.02
灌丛沼泽	0.11	0.12
沼泽草地	1.77	1.95
其他沼泽地	1.38	1.52
内陆滩涂	6.62	7.27
沿海滩涂	8.00	8.79
河流水面	22.62	24.85

（续）

湿地地类	面积（万公顷）	比例（%）
湖泊水面	2.50	2.75
水库水面	12.72	13.98
坑塘水面	12.90	14.17
沟　渠	22.37	24.58

第二节　国家公园林草资源

一、三江源国家公园

三江源国家公园地处青藏高原腹地，园内广泛分布冰川雪山、高海拔湿地、荒漠戈壁、高寒草原草甸，生态类型丰富，结构功能完整，是地球第三极青藏高原高寒生态系统大尺度保护的典范。土地面积19.07万平方公里，占国土面积的1.99%。林草覆盖面积1414.55万公顷，林草覆盖率74.18%。森林面积1.04万公顷，森林覆盖率0.05%。森林蓄积量13.25万立方米，单位面积蓄积量23.66立方米/公顷。该区域森林均为天然林。

林地、草地、湿地面积合计1768.71万公顷，占区域土地面积的92.75%。三江源国家公园林草资源分布见图3-4。

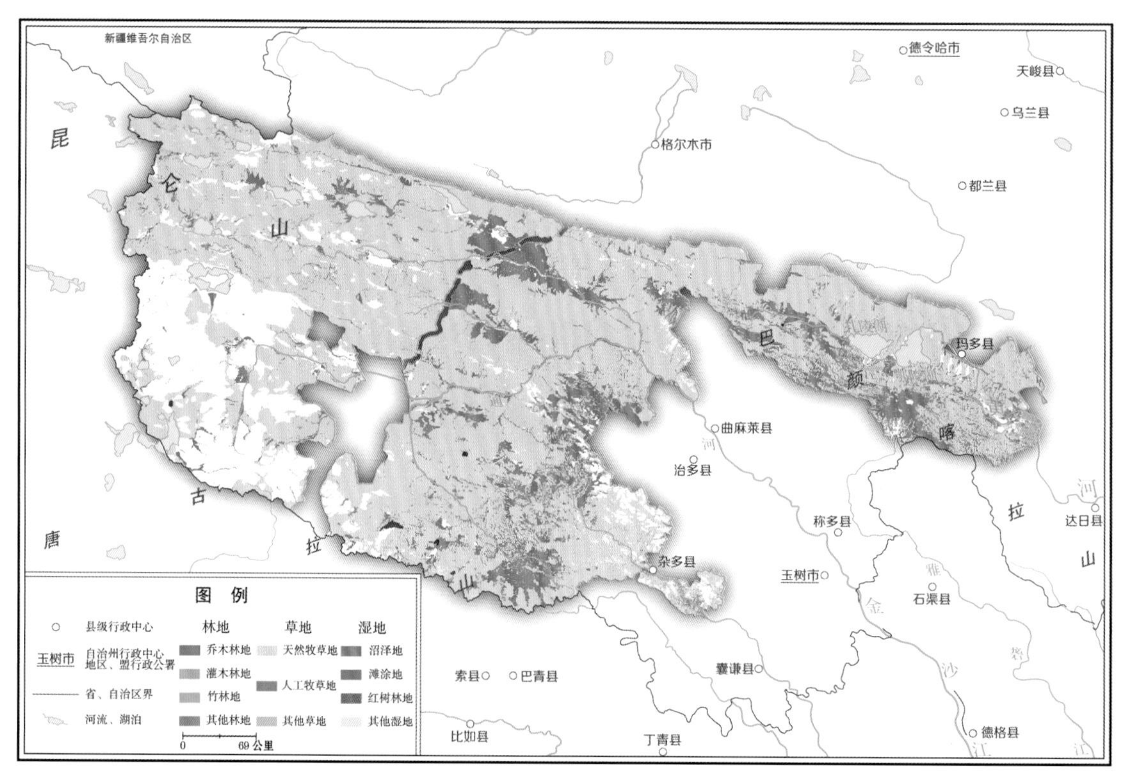

图3-4　三江源国家公园林草资源分布

林地面积5.46万公顷。其中，乔木林地0.56万公顷，灌木林地3.89万公顷，其他林地1.01万公顷。林地各地类面积及比例见表3-10。

表3-10 林地各地类面积及比例

林地地类	面积（万公顷）	比例（%）
合　计	5.46	100.00
乔木林地	0.56	10.26
灌木林地	3.89	71.24
其他林地	1.01	18.50

草地面积1410.10万公顷。按草原类组分，草原591.68万公顷，草甸814.44万公顷，荒漠3.98万公顷。草地各类组面积及比例见表3-11。

表3-11 草地各类组面积及比例

草地类组	面积（万公顷）	比例（%）
合　计	1410.10	100.00
草　原	591.68	41.96
草　甸	814.44	57.76
荒　漠	3.98	0.28

湿地面积353.15万公顷。其中，沼泽草地209.43万公顷，内陆滩涂50.40万公顷，其他沼泽地2.03万公顷，河流水面等91.29万公顷。湿地各类型面积及比例见表3-12。

表3-12 湿地各类型面积及比例

湿地地类	面积（万公顷）	比例（%）
合　计	353.15	100.00
沼泽草地	209.43	59.30
其他沼泽地	2.03	0.57
内陆滩涂	50.40	14.27
河流水面	17.54	4.97
湖泊水面	73.58	20.84
水库水面	0.17	0.05

二、大熊猫国家公园

大熊猫国家公园跨四川、陕西和甘肃三省，是野生大熊猫集中分布区和主要繁衍栖息地，保护了全国70%以上的野生大熊猫。园内生物多样性十分丰富，具有独特的自然文化景观，是生物多样性保护示范区、生态价值实现先行区和世界生态教育样板。土地面积2.20万平方公里，占国土面积的0.23%。林草覆盖面积197.95万公顷，林草覆盖率89.98%。森林面积149.20万公顷，森林覆盖率67.82%。森林蓄积量23703.37万立方米，单位面积蓄积量159.26立方米/公顷。天然林面积133.98万公顷、蓄积量23015.38万立方米；人工林面积15.22万公顷、蓄积量687.99万立方米。

林地、草地、湿地面积合计203.90万公顷，占区域土地面积的92.68%。大熊猫国家公园林草资源分布见图3-5。

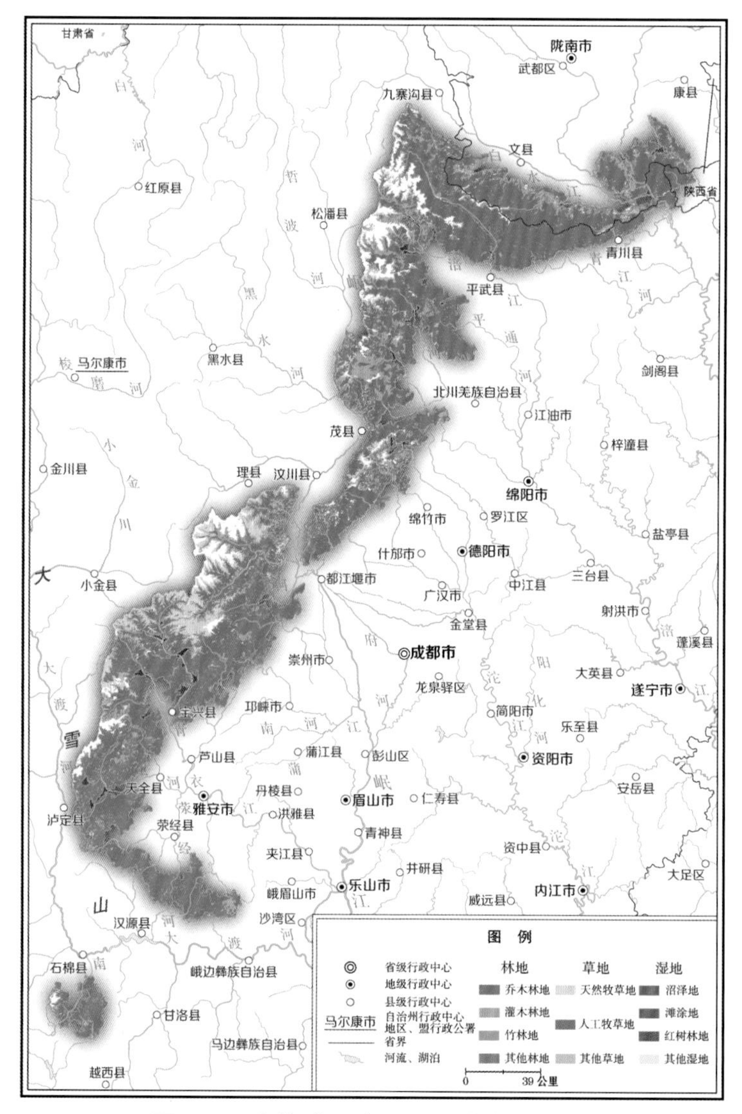

图3-5 大熊猫国家公园林草资源分布

林地面积186.38万公顷。其中，乔木林地148.82万公顷，竹林地0.37万公顷，灌木林地32.66万公顷，其他林地4.53万公顷。林地各地类面积及比例见表3-13。

表3-13 林地各地类面积及比例

林地地类	面积（万公顷）	比例（%）
合　计	186.38	100.00
乔木林地	148.82	79.85
竹林地	0.37	0.20
灌木林地	32.66	17.52
其他林地	4.53	2.43

草地面积15.42万公顷。按草原类组分，草原0.02万公顷，草甸14.44万公顷，灌草丛0.96万公顷。草地各类组面积及比例见表3-14。

表3-14 草地各类组面积及比例

草地类组	面积（万公顷）	比例（%）
合　计	15.42	100.00
草　原	0.02	0.13
草　甸	14.44	93.64
灌草丛	0.96	6.23

湿地面积2.10万公顷。其中，内陆滩涂0.04万公顷，河流水面等2.06万公顷。湿地各类型面积及比例见表3-15。

表3-15 湿地各类型面积及比例

湿地地类	面积（万公顷）	比例（%）
合　计	2.10	100.00
内陆滩涂	0.04	1.90
河流水面	1.96	93.33
湖泊水面	0.03	1.43
水库水面	0.06	2.86
沟　渠	0.01	0.48

三、东北虎豹国家公园

东北虎豹国家公园跨吉林、黑龙江两省，与俄罗斯、朝鲜毗邻，分布着我国境内规模最大、唯一具有繁殖家族的野生东北虎、东北豹种群。园内植被类型多样，生态结构相对完整，是温带森林生态系统的典型代表，成为跨境合作保护的典范。土地面积1.41万平方公里，占国土面积的0.15%。林草覆盖面积136.56万公顷，林草覆盖率96.85%。森林面积136.01万公顷，森林覆盖率96.46%。森林蓄积量20851.04万立方米，单位面积蓄积量153.31立方米/公顷。天然林面积129.86万公顷、蓄积量20263.51万立方米；人工林面积6.15万公顷、蓄积量587.53万立方米。

林地、草地、湿地面积合计138.29万公顷，占区域土地面积的98.08%。东北虎豹国家公园林草资源分布见图3-6。

林地面积137.21万公顷。其中，乔木林地135.80万公顷，灌木林地0.14万公顷，其他林地1.27万公顷。林地各地类面积及比例见表3-16。

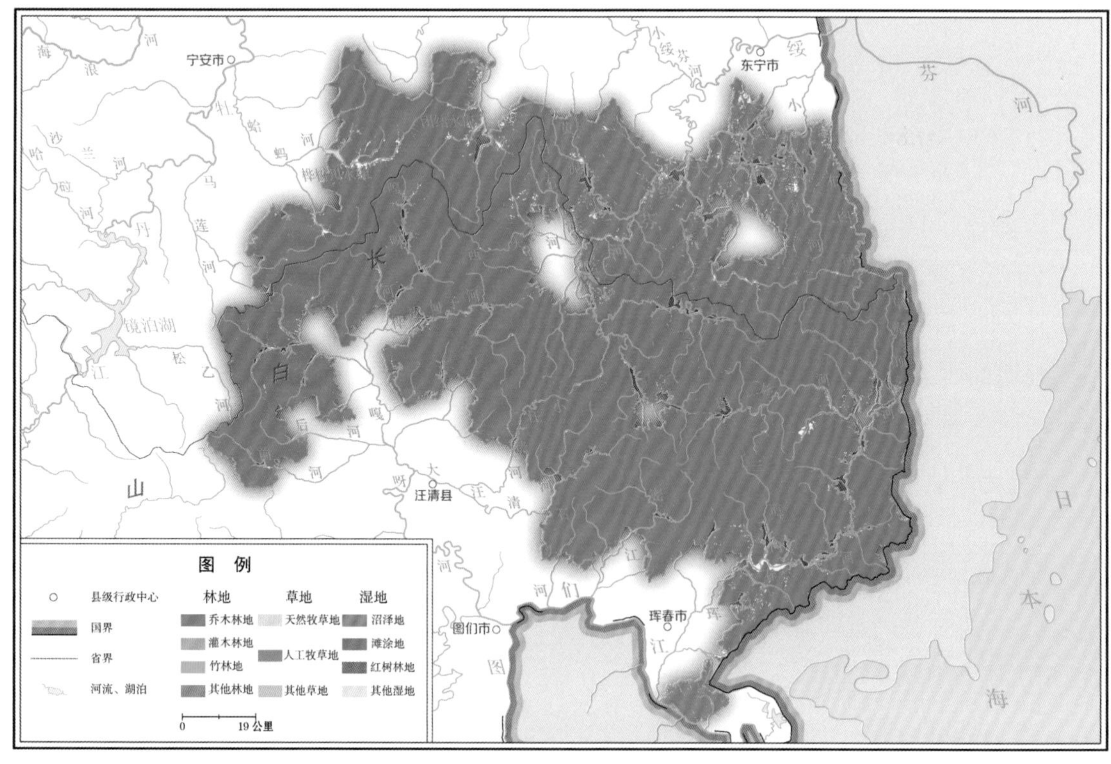

图3-6　东北虎豹国家公园林草资源分布

表3-16 林地各地类面积及比例

林地地类	面积（万公顷）	比例（%）
合　计	137.21	100.00
乔木林地	135.80	98.97
灌木林地	0.14	0.10
其他林地	1.27	0.93

草地面积0.20万公顷。按草原类组分，草甸0.06万公顷，灌草丛0.14万公顷。草地各类组面积及比例见表3-17。

表3-17 草地各类组面积及比例

草地类组	面积（万公顷）	比例（%）
合　计	0.20	100.00
草　甸	0.06	30.00
灌草丛	0.14	70.00

湿地面积0.88万公顷。其中，森林沼泽0.25万公顷，灌丛沼泽0.04万公顷，沼泽草地0.03万公顷，内陆滩涂0.05万公顷，河流水面等0.51万公顷。湿地各类型面积及比例见表3-18。

表3-18 湿地各类型面积及比例

湿地地类	面积（万公顷）	比例（%）
合　计	0.88	100.00
森林沼泽	0.25	28.41
灌丛沼泽	0.04	4.55
沼泽草地	0.03	3.41
内陆滩涂	0.05	5.68
河流水面	0.29	32.95
水库水面	0.18	20.45
坑塘水面	0.04	4.55

四、海南热带雨林国家公园

海南热带雨林国家公园位于海南岛中部，保存了我国最完整、最多样的大陆性岛屿型热带雨林。这里是全球最濒危的灵长类动物——海南长臂猿唯一分布地，是热带生物多样性和遗传资源的宝库，成为岛屿型热带雨林珍贵自然资源传承和生物多样性保护典范。土地面积4269平方公里，占国土面积的0.04%。林草覆盖面积40.49万公顷，林草覆盖率94.85%。森林面积39.20万公顷，森林覆盖率91.82%。森林蓄积量5094.65万立方米，单位面积蓄积量130.13立方米/公顷。天然林面积31.56万公顷、蓄积量4388.37万立方米；人工林面积7.64万公顷、蓄积量706.28万立方米。

林地、草地、湿地面积合计39.45万公顷，占区域土地面积的92.41%。海南热带雨林国家公园林草资源分布见图3-7。

林地面积38.29万公顷。其中，乔木林地37.35万公顷，竹林地0.02万公顷，灌木林地0.43万公顷，其他林地0.49万公顷。林地各地类面积及比例见表3-19。

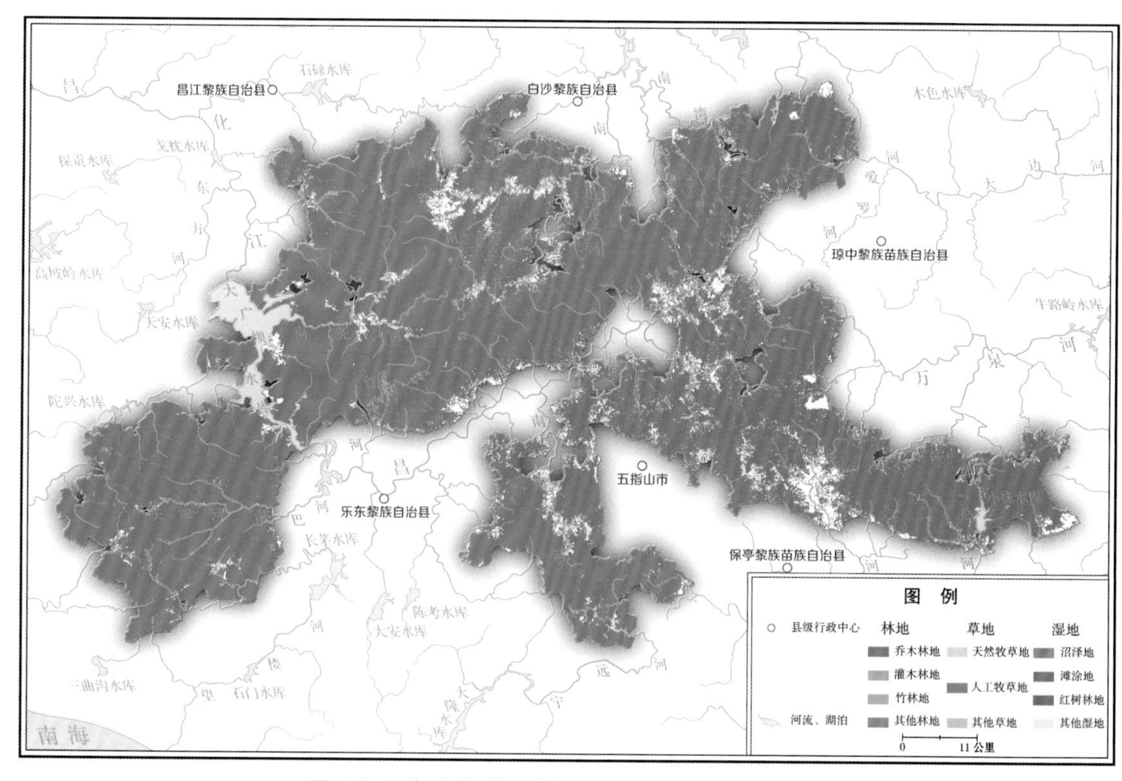

图 3-7 海南热带雨林国家公园林草资源分布

表3-19 林地各地类面积及比例

林地地类	面积（万公顷）	比例（%）
合　计	38.29	100.00
乔木林地	37.35	97.55
竹林地	0.02	0.05
灌木林地	0.43	1.12
其他林地	0.49	1.28

草地面积0.02万公顷。按草原类组分，均为灌草丛。

湿地面积1.14万公顷。其中，内陆滩涂0.05万公顷，河流水面等1.09万公顷。湿地各类型面积及比例见表3-20。

表3-20 湿地各类型面积及比例

湿地地类	面积（万公顷）	比例（%）
合　计	1.14	100.00
内陆滩涂	0.05	4.39
河流水面	0.27	23.68
水库水面	0.76	66.66
坑塘水面	0.01	0.88
沟　渠	0.05	4.39

五、武夷山国家公园

武夷山国家公园跨福建、江西两省，分布有全球同纬度最完整、面积最大的中亚热带原生性常绿阔叶林生态系统，是我国东南动植物宝库。武夷山有着无与伦比的生态人文资源，拥有世界文化和自然“双遗产”，是文化和自然世代传承、人与自然和谐共生的典范。土地面积1280平方公里，占国土面积的0.01%。林草覆盖面积12.32万公顷，林草覆盖率96.25%。森林面积12.09万公顷，森林覆盖率94.45%。森林蓄积量967.65万立方米，单位面积蓄积量92.95立方米/公顷。天然林面积11.29万公顷、蓄积量874.03万立方米；人工林面积0.80万公顷、蓄积量93.62万立方米。

林地、草地、湿地面积合计12.38万公顷，占区域土地面积的96.72%。武夷山国家公园林草资源分布见图3-8。

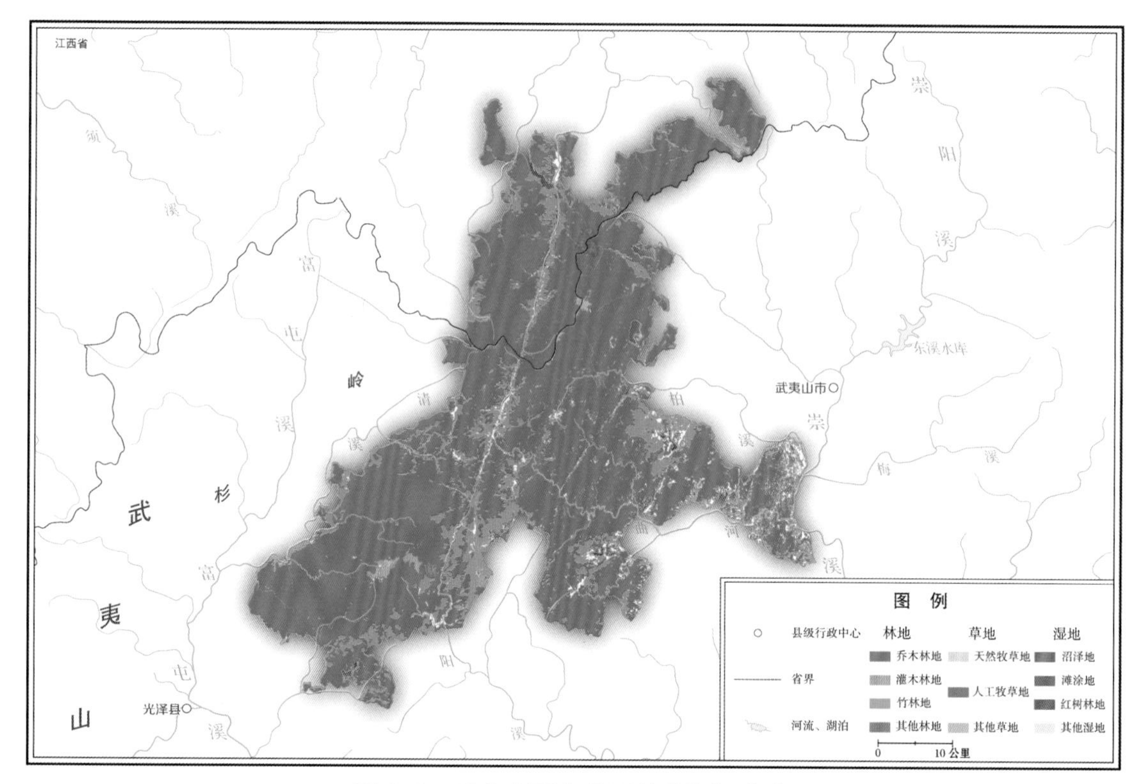

图 3-8 武夷山国家公园林草资源分布

林地面积12.25万公顷。其中，乔木林地10.40万公顷，竹林地1.67万公顷，灌木林地0.14万公顷，其他林地0.04万公顷。林地各地类面积及比例见表3-21。

表3-21 林地各地类面积及比例

林地地类	面积（万公顷）	比例（%）
合 计	12.25	100.00
乔木林地	10.40	84.90
竹林地	1.67	13.63
灌木林地	0.14	1.14
其他林地	0.04	0.33

草地面积0.02万公顷。按草原类组分，均为草甸。

湿地面积0.11万公顷。其中，河流水面0.08万公顷，水库水面0.03万公顷。

第三节 重要生态保护修复区林草资源

根据《全国重要生态系统保护和修复重大工程总体规划（2021—2035年）》，全国重要生态系统保护和修复重大工程规划布局在青藏高原生态屏障区、黄河重点生态区、长江重点生态区、东北森林带、北方防沙带、南方丘陵山地带、海岸带等重点区域。区域面积约68452.89万公顷，占国土面积的71.31%。

一、青藏高原生态屏障区

青藏高原生态屏障区位于我国西南部，是我国重要的生态安全屏障、战略资源储备基地和高寒生物种质资源宝库。该区涉及西藏、青海、四川、云南、甘肃、新疆等6个省份，区域面积约20853.00万公顷，占国土面积的21.72%。林草覆盖面积13949.66万公顷，林草覆盖率66.90%。森林面积1290.41万公顷，森林覆盖率6.19%。森林蓄积量232049.19万立方米，单位面积蓄积量223.12立方米/公顷。天然林面积1270.76万公顷、蓄积量231364.48万立方米；人工林面积19.65万公顷、蓄积量684.71万立方米。

林地、草地、湿地面积合计15737.26万公顷，占区域面积的75.47%。青藏高原生态屏障区林草资源分布见图3-9。

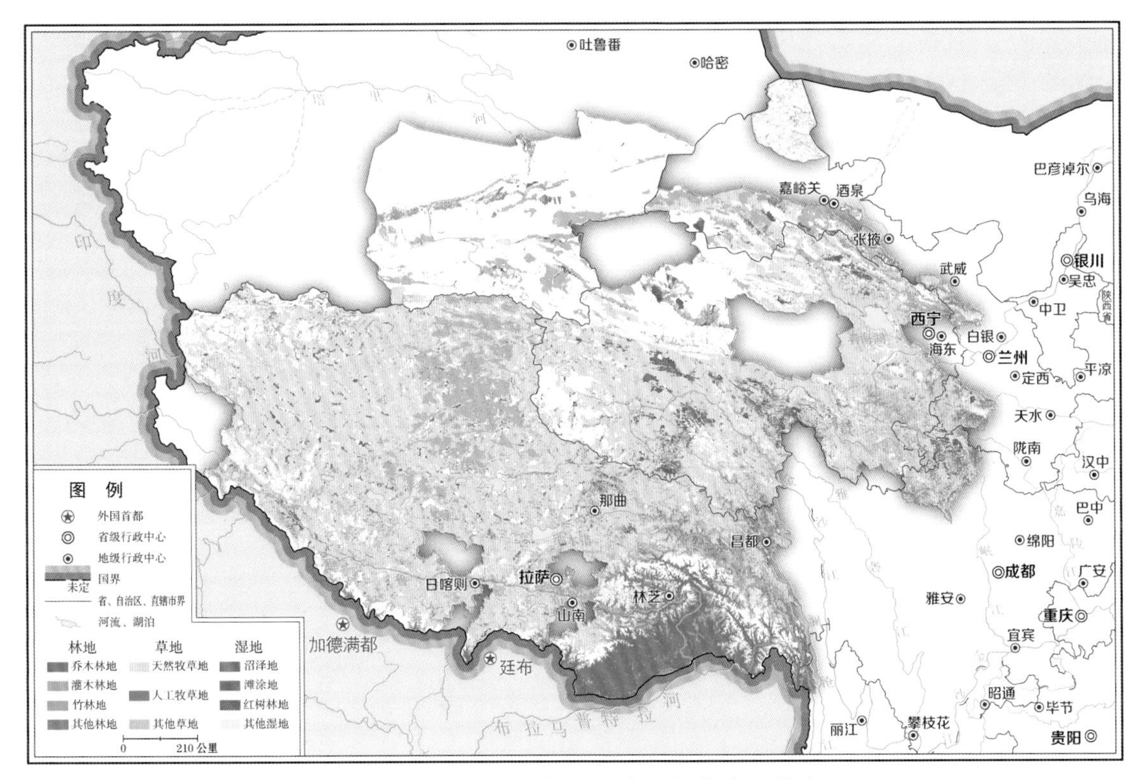

图 3-9 青藏高原生态屏障区林草资源分布

林地面积2151.53万公顷。其中，乔木林地1039.77万公顷，竹林地0.08万公顷，灌木林地996.98万公顷，其他林地114.70万公顷。林地各地类面积及比例见表3-22。

表3-22 林地各地类面积及比例

林地地类	面积（万公顷）	比例（%）
合　计	2151.53	100.00
乔木林地	1039.77	48.33
竹林地	0.08	0.00
灌木林地	996.98	46.34
其他林地	114.70	5.33

草地面积11908.40万公顷。按草原类组分，草原5545.66万公顷，草甸5420.74万公顷，荒漠911.00万公顷，灌草丛22.26万公顷，人工草地8.74万公顷。草地各类组面积及比例见表3-23。

表3-23 草地各类组面积及比例

草地类组	面积（万公顷）	比例（%）
合　计	11908.40	100.00
草　原	5545.66	46.57
草　甸	5420.74	45.52
荒　漠	911.00	7.65
灌草丛	22.26	0.19
人工草地	8.74	0.07

湿地面积1677.33万公顷。其中，森林沼泽0.22万公顷，灌丛沼泽6.30万公顷，沼泽草地635.81万公顷，其他沼泽地111.06万公顷，内陆滩涂273.83万公顷，河流水面等650.11万公顷。湿地各类型面积及比例见表3-24。

表3-24 湿地各类型面积及比例

湿地地类	面积（万公顷）	比例（%）
合　计	1677.33	100.00
森林沼泽	0.22	0.01
灌丛沼泽	6.30	0.38

（续）

湿地地类	面积（万公顷）	比例（%）
沼泽草地	635.81	37.91
其他沼泽地	111.06	6.62
内陆滩涂	273.83	16.33
河流水面	131.10	7.82
湖泊水面	506.91	30.22
水库水面	6.21	0.37
坑塘水面	3.91	0.23
沟　渠	1.98	0.11

二、黄河重点生态区

黄河重点生态区地跨黄河流域上中下游，以黄土高原丘陵沟壑水土保持生态功能区为主体，是我国重要的天然生态屏障，对于维护我国生态安全具有重要意义。该区域涉及青海、甘肃、宁夏、内蒙古、陕西、山西、河南、山东等8个省份，区域面积6636.19万公顷，占国土面积的6.91%。林草覆盖面积3908.84万公顷，林草覆盖率58.90%。森林面积1802.30万公顷，森林覆盖率27.16%。森林蓄积量94906.94万立方米，单位面积蓄积量61.95立方米/公顷。天然林面积1016.85万公顷、蓄积量76233.71万立方米；人工林面积785.45万公顷、蓄积量18673.23万立方米。

林地、草地、湿地面积合计4372.97万公顷，占区域面积的65.90%。黄河重点生态区林草资源分布见图3-10。

林地面积2612.70万公顷。其中，乔木林地1520.94万公顷，竹林地0.77万公顷，灌木林地591.47万公顷，其他林地499.52万公顷。林地各地类面积及比例见表3-25。

表3-25　林地各地类面积及比例

林地地类	面积（万公顷）	比例（%）
合　计	2612.70	100.00
乔木林地	1520.94	58.21
竹林地	0.77	0.03
灌木林地	591.47	22.64
其他林地	499.52	19.12

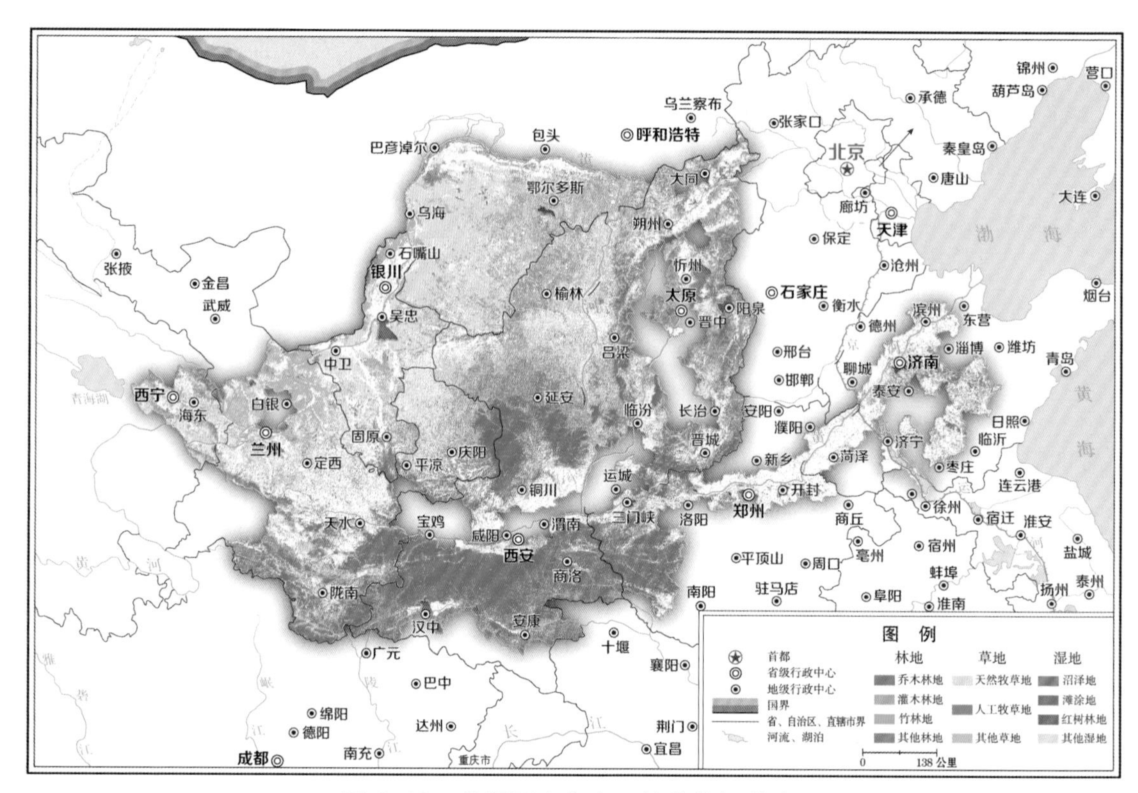

图 3-10 黄河重点生态区林草资源分布

草地面积1623.05万公顷。按草原类组分，草原1170.21万公顷，草甸144.71万公顷，荒漠132.48万公顷，灌草丛173.57万公顷，人工草地2.08万公顷。草地各类组面积及比例见3-26。

表3-26 草地各类组面积及比例

草地类组	面积（万公顷）	比例（%）
合 计	1623.05	100.00
草 原	1170.21	72.10
草 甸	144.71	8.92
荒 漠	132.48	8.16
灌草丛	173.57	10.69
人工草地	2.08	0.13

湿地面积137.22万公顷。其中，灌丛沼泽0.28万公顷，沼泽草地1.43万公顷，其他沼泽地2.22万公顷，内陆滩涂17.12万公顷，河流水面等116.17万公顷。湿地各类型面积及比例见表3-27。

表3-27 湿地各类型面积及比例

湿地地类	面积（万公顷）	比例（%）
合 计	137.22	100.00
灌丛沼泽	0.28	0.20
沼泽草地	1.43	1.04
其他沼泽地	2.22	1.63
内陆滩涂	17.12	12.48
河流水面	50.51	36.81
湖泊水面	14.97	10.91
水库水面	15.10	11.00
坑塘水面	12.67	9.23
沟 渠	22.92	16.70

三、长江重点生态区

长江重点生态区是推动长江经济带发展战略的载体，涵盖我国川滇生态屏障，是中华民族的摇篮，是民族发展的支撑。区域涉及青海、西藏、四川、云南、贵州、广西、重庆、湖北、陕西、河南、江西、湖南、安徽、浙江等14个省份，区域面积10830.28万公顷，占国土面积的11.28%。林草覆盖面积7597.87万公顷，林草覆盖率70.15%。森林面积4956.95万公顷，森林覆盖率45.77%。森林蓄积量453066.77万立方米，单位面积蓄积量94.85立方米/公顷。天然林面积3158.66万公顷、蓄积量366862.91万立方米；人工林面积1798.29万公顷、蓄积量86203.86万立方米。

林地、草地、湿地面积合计8131.64万公顷，占区域面积的75.08%。长江重点生态区林草资源分布见图3-11。

林地面积6727.83万公顷。其中，乔木林地4715.27万公顷，竹林地117.74万公顷，灌木林地1487.59万公顷，其他林地407.23万公顷。林地各地类面积及比例见表3-28。

表3-28 林地各地类面积及比例

林地地类	面积（万公顷）	比例（%）
合 计	6727.83	100.00
乔木林地	4715.27	70.09
竹林地	117.74	1.75
灌木林地	1487.59	22.11
其他林地	407.23	6.05

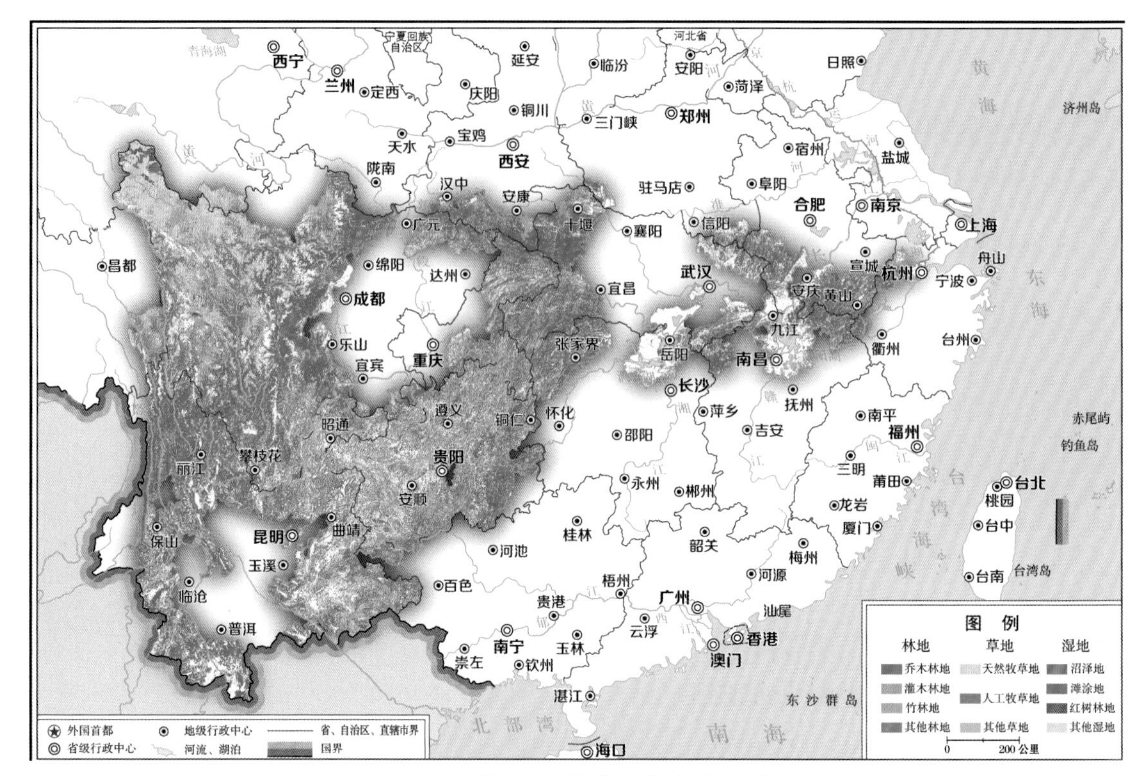

图 3-11　长江重点生态区林草资源分布

草地面积1003.05万公顷。按草原类组分，草原2.82万公顷，草甸862.93万公顷，稀树草原9.27万公顷，灌草丛126.30万公顷，人工草地1.73万公顷。草地各类组面积及比例见表3-29。

表3-29　草地各类组面积及比例

草地类组	面积（万公顷）	比例（%）
合　计	1003.05	100.00
草　原	2.82	0.28
草　甸	862.93	86.04
灌草丛	126.30	12.59
稀树草原	9.27	0.92
人工草地	1.73	0.17

湿地面积400.76万公顷。其中，森林沼泽1.80万公顷，灌丛沼泽7.98万公顷，沼泽草地53.06万公顷，其他沼泽地1.50万公顷，内陆滩涂30.43万公顷，河流水面等305.99万公顷。湿地各类型面积及比例见表3-30。

表3-30 湿地各类型面积及比例

湿地地类	面积（万公顷）	比例（%）
合　计	400.76	100.00
森林沼泽	1.80	0.45
灌丛沼泽	7.98	1.99
沼泽草地	53.06	13.24
其他沼泽地	1.50	0.37
内陆滩涂	30.43	7.59
河流水面	102.46	25.57
湖泊水面	77.38	19.31
水库水面	59.90	14.95
坑塘水面	45.98	11.47
沟　渠	20.27	5.06

四、东北森林带

东北森林带是我国重点国有林区和北方重要原始林区的主要分布地，是我国沼泽湿地最丰富、最集中的区域，对调节东北亚地区水循环与局地气候、维护国家生态安全和保障国家木材资源具有重要战略意义。本区域涉及黑龙江、吉林、辽宁和内蒙古等4个省份，区域面积5637.78万公顷，占国土面积的5.87%。林草覆盖面积3843.87万公顷，林草覆盖率68.18%。森林面积3643.29万公顷，森林覆盖率64.62%。森林蓄积量415343.12万立方米，单位面积蓄积量114.20立方米/公顷。天然林面积3288.86万公顷、蓄积量385301.65万立方米；人工林面积354.43万公顷、蓄积量30041.47万立方米。

林地、草地、湿地面积合计4400.34万公顷，占区域面积的78.05%。东北森林带林草资源分布见图3-12。

林地面积3629.42万公顷。其中，乔木林地3494.15万公顷，灌木林地26.95万公顷，其他林地108.32万公顷。林地各地类面积及比例见表3-31。

表3-31 林地各地类面积及比例

林地地类	面积（万公顷）	比例（%）
合　计	3629.42	100.00
乔木林地	3494.15	96.27
灌木林地	26.95	0.74
其他林地	108.32	2.99

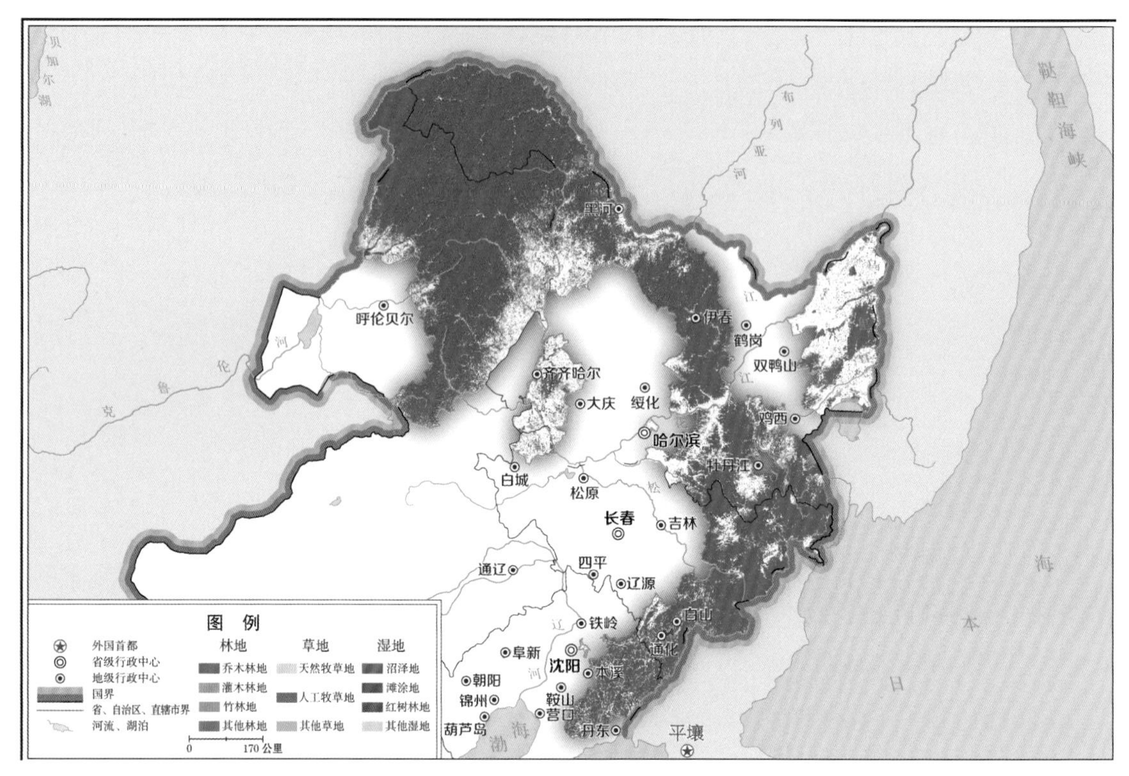

图 3-12 东北森林带林草资源分布

草地面积148.59万公顷。按草原类组分，草原65.00万公顷，草甸76.88万公顷，灌草丛5.87万公顷，人工草地0.84万公顷。草地各类组面积及比例见表3-32。

表3-32 草地各类组面积及比例

草地类组	面积（万公顷）	比例（%）
合　计	148.59	100.00
草　原	65.00	43.74
草　甸	76.88	51.74
灌草丛	5.87	3.95
人工草地	0.84	0.57

湿地面积622.33万公顷。其中，森林沼泽205.44万公顷，灌丛沼泽34.97万公顷，沼泽草地206.61万公顷，其他沼泽地27.29万公顷，内陆滩涂19.70万公顷，河流水面等128.32万公顷。湿地各类型面积及比例见表3-33。

表3-33 湿地各类型面积及比例

湿地地类	面积（万公顷）	比例（%）
合 计	622.33	100.00
森林沼泽	205.44	33.01
灌丛沼泽	34.97	5.62
沼泽草地	206.61	33.20
其他沼泽地	27.29	4.38
内陆滩涂	19.70	3.17
河流水面	51.41	8.26
湖泊水面	21.90	3.52
水库水面	13.65	2.19
坑塘水面	16.59	2.67
沟 渠	24.77	3.98

五、北方防沙带

北方防沙带是我国防沙治沙的关键性地带，是我国生态保护和修复的重点、难点区域，其生态保护和修复对保障北方生态安全、改善全国生态环境质量具有重要意义。本区域涉及黑龙江、吉林、辽宁、北京、天津、河北、内蒙古、甘肃、新疆（含新疆兵团）等9个省份，区域面积18300.00万公顷，占国土面积的19.06%。林草覆盖面积10708.18万公顷，林草覆盖率58.51%。森林面积2007.98万公顷，森林覆盖率10.97%。森林蓄积量71051.70万立方米，单位面积蓄积量68.72立方米/公顷。天然林面积1397.37万公顷、蓄积量51919.73万立方米；人工林面积610.61万公顷、蓄积量19131.97万立方米。

林地、草地、湿地面积合计11731.85万公顷，占区域面积的64.11%。北方防沙带林草资源分布见图3-13。

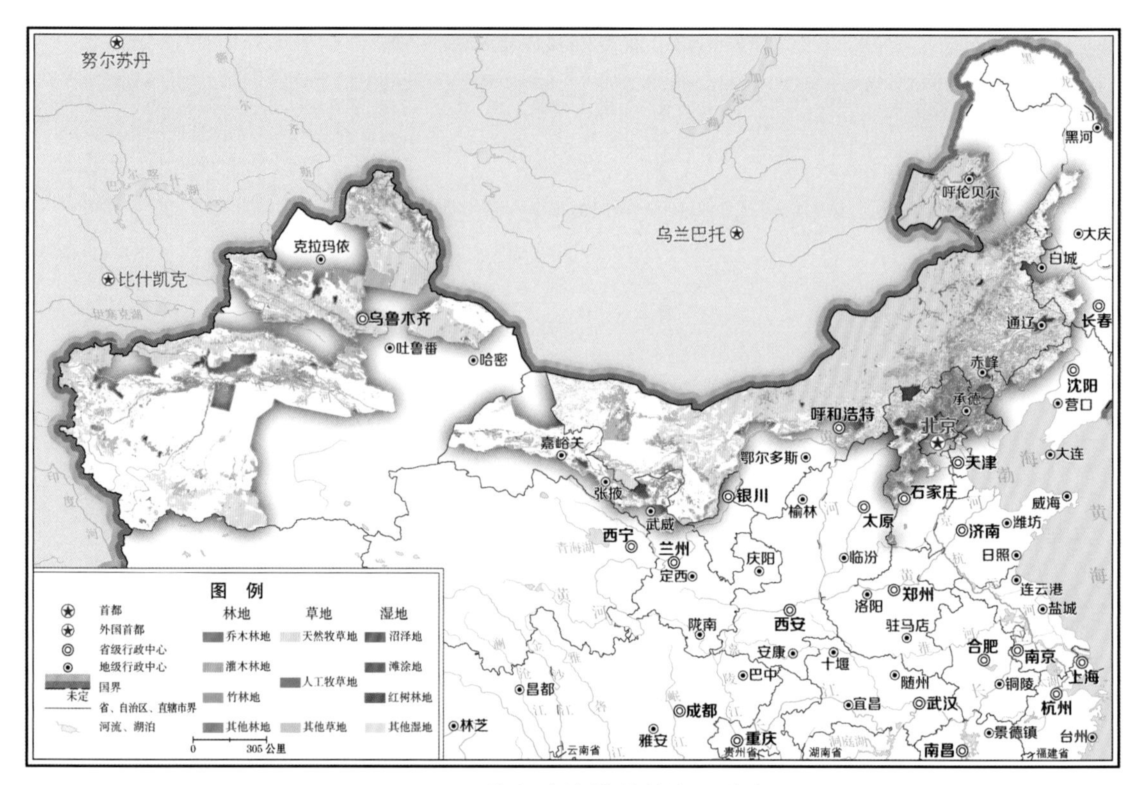

图 3-13　北方防沙带林草资源分布

林地面积2673.67万公顷。其中，乔木林地1026.25万公顷，灌木林地1079.96万公顷，其他林地567.46万公顷。林地各地类面积及比例见表3-34。

表3-34　林地各地类面积及比例

林地地类	面积（万公顷）	比例（%）
合　计	2673.67	100.00
乔木林地	1026.25	38.39
灌木林地	1079.96	40.39
其他林地	567.46	21.22

草地面积8438.03万公顷。按草原类组分，草原4437.05万公顷，草甸1155.79万公顷，荒漠2705.97万公顷，灌草丛114.43万公顷，人工草地24.79万公顷。草地各类组面积及比例见表3-35。

表3-35 草地各类组面积及比例

草地类组	面积（万公顷）	比例（%）
合 计	8438.03	100.00
草 原	4437.05	52.58
草 甸	1155.79	13.70
荒 漠	2705.97	32.07
灌草丛	114.43	1.36
人工草地	24.79	0.29

湿地面积620.15万公顷。其中，森林沼泽3.85万公顷，灌丛沼泽18.67万公顷，沼泽草地125.47万公顷，其他沼泽地30.31万公顷，内陆滩涂146.98万公顷，河流水面等294.87万公顷。湿地各类型面积及比例见表3-36。

表3-36 湿地各类型面积及比例

湿地地类	面积（万公顷）	比例（%）
合 计	620.15	100.00
森林沼泽	3.85	0.62
灌丛沼泽	18.67	3.01
沼泽草地	125.47	20.23
其他沼泽地	30.31	4.89
内陆滩涂	146.98	23.70
河流水面	108.01	17.42
湖泊水面	84.34	13.60
水库水面	34.03	5.49
坑塘水面	25.52	4.11
沟 渠	42.97	6.93

六、南方丘陵山地带

南方丘陵山地带是我国南方的重要生态安全屏障，也是我国重要的动植物种质基因库。本区域涉及浙江、福建、江西、湖南、广东、广西、贵州等7个省份，区域面积4023.78万公顷，占国土面积的4.19%。林草覆盖面积2873.80万公顷，林草覆盖率71.42%。

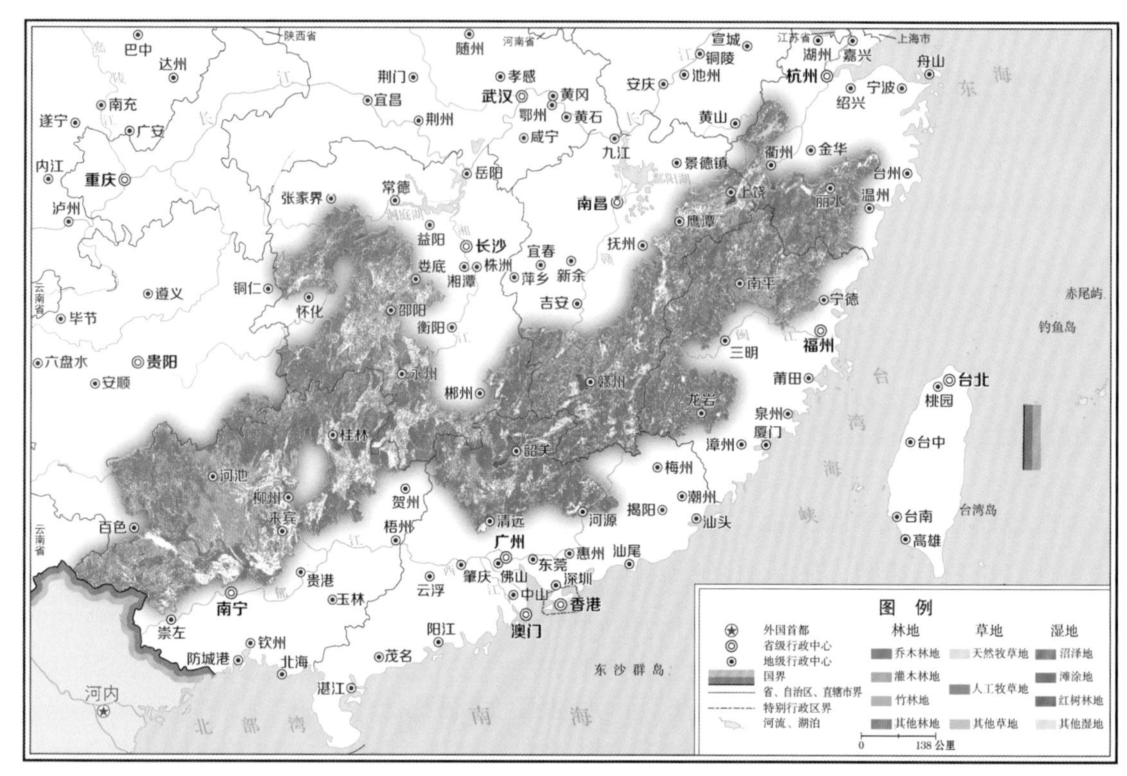

图 3-14 南方丘陵山地带林草资源分布

森林面积2493.58万公顷，森林覆盖率61.97%。森林蓄积量180405.48万立方米，单位面积蓄积量83.95立方米/公顷。天然林面积1140.98万公顷、蓄积量83178.79万立方米；人工林面积1352.60万公顷、蓄积量97226.69万立方米。

林地、草地、湿地面积合计3132.50万公顷，占区域面积的77.85%。南方丘陵山地带林草资源分布见图3-14。

林地面积2982.15万公顷。其中，乔木林地2147.35万公顷，竹林地270.52万公顷，灌木林地374.67万公顷，其他林地189.61万公顷。林地各地类面积及比例见表3-37。

表3-37 林地各地类面积及比例

林地地类	面积（万公顷）	比例（%）
合　计	2982.15	100.00
乔木林地	2147.35	72.01
竹林地	270.52	9.07
灌木林地	374.67	12.56
其他林地	189.61	6.36

草地面积34.58万公顷。按草原类组分，草甸1.56万公顷，灌草丛32.92万公顷，人工草地0.10万公顷。草地各类组面积及比例见表3-38。

表3-38 草地各类组面积及比例

草地类组	面积（万公顷）	比例（%）
合　计	34.58	100.00
草　甸	1.56	4.51
灌草丛	32.92	95.20
人工草地	0.10	0.29

湿地面积115.77万公顷。其中，森林沼泽0.06万公顷，灌丛沼泽0.01万公顷，沼泽草地0.03万公顷，其他沼泽地0.01万公顷，内陆滩涂3.12万公顷，河流水面等112.54万公顷。湿地各类型面积及比例见表3-39。

表3-39 湿地各类型面积及比例

湿地地类	面积（万公顷）	比例（%）
合　计	115.77	100.00
森林沼泽	0.06	0.05
灌丛沼泽	0.01	0.01
沼泽草地	0.03	0.03
其他沼泽地	0.01	0.01
内陆滩涂	3.12	2.69
河流水面	43.55	37.62
湖泊水面	0.02	0.02
水库水面	35.33	30.51
坑塘水面	21.48	18.55
沟　渠	12.16	10.51

七、海岸带

海岸带是保护沿海地区生态安全的重要屏障，是我国经济最发达、对外开放程度最高、人口最密集的区域。涉及辽宁、河北、天津、山东、江苏、上海、浙江、福建、广东、广西、海南等11个省份的近岸近海区，大陆岸线长度1.8万公里，区域面积2171.86万公顷，占国土面积的2.26%。林草覆盖面积716.31万公顷，林草覆盖率32.98%。森林

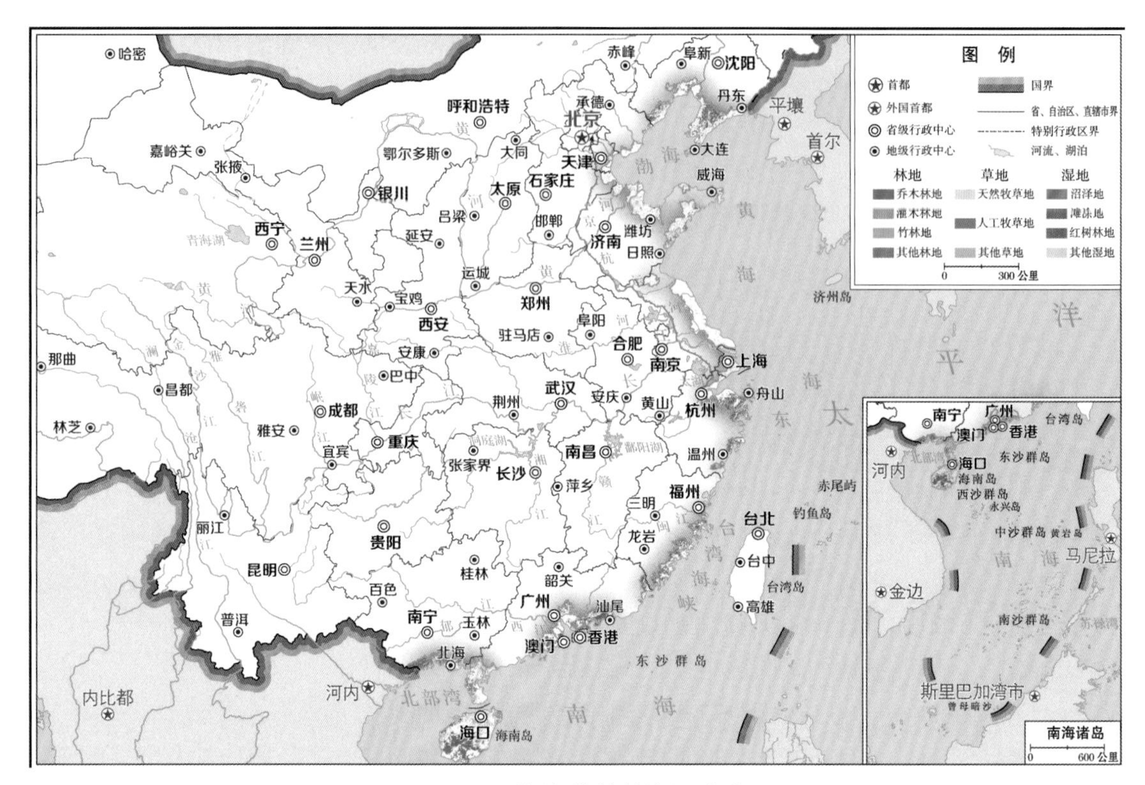

图 3-15　海岸带林草资源分布

面积574.15万公顷，森林覆盖率26.44%。森林蓄积量39797.14万立方米，单位面积蓄积量72.32立方米/公顷。天然林面积158.75万公顷、蓄积量15682.87万立方米；人工林面积415.40万公顷、蓄积量24114.27万立方米。

林地、草地、湿地面积合计951.44万公顷，占区域面积的43.81%。海岸带林草资源分布见图3-15。

林地面积581.69万公顷。其中，乔木林地472.12万公顷，竹林地17.92万公顷，灌木林地26.29万公顷，其他林地65.36万公顷。林地各地类面积及比例见表3-40。

表3-40　林地各地类面积及比例

林地地类	面积（万公顷）	比例（%）
合　计	581.69	100.00
乔木林地	472.12	81.16
竹林地	17.92	3.08
灌木林地	26.29	4.52
其他林地	65.36	11.24

草地面积38.53万公顷。按草原类组分，草原1.17万公顷，草甸11.38万公顷，灌草丛25.53万公顷，人工草地0.45万公顷。草地各类组面积及比例见表3-41。

表3-41 草地各类组面积及比例

草地类组	面积（万公顷）	比例（%）
合 计	38.53	100.00
草 原	1.17	3.04
草 甸	11.38	29.54
灌草丛	25.53	66.25
人工草地	0.45	1.17

湿地面积331.22万公顷。其中，森林沼泽0.05万公顷，灌丛沼泽0.05万公顷，沼泽草地0.35万公顷，其他沼泽地2.62万公顷，沿海滩涂116.13万公顷，内陆滩涂13.30万公顷，红树林地2.52万公顷，河流水面等196.20万公顷。湿地各类型面积及比例见表3-42。

表3-42 湿地各类型面积及比例

湿地地类	面积（万公顷）	比例（%）
合 计	331.22	100.00
森林沼泽	0.05	0.02
灌丛沼泽	0.05	0.02
沼泽草地	0.35	0.11
其他沼泽地	2.62	0.79
沿海滩涂	116.13	35.06
内陆滩涂	13.30	4.01
红树林地	2.52	0.76
河流水面	73.39	22.16
湖泊水面	0.70	0.21
水库水面	27.10	8.18
坑塘水面	55.33	16.70
沟 渠	39.68	11.98

第四节　重点生态功能区林草资源

根据《全国主体功能区规划》（国发〔2010〕46号）、国务院关于同意新增部分县（市、区、旗）纳入国家重点生态功能区的批复（国函〔2016〕161号），国家重点生态功能区包括25个区域，分为水源涵养型、水土保持型、防风固沙型和生物多样性维护型4种类型。重点生态功能区林草资源分布见图3-16。

一、水源涵养型生态功能区

水源涵养型生态功能区包括大小兴安岭森林生态功能区、长白山森林生态功能区、阿尔泰山地森林草原生态功能区、三江源草原草甸湿地生态功能区、若尔盖草原湿地生态功能区、甘南黄河重要水源补给生态功能区、祁连山冰川与水源涵养生态功能区、南岭山地森林及生物多样性生态功能区8个区域，是我国乃至世界上重要江河源头和重要水源补给区。该区涉及内蒙古、黑龙江、吉林、辽宁、福建、江西、湖南、广东、广西、四川、贵州、西藏、甘肃、青海、新疆等15个省份，土地面积14909.71万公顷，占国土面积的15.53%。林草覆盖面积11176.77万公顷，林草覆盖率74.96%。森林面积4971.97万公

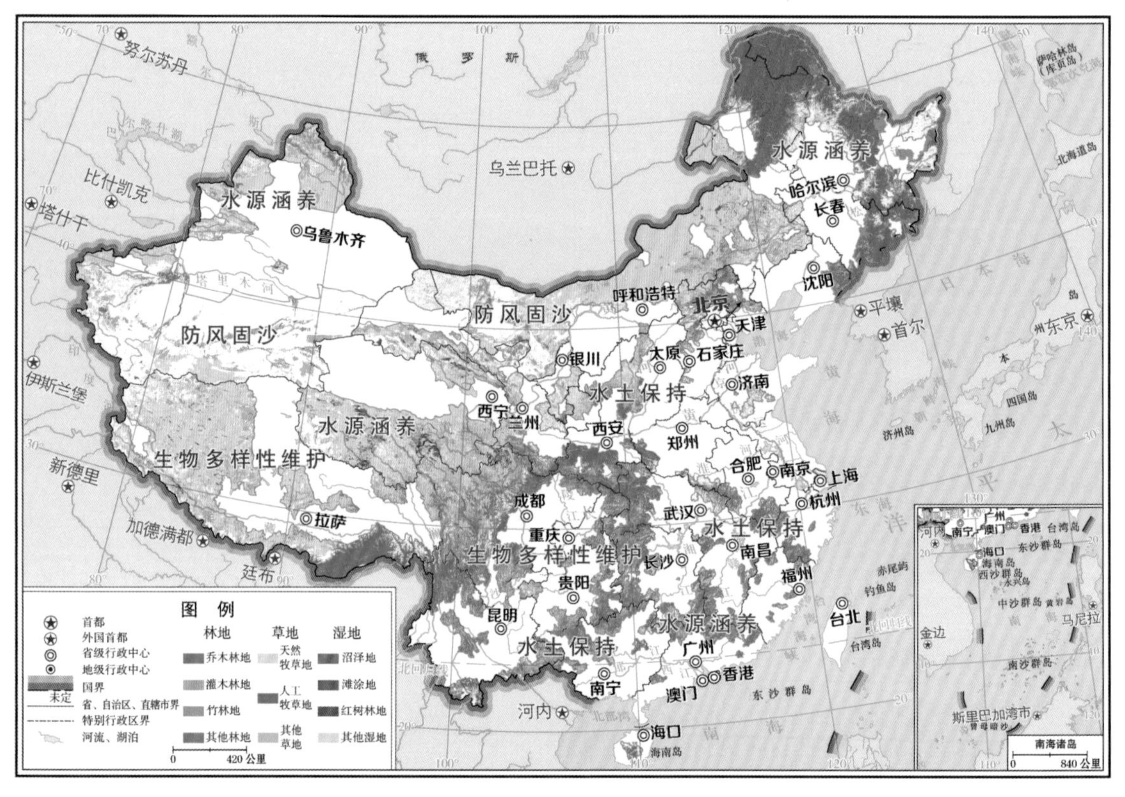

图 3-16　重点生态功能区林草资源分布

顷，森林覆盖率33.35%。森林蓄积量525457.53万立方米，单位面积蓄积量113.01立方米/公顷。天然林面积4090.18万公顷、蓄积量463042.60万立方米，人工林面积881.79万公顷、蓄积量62414.93万立方米。

林地、草地、湿地面积合计12602.91万公顷，占区域土地面积的84.53%。

林地面积5503.05万公顷。其中，乔木林地4508.29万公顷，竹林地92.96万公顷，灌木林地698.70万公顷，其他林地203.10万公顷。林地各地类面积及比例见表3-43。

表3-43 水源涵养型生态功能区林地各地类面积及比例

林地地类	面积（万公顷）	比例（%）
合 计	5503.05	100.00
乔木林地	4508.29	81.92
竹林地	92.96	1.69
灌木林地	698.70	12.70
其他林地	203.10	3.69

草地面积5767.01万公顷。按草原类组分，草原1542.16万公顷，草甸3068.49万公顷，荒漠1122.43万公顷，灌草丛15.26万公顷，人工草地18.67万公顷。草地各类组面积及比例见表3-44。

表3-44 水源涵养型生态功能区草地各类组面积及比例

草地类组	面积（万公顷）	比例（%）
合 计	5767.01	100.00
草 原	1542.16	26.74
草 甸	3068.49	53.21
荒 漠	1122.43	19.46
灌草丛	15.26	0.26
人工草地	18.67	0.33

湿地面积1332.85万公顷。其中，森林沼泽208.45万公顷，灌丛沼泽40.63万公顷、沼泽草地661.75万公顷，其他沼泽地28.24万公顷，内陆滩涂109.07万公顷，河流水面等284.71万公顷。湿地各类型面积及比例见表3-45。

表3-45　水源涵养型生态功能区湿地各类型面积及比例

湿地地类	面积（万公顷）	比例（%）
合　计	1332.85	100.00
森林沼泽	208.45	15.64
灌丛沼泽	40.63	3.05
沼泽草地	661.75	49.65
其他沼泽地	28.24	2.12
内陆滩涂	109.07	8.18
河流水面	109.58	8.22
湖泊水面	113.84	8.54
水库水面	26.55	1.99
坑塘水面	16.98	1.28
沟　渠	17.76	1.33

二、水土保持型生态功能区

水土保持型生态功能区包括黄土高原丘陵沟壑水土保持生态功能区、大别山水土保持生态功能区、桂黔滇喀斯特石漠化防治生态功能区、三峡库区水土保持生态功能区等4个区域，是我国土壤侵蚀性高、水土流失严重、需要保持水土功能区。该区涉及山西、内蒙古、浙江、安徽、福建、江西、河南、湖北、广西、重庆、贵州、云南、山西、甘肃、宁夏等15个省份，区域土地面积3381.16万公顷，占国土面积的3.52%。林草覆盖面积2181.28万公顷，林草覆盖率64.51%。森林面积1410.86万公顷，森林覆盖率41.73%。森林蓄积量95482.77万立方米，单位面积蓄积量74.36立方米/公顷。天然林面积679.59万公顷、蓄积量51421.04万立方米，人工林面积731.27万公顷、蓄积量44061.73万立方米。

林地、草地、湿地面积合计2408.38万公顷，占区域土地面积的71.23%。

林地面积1942.94万公顷。其中，乔木林地1278.56万公顷，竹林地61.15万公顷，灌木林地357.45万公顷，其他林地245.78万公顷。林地各地类面积及比例见表3-46。

表3-46 水土保持型生态功能区林地各地类面积及比例

林地地类	面积（万公顷）	比例（%）
合　计	1942.94	100.00
乔木林地	1278.56	65.80
竹林地	61.15	3.15
灌木林地	357.45	18.40
其他林地	245.78	12.65

草地面积385.56万公顷。按草原类组分，草原282.80万公顷，草甸21.59万公顷，荒漠9.28万公顷，灌草丛71.66万公顷，人工草地0.23万公顷。草地各类组面积及比例见表3-47。

表3-47 水土保持型生态功能区草地各类组面积及比例

草地类组	面积（万公顷）	比例（%）
合　计	385.56	100.00
草　原	282.80	73.35
草　甸	21.59	5.60
荒　漠	9.28	2.41
灌草丛	71.66	18.59
人工草地	0.23	0.05

湿地面积79.88万公顷。其中，灌丛沼泽0.05万公顷，沼泽草地0.03万公顷，其他沼泽地0.19万公顷，内陆滩涂4.89万公顷，河流水面等74.72万公顷。湿地各类型面积及比例见表3-48。

表3-48 水土保持型生态功能区湿地各类型面积及比例

湿地地类	面积（万公顷）	比例（%）
合　计	79.88	100.00
灌丛沼泽	0.05	0.06
沼泽草地	0.03	0.04
其他沼泽地	0.19	0.24
内陆滩涂	4.89	6.12

（续）

湿地地类	面积（万公顷）	比例（%）
河流水面	28.16	35.25
湖泊水面	1.16	1.45
水库水面	25.24	31.60
坑塘水面	14.04	17.58
沟　渠	6.12	7.66

三、防风固沙型生态功能区

防风固沙型生态功能区涉及新疆、内蒙古、吉林、河北等4个省份，沙漠化敏感性高、土地沙化严重、沙尘暴频发并影响较大范围的区域，是我国主要的防沙屏障带，对保障全国的生态环境安全具有重要意义。该区包括塔里木河荒漠化防治生态功能区、阿尔金草原荒漠化防治生态功能区、呼伦贝尔草原草甸生态功能区、科尔沁草原生态功能区、浑善达克沙漠化防治生态功能区、阴山北麓草原生态功能区等6个区域，土地面积15773.18万公顷，占国土面积的16.43%。林草覆盖面积6969.77万公顷，林草覆盖率44.19%。森林面积1020.42万公顷，森林覆盖率6.47%。森林蓄积量22242.38万立方米，单位面积蓄积量41.55立方米/公顷。天然林面积613.56万公顷、蓄积量10606.04万立方米；人工林面积406.86万公顷、蓄积量11636.34万立方米。

林地、草地、湿地面积合计7687.29万公顷，占区域土地面积的48.74%。

林地面积1487.25万公顷。其中，乔木林地532.09万公顷，灌木林地521.83万公顷，其他林地433.33万公顷。林地各地类面积及比例见表3-49。

表3-49　防风固沙型生态功能区林地各地类面积及比例

林地地类	面积（万公顷）	比例（%）
合　计	1487.25	100.00
乔木林地	532.09	35.78
灌木林地	521.83	35.09
其他林地	433.33	29.13

草地面积5747.80万公顷。按草原类组分，草原3501.59万公顷，草甸589.02万公顷，荒漠1547.47万公顷，灌草丛101.50万公顷，人工草地8.22万公顷。草地各类组面积及比例见表3-50。

表3-50 防风固沙型生态功能区草地各类组面积及比例

草地类组	面积（万公顷）	比例（%）
合　计	5747.80	100.00
草　原	3501.59	60.92
草　甸	589.02	10.25
荒　漠	1547.47	26.92
灌草丛	101.50	1.77
人工草地	8.22	0.14

湿地面积452.24万公顷。其中，森林沼泽0.09万公顷，灌丛沼泽5.54万公顷，沼泽草地52.67万公顷，其他沼泽地36.36万公顷，内陆滩涂115.93万公顷，河流水面等241.65万公顷。湿地各类型面积及比例见表3-51。

表3-51 防风固沙型生态功能区湿地各类型面积及比例

湿地地类	面积（万公顷）	比例（%）
合　计	452.24	100.00
森林沼泽	0.09	0.02
灌丛沼泽	5.54	1.23
沼泽草地	52.67	11.65
其他沼泽地	36.36	8.04
内陆滩涂	115.93	25.63
河流水面	110.33	24.40
湖泊水面	82.97	18.35
水库水面	16.79	3.71
坑塘水面	16.57	3.66
沟　渠	14.99	3.31

四、生物多样性维护型生态功能区

生物多样性维护型生态功能区涉及四川、云南、湖北、重庆、陕西、甘肃、西藏、黑龙江、湖南和海南等10个省份，是我国濒危珍稀动植物分布较集中、具有典型代表性生态系统的区域，对保障全国的生物多样性安全具有重要意义。生物多样性维护型生态功能区包括川滇森林及生物多样性生态功能区、秦巴生物多样性生态功能区、藏东南高原边缘森林生态功能区、藏西北羌塘高原荒漠生态功能区、三江平原湿地生态功能区、武陵山区生物多样性与水土保持生态功能区、海南岛中部山区热带雨林生态功能区等7个区域，土地面积约14463.89万公顷，占国土面积的15.07%。林草覆盖面积11302.99万公顷，林草覆盖率78.15%。森林面积4625.86万公顷，森林覆盖率31.98%。森林蓄积量532400.44万立方米，单位面积蓄积量121.18立方米/公顷。天然林面积3476.92万公顷、蓄积量476528.87万立方米；人工林面积1148.94万公顷、蓄积量55871.57万立方米。

林地、草地、湿地面积合计12096.53万公顷，占区域土地面积的83.63%。

林地面积5903.68万公顷。其中，乔木林地4322.82万公顷，竹林地59.44万公顷，灌木林地1314.52万公顷，其他林地206.90万公顷。林地各地类面积及比例见表3-52。

表3-52 生物多样性维护型生态功能区林地各地类面积及比例

林地地类	面积（万公顷）	比例（%）
合　计	5903.68	100.00
乔木林地	4322.82	73.22
竹林地	59.44	1.01
灌木林地	1314.52	22.27
其他林地	206.90	3.50

草地面积5471.79万公顷。按草原类组分，草原3166.99万公顷，草甸1996.30万公顷，荒漠213.97万公顷，灌草丛92.05万公顷，稀树草原1.47万公顷，人工草地1.01万公顷。草地各类组面积及比例见表3-53。

表3-53 生物多样性维护型生态功能区草地各类组面积及比例

草地类组	面积（万公顷）	比例（%）
合　计	5471.79	100.00
草　原	3166.99	57.88
草　甸	1996.30	36.48
荒　漠	213.97	3.91
灌草丛	92.05	1.68
稀树草原	1.47	0.03
人工草地	1.01	0.02

湿地面积721.06万公顷。其中，森林沼泽3.27万公顷，灌丛沼泽10.36万公顷，沼泽草地171.51万公顷，其他沼泽地66.61万公顷，内陆滩涂95.91万公顷，河流水面等373.40万公顷。湿地各类型面积及比例见表3-54。

表3-54　生物多样性维护型生态功能区湿地各类型面积及比例

湿地地类	面积（万公顷）	比例（%）
合　计	721.06	100.00
森林沼泽	3.27	0.45
灌丛沼泽	10.36	1.44
沼泽草地	171.51	23.79
其他沼泽地	66.61	9.24
内陆滩涂	95.91	13.30
河流水面	90.82	12.59
湖泊水面	222.47	30.85
水库水面	31.02	4.30
坑塘水面	9.22	1.28
沟　渠	19.87	2.76

第五节　重点国有林区林草资源

东北、内蒙古重点国有林区包括内蒙古森工集团、吉林森工集团、长白山森工集团、龙江森工集团、伊春森工集团、大兴安岭林业集团，分布于我国的内蒙古、吉林、黑龙江等3个省份，经营面积32.79万平方公里。

一、内蒙古森工集团

内蒙古森工集团包括阿尔山、绰尔、绰源、乌尔旗汉、库都尔、图里河、伊图里河、克一河、甘河、吉文、阿里河、根河、金河、阿龙山、满归、得耳布尔、莫尔道嘎、大杨树、毕拉河等19个森工企业，北部原始林区管理局（包括奇乾、乌玛、永安山3个规划局），诺敏、北大河2个森林经营所，汗马、额尔古纳、毕拉河等3个自然保护区，共计27个单位。林草覆盖面积843.30万公顷，林草覆盖率87.72%。森林面积822.85万公顷，森林覆盖率85.59%。森林蓄积量99392.27万立方米，单位面积蓄积量

121.08立方米/公顷。天然林面积779.77万公顷、蓄积量96510.66万立方米；人工林面积43.08万公顷、蓄积量2881.61万立方米。

林地、草地、湿地面积合计930.67万公顷，占区域土地面积的96.81%。内蒙古森工集团林草资源分布见图3-17。

林地面积788.19万公顷。其中，乔木林地766.26万公顷，灌木林地5.34万公顷，其他林地16.59万公顷。林地各地类面积及比例见表3-55。

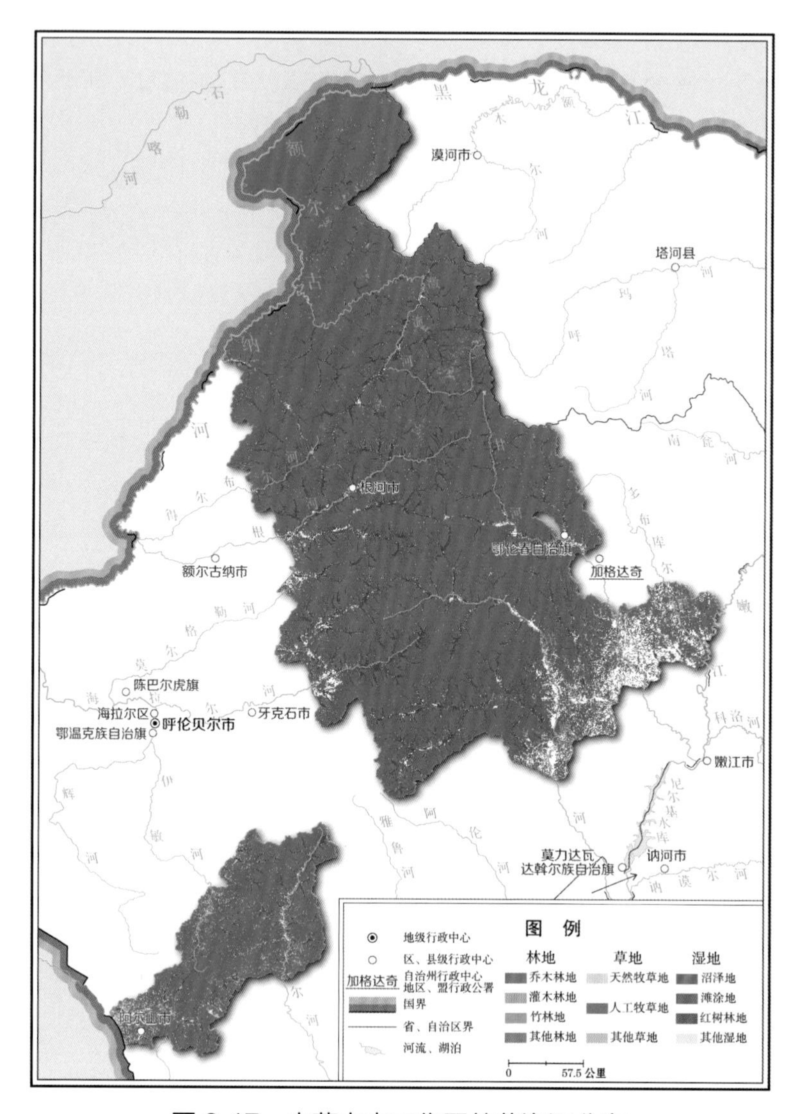

图3-17 内蒙古森工集团林草资源分布

表3-55 林地各地类面积及比例

林地地类	面积（万公顷）	比例（%）
合　计	788.19	100.00
乔木林地	766.26	97.22
灌木林地	5.34	0.68
其他林地	16.59	2.10

草地面积13.23万公顷。其中，天然草原11.10万公顷，人工牧草地0.01万公顷，其他草地2.12万公顷。按草原类组分，草原13.20万公顷，草甸0.03万公顷。草地各类组面积及比例见表3-56。

表3-56 草地各类组面积及比例

草地类组	面积（万公顷）	比例（%）
合　计	13.23	100.00
草　原	13.20	99.77
草　甸	0.03	0.23

湿地面积129.25万公顷。其中，森林沼泽63.19万公顷，灌丛沼泽12.36万公顷，沼泽草地48.89万公顷，内陆滩涂0.74万公顷，河流水面等4.07万公顷。湿地各类型面积及比例见表3-57。

表3-57 湿地各类型面积及比例

湿地地类	面积（万公顷）	比例（%）
合　计	129.25	100.00
森林沼泽	63.19	48.89
灌丛沼泽	12.36	9.56
沼泽草地	48.89	37.83
内陆滩涂	0.74	0.57
河流水面	3.71	2.87
湖泊水面	0.13	0.10
水库水面	0.01	0.01
坑塘水面	0.22	0.17

二、吉林森工集团

吉林森工集团包括临江、三岔子、湾沟、松江河、泉阳、露水河、白石山、红石等8个森工企业。林草覆盖面积121.55万公顷，林草覆盖率93.06%。森林面积121.14万公顷，森林覆盖率92.75%。森林蓄积量23843.20万立方米，单位面积蓄积量196.82立方米/公顷。天然林面积103.76万公顷、蓄积量21811.45万立方米；人工林面积17.38万公顷、蓄积量2031.75万立方米。

林地、草地、湿地面积合计125.84万公顷，占区域土地面积的96.35%。吉林森工集团林草资源分布见图3-18。

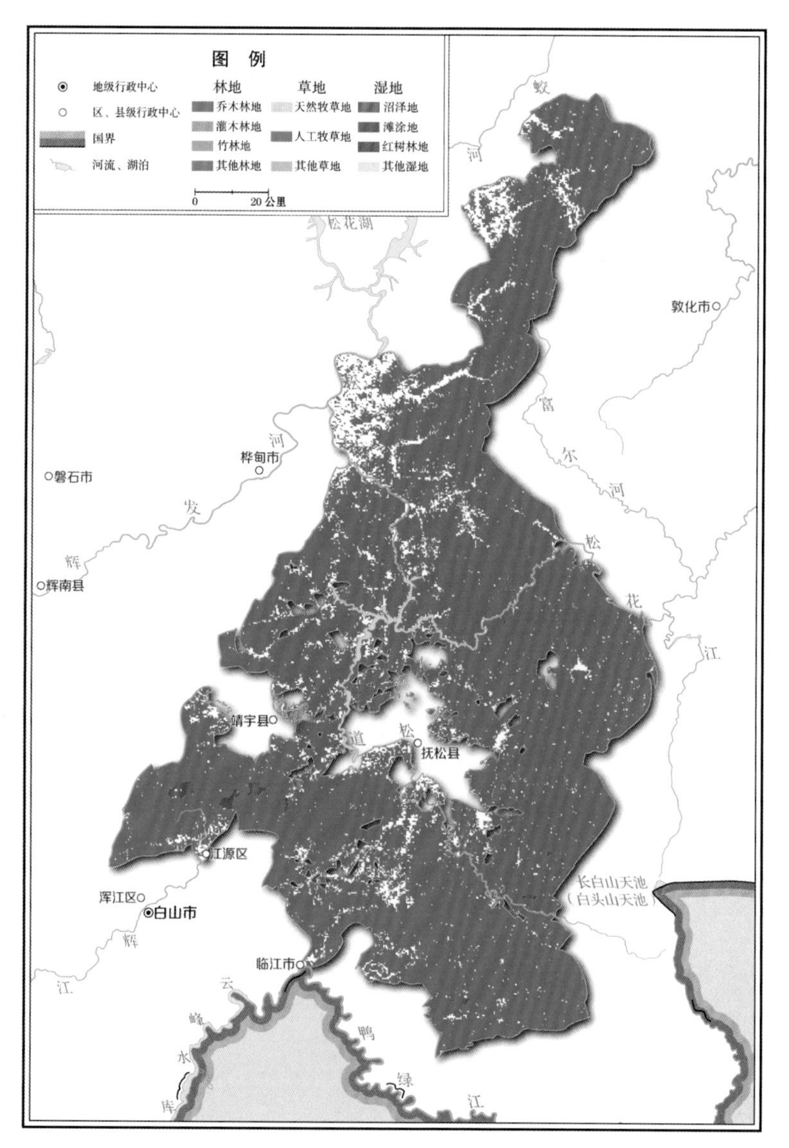

图3-18 吉林森工集团林草资源分布

林地面积122.71万公顷。其中，乔木林地121.10万公顷，灌木林地0.13万公顷，其他林地1.48万公顷。林地各地类面积及比例见表3-58。

表3-58 林地各地类面积及比例

林地地类	面积（万公顷）	比例（%）
合 计	122.71	100.00
乔木林地	121.10	98.69
灌木林地	0.13	0.11
其他林地	1.48	1.20

草地面积0.19万公顷。其中，绝大多数为其他草地。按草原类组分，均为草甸。

湿地面积2.94万公顷。其中，森林沼泽0.55万公顷，灌丛沼泽0.06万公顷，沼泽草地0.01万公顷，内陆滩涂0.15万公顷，河流水面等2.17万公顷。湿地各类型面积及比例见表3-59。

表3-59 湿地各类型面积及比例

湿地地类	面积（万公顷）	比例（%）
合 计	2.94	100.00
森林沼泽	0.55	18.71
灌丛沼泽	0.06	2.04
沼泽草地	0.01	0.34
内陆滩涂	0.15	5.10
河流水面	1.93	65.65
湖泊水面	0.01	0.34
水库水面	0.16	5.44
坑塘水面	0.06	2.04
沟 渠	0.01	0.34

三、长白山森工集团

长白山森工集团包括黄泥河、敦化、大石头、八家子、和龙、汪清、大兴沟、天桥岭、白河、珲春等10个森工企业。林草覆盖面积201.85万公顷，林草覆盖率92.74%。森

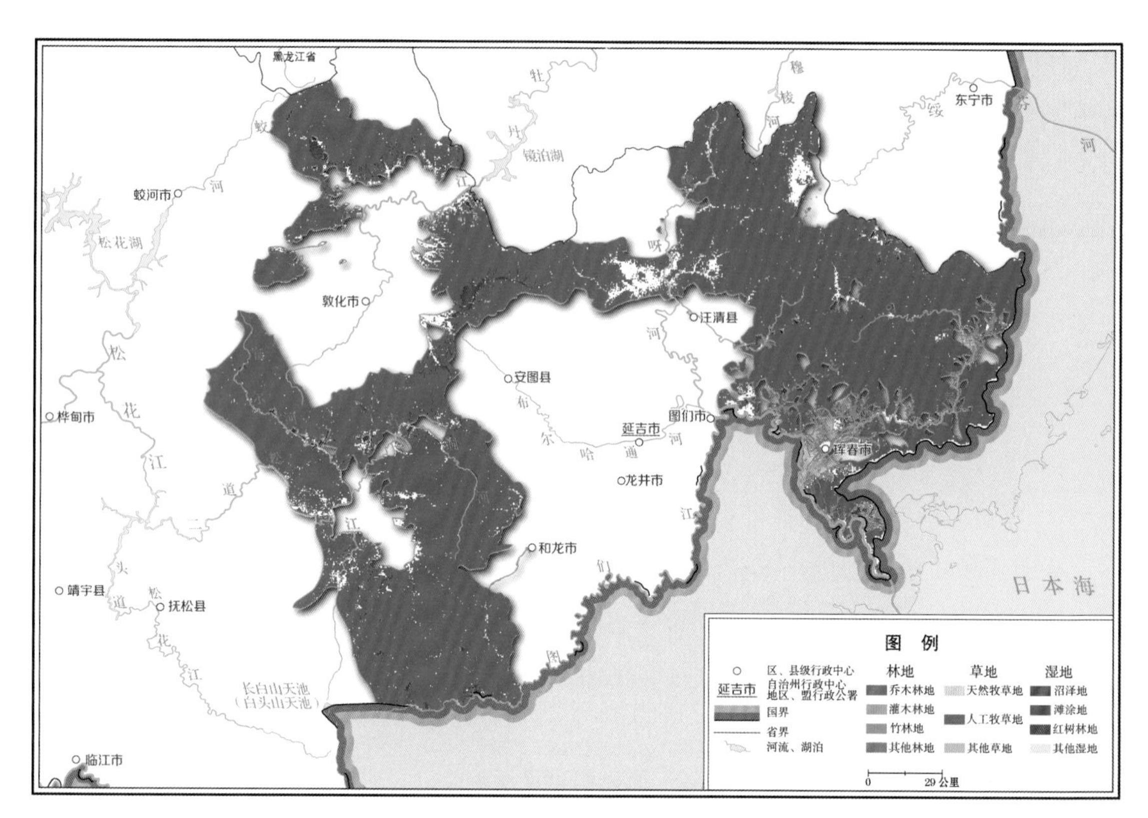

图 3-19 长白山森工集团林草资源分布

林面积200.49万公顷，森林覆盖率92.12%。森林蓄积量37061.76万立方米，单位面积蓄积量184.86立方米/公顷。天然林面积188.76万公顷、蓄积量35733.75万立方米；人工林面积11.73万公顷、蓄积量1328.01万立方米。

林地、草地、湿地面积合计208.59万公顷，占区域土地面积的95.84%。长白山森工集团林草资源分布见图3-19。

林地面积202.84万公顷。其中，乔木林地200.16万公顷，灌木林地0.42万公顷，其他林地2.26万公顷。林地各地类面积及比例见表3-60。

表3-60 林地各地类面积及比例

林地地类	面积（万公顷）	比例（%）
合 计	202.84	100.00
乔木林地	200.16	98.68
灌木林地	0.42	0.21
其他林地	2.26	1.11

草地面积0.64万公顷。其中，天然草原0.06万公顷，其他草地0.58万公顷。按草原类组分，均为草甸0.64万公顷。

湿地面积5.11万公顷。其中，森林沼泽1.83万公顷，灌丛沼泽0.33万公顷，沼泽草地0.83万公顷，其他沼泽地0.15万公顷，内陆滩涂0.74万公顷，河流水面等1.63万公顷。湿地各类型面积及比例见表3-61。

表3-61　湿地各类型面积及比例

湿地地类	面积（万公顷）	比例（%）
合　计	5.11	100.00
森林沼泽	1.83	35.81
灌丛沼泽	0.33	6.46
沼泽草地	0.83	16.24
其他沼泽地	0.15	2.94
内陆滩涂	0.34	6.65
河流水面	1.04	20.35
水库水面	0.33	6.46
坑塘水面	0.21	4.11
沟　渠	0.05	0.98

四、龙江森工集团

龙江森工集团包括大海林、柴河、东京城、穆棱、绥阳、海林、林口、八面通、桦南、双鸭山、鹤立、鹤北、东方红、迎春、清河、山河屯、苇河、亚布力、方正、兴隆、绥棱、通北、沾河等23个森工企业以及丰林保护局、丽林实验林场、平山实验林场等7个单位，共计30个单位。林草覆盖面积538.14万公顷，林草覆盖率84.61%。森林面积534.28万公顷，森林覆盖率84.00%。森林蓄积量63033.88万立方米，单位面积蓄积量117.98立方米/公顷。天然林面积478.69万公顷、蓄积量58372.40万立方米；人工林面积55.59万公顷、蓄积量4661.48万立方米。

林地、草地、湿地面积合计577.75万公顷，占区域土地面积的90.84%。龙江森工集团林草资源分布见图3-20。

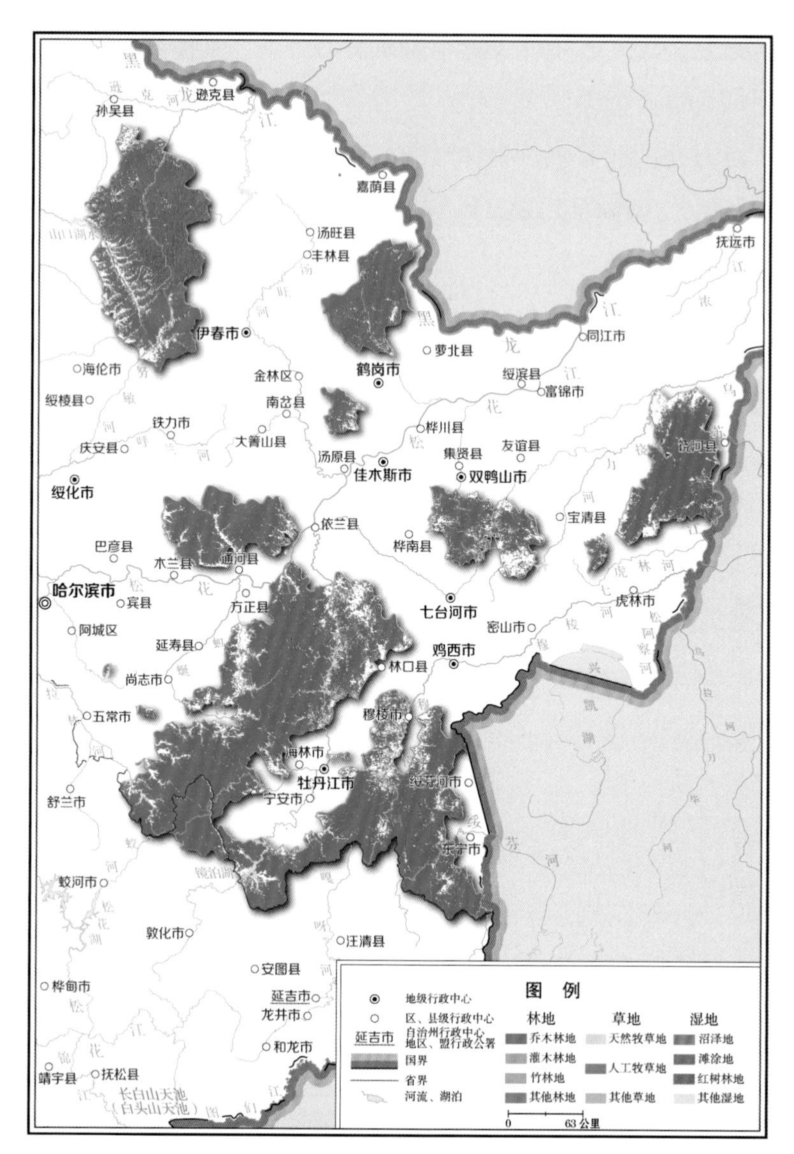

图 3-20　龙江森工集团林草资源分布

林地面积541.33万公顷。其中，乔木林地533.42万公顷，灌木林地0.13万公顷，其他林地7.78万公顷。林地各地类面积及比例见表3-62。

表3-62　林地各地类面积及比例

林地地类	面积（万公顷）	比例（%）
合　计	541.33	100.00
乔木林地	533.42	98.54
灌木林地	0.13	0.02
其他林地	7.78	1.44

草地面积2.28万公顷。其中，绝大多数都为其他草地。按草原类组分，绝大多数为草甸。

湿地面积34.14万公顷。其中，森林沼泽16.96万公顷，灌丛沼泽0.61万公顷，沼泽草地10.07万公顷，其他沼泽地3.09万公顷，内陆滩涂0.07万公顷，河流水面等3.34万公顷。湿地各类型面积及比例见表3-63。

表3-63 湿地各类型面积及比例

湿地地类	面积（万公顷）	比例（%）
合　计	34.14	100.00
森林沼泽	16.96	49.68
灌丛沼泽	0.61	1.79
沼泽草地	10.07	29.50
其他沼泽地	3.09	9.05
内陆滩涂	0.07	0.20
河流水面	0.97	2.84
湖泊水面	0.01	0.03
水库水面	1.38	4.04
坑塘水面	0.51	1.49
沟　渠	0.47	1.38

五、伊春森工集团

伊春森工集团包括双丰、铁力、桃山、朗乡、南岔、金山屯、美溪、乌马河、翠峦、友好、上甘岭、五营、红星、新青、汤旺河、乌伊岭、带岭等17个森工企业以及伊春区、西林区。林草覆盖面积298.75万公顷，林草覆盖率85.24%。森林面积296.52万公顷，森林覆盖率84.60%。森林蓄积量36836.32万立方米，单位面积蓄积量124.43立方米/公顷。天然林面积270.63万公顷、蓄积量34741.05万立方米；人工林面积25.89万公顷、蓄积量2095.27万立方米。

林地、草地、湿地面积合计330.50万公顷，占区域土地面积的94.30%。伊春森工集团林草资源分布见图3-21。

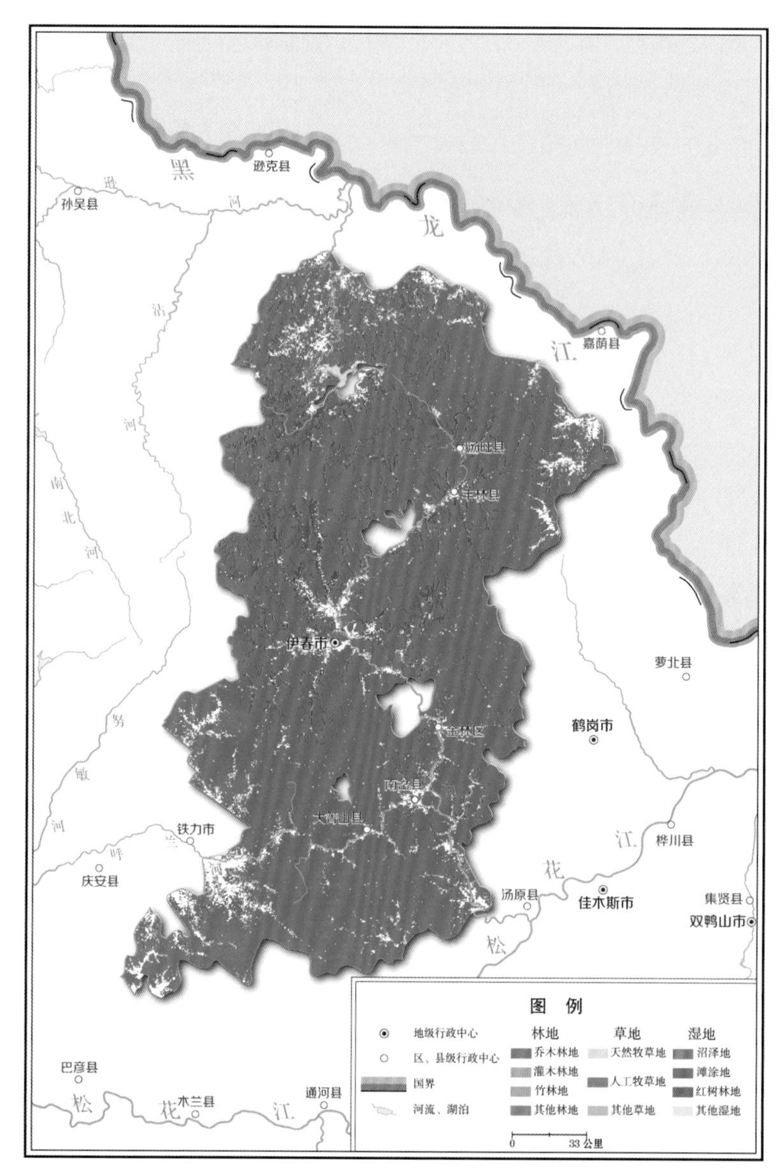

图 3-21 伊春森工集团林草资源分布

林地面积301.68万公顷。其中，乔木林地295.46万公顷，灌木林地0.28万公顷，其他林地5.94万公顷。林地各地类面积及比例见表3-64。

表3-64 林地各地类面积及比例

林地地类	面积（万公顷）	比例（%）
合　计	301.68	100.00
乔木林地	295.46	97.94
灌木林地	0.28	0.09
其他林地	5.94	1.97

草地面积1.50万公顷。其中，绝大多数为其他草地。按草原类组分，绝大多数为草甸。

湿地面积27.32万公顷。其中，森林沼泽16.24万公顷，灌丛沼泽0.86万公顷，沼泽草地7.46万公顷，其他沼泽地0.03万公顷，内陆滩涂0.11万公顷，河流水面等2.62万公顷。湿地各类型面积及比例见表3-65。

表3-65 湿地各类型面积及比例

湿地地类	面积（万公顷）	比例（%）
合　计	27.32	100.00
森林沼泽	16.24	59.44
灌丛沼泽	0.86	3.15
沼泽草地	7.46	27.31
其他沼泽地	0.03	0.11
内陆滩涂	0.11	0.40
河流水面	1.52	5.56
水库水面	0.62	2.27
坑塘水面	0.31	1.14
沟　渠	0.17	0.62

六、大兴安岭林业集团

大兴安岭林业集团包括松岭、新林、塔河、呼中、阿木尔、图强、西林吉、十八站、韩家园、加格达奇等10个森工企业以及呼中、南瓮河、双河、北极村、岭峰、盘中、多布库尔和绰纳河等8个国家级自然保护区，共计18个单位。林草覆盖面积692.36万公顷，林草覆盖率86.25%。森林面积689.58万公顷，森林覆盖率85.91%。森林蓄积量63358.22万立方米，单位面积蓄积量91.88立方米/公顷。天然林面积671.68万公顷、蓄积量62015.88万立方米；人工林面积17.90万公顷、蓄积量1342.34万立方米。

林地、草地、湿地面积合计776.06万公顷，占区域土地面积的96.68%。大兴安岭林业集团林草资源分布见图3-22。

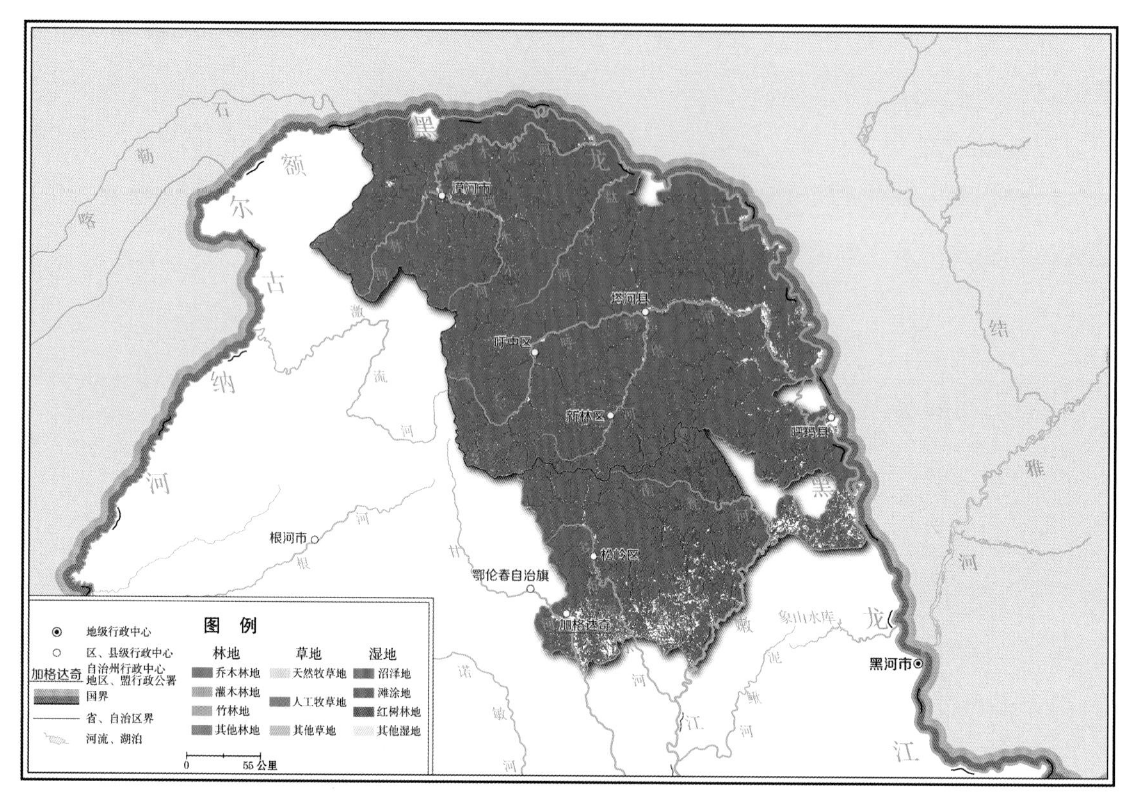

图 3-22　大兴安岭林业集团林草资源分布

林地面积628.59万公顷。其中，乔木林地612.37万公顷，灌木林地1.41万公顷，其他林地14.81万公顷。林地各地类面积及比例见表3-66。

表3-66　林地各地类面积及比例

林地地类	面积（万公顷）	比例（%）
合　计	628.59	100.00
乔木林地	612.37	97.42
灌木林地	1.41	0.22
其他林地	14.81	2.36

草地面积1.26万公顷。其中，均为其他草地。按草原类组分，绝大多数为草甸。

湿地面积146.21万公顷。其中，森林沼泽88.05万公顷，灌丛沼泽13.26万公顷，沼泽草地36.89万公顷，其他沼泽地0.47万公顷，内陆滩涂0.25万公顷，河流水面等7.29万公顷。湿地各类型面积及比例见表3-67。

表3-67 湿地各类型面积及比例

湿地地类	面积（万公顷）	比例（%）
合 计	146.21	100.00
森林沼泽	88.05	60.22
灌丛沼泽	13.26	9.07
沼泽草地	36.89	25.23
其他沼泽地	0.47	0.32
内陆滩涂	0.25	0.17
河流水面	6.76	4.62
水库水面	0.11	0.08
坑塘水面	0.41	0.28
沟 渠	0.01	0.01

第四章

各省份林草资源状况

第一节 北京林草资源

北京市林地、草地总面积98.21万公顷。其中，林地96.76万公顷，草地1.45万公顷。林木覆盖面积96.73万公顷，林木覆盖率58.96%；森林面积71.06万公顷，森林覆盖率43.31%；森林蓄积量2952.49万立方米。草原综合植被盖度78.73%。

一、森林资源

（一）森林资源总量

林地面积96.76万公顷，占国土面积的58.98%。森林面积71.06万公顷，其中，乔木林71.01万公顷、占99.93%，特灌林0.05万公顷、占0.07%。

活立木蓄积量3829.95万立方米，其中，森林蓄积量2952.49万立方米、占77.09%，疏林蓄积量3.05万立方米、占0.08%，散生木蓄积量292.79万立方米、占7.64%，四旁树蓄积量581.62万立方米、占15.19%。

林木总生物量5321.15万吨，其中森林生物量4183.42万吨；林木总碳储量2573.82万吨，其中森林碳储量2048.34万吨。

（二）森林资源构成

1.起源构成

森林面积中，天然林28.43万公顷、占40.01%，人工林42.63万公顷、占59.99%；森林蓄积量中，天然林1242.83万立方米、占42.09%，人工林1709.66万立方米、占57.91%。天然林和人工林按乔木林、竹林、特灌林构成情况见表4-1。

表4-1 天然林和人工林面积构成

类 型	天然林（万公顷）	天然林比例（%）	人工林（万公顷）	人工林比例（%）
合 计	28.43	100.00	42.63	100.00
乔木林	28.42	99.96	42.59	99.91
竹 林	0.00	0.00	0.00	0.00
特灌林	0.01	0.04	0.04	0.09

2.权属构成

森林面积中，国有林8.98万公顷、占12.64%，集体林62.08万公顷、占87.36%；森林蓄积量中，国有林560.62万立方米、占18.99%，集体林2391.87万立方米、占81.01%。国有林和集体林按乔木林、竹林、特灌林构成情况见表4-2。

表4-2 国有林和集体林面积构成

类型	国有林（万公顷）	国有林比例（%）	集体林（万公顷）	集体林比例（%）
合计	8.98	100.00	62.08	100.00
乔木林	8.98	100.00	62.03	99.92
竹林	0.00	0.00	0.00	0.00
特灌林	0.00	0.00	0.05	0.08

3.类别构成

森林面积中，公益林69.02万公顷、占97.13%，商品林2.04万公顷、占2.87%；森林蓄积量中，公益林2689.89万立方米、占91.11%，商品林262.60万立方米、占8.89%。公益林和商品林按乔木林、竹林、特灌林构成情况见表4-3。

表4-3 公益林和商品林面积构成

类型	公益林（万公顷）	公益林比例（%）	商品林（万公顷）	商品林比例（%）
合计	69.02	100.00	2.04	100.00
乔木林	68.97	99.93	2.04	100.00
竹林	0.00	0.00	0.00	0.00
特灌林	0.05	0.07	0.00	0.00

4.龄组构成

乔木林面积中，幼龄林44.84万公顷、占63.15%，中龄林16.20万公顷、占22.81%，近熟林、成熟林和过熟林（简称“近成过熟林”）合计9.97万公顷、占14.04%。乔木林分龄组面积蓄积量见表4-4。

表4-4 乔木林分龄组面积蓄积量

龄组	面积（万公顷）	面积比例（%）	蓄积量（万立方米）	蓄积量比例（%）
合计	71.01	100.00	2952.49	100.00
幼龄林	44.84	63.15	1128.29	38.21
中龄林	16.20	22.81	972.47	32.94
近熟林	4.14	5.83	319.87	10.83
成熟林	4.43	6.24	368.69	12.49
过熟林	1.40	1.97	163.17	5.53

（三）森林资源质量

1. 乔木林质量

乔木林每公顷蓄积量41.58立方米，每公顷生物量58.72吨，每公顷碳储量28.76吨，平均胸径12.7厘米，平均树高8.4米，平均郁闭度0.48，纯林与混交林比例68：32。

2. 天然乔木林质量

天然乔木林每公顷蓄积量43.73立方米，每公顷生物量66.21吨，每公顷碳储量32.34吨，平均胸径12.1厘米，平均树高8.5米，平均郁闭度0.52，纯林与混交林比例61：39。

3. 人工乔木林质量

人工乔木林每公顷蓄积量40.14立方米，每公顷生物量53.72吨，每公顷碳储量26.37吨，平均胸径13.3厘米，平均树高8.2米，平均郁闭度0.45，纯林与混交林比例73：27。

二、草原资源

（一）草原资源数量

草地（草原）面积1.45万公顷，草原生物量32.66万吨，碳储量14.70万吨。鲜草年总产量16.20万吨，折合干草年总产量5.15万吨。

草原面积中，面积较大的有人工草地、暖性草丛、山地草甸类等3类，面积合计占98.62%。各草原类面积及比例见表4-5。

表4-5　各草原类面积及比例

草原类	面积（万公顷）	比例（%）
人工草地	0.91	62.76
暖性草丛	0.49	33.79
山地草甸类	0.03	2.07
暖性灌草丛	0.02	1.38

（二）草原资源质量

草原综合植被盖度78.73%，草群平均高51.7厘米，单位面积鲜草产量11.17吨/公顷，单位面积干草产量3.55吨/公顷，净初级生产力4.73吨/（公顷·年）。

第二节 天津林草资源

天津市林地、草地总面积16.33万公顷。其中，林地14.83万公顷，草地1.50万公顷。林木覆盖面积17.89万公顷，林木覆盖率14.89%；森林面积15.40万公顷，森林覆盖率12.82%；森林蓄积量508.32万立方米。草原综合植被盖度67.51%。

一、森林资源

（一）森林资源总量

林地面积14.83万公顷，占国土面积的12.34%。森林面积15.40万公顷，其中，乔木林14.54万公顷、占94.42%，特灌林0.86万公顷、占5.58%。

活立木蓄积量739.57万立方米，其中，森林蓄积量508.32万立方米、占68.73%，疏林蓄积量1.68万立方米、占0.23%，散生木蓄积量45.32万立方米、占6.13%，四旁树蓄积量184.25万立方米、占24.91%。

林木总生物量857.48万吨，其中森林生物量585.22万吨；林木总碳储量410.29万吨，其中森林碳储量280.83万吨。

（二）森林资源构成

1.起源构成

森林面积中，天然林0.40万公顷、占2.60%，人工林15.00万公顷、占97.40%；森林蓄积量中，天然林17.54万立方米、占3.45%，人工林490.78万立方米、占96.55%。天然林和人工林按乔木林、竹林、特灌林构成情况见表4-6。

表4-6 天然林和人工林面积构成

类 型	天然林（万公顷）	天然林比例（%）	人工林（万公顷）	人工林比例（%）
合 计	0.40	100.00	15.00	100.00
乔木林	0.40	100.00	14.14	94.27
竹 林	0.00	0.00	0.00	0.00
特灌林	0.00	0.00	0.86	5.73

2.权属构成

森林面积中，国有林4.36万公顷、占28.31%，集体林11.04万公顷、占71.69%；森林蓄积量中，国有林187.04万立方米、占36.80%，集体林321.28万立方米、占63.20%。国有林和集体林按乔木林、竹林、特灌林构成情况见表4-7。

表4-7 国有林和集体林面积构成

类 型	国有林（万公顷）	国有林比例（%）	集体林（万公顷）	集体林比例（%）
合 计	4.36	100.00	11.04	100.00
乔木林	4.35	99.77	10.19	92.30
竹 林	0.00	0.00	0.00	0.00
特灌林	0.01	0.23	0.85	7.70

3.类别构成

森林面积中，公益林9.06万公顷、占58.83%，商品林6.34万公顷、占41.17%；森林蓄积量中，公益林281.91万立方米、占55.46%，商品林226.41万立方米、占44.54%。公益林和商品林按乔木林、竹林、特灌林构成情况见表4-8。

表4-8 公益林和商品林面积构成

类 型	公益林（万公顷）	公益林比例（%）	商品林（万公顷）	商品林比例（%）
合 计	9.06	100.00	6.34	100.00
乔木林	9.06	100.00	5.48	86.44
竹 林	0.00	0.00	0.00	0.00
特灌林	0.00	0.00	0.86	13.56

4.龄组构成

乔木林面积中，幼龄林9.59万公顷、占65.96%，中龄林3.74万公顷、占25.72%，近熟林、成熟林和过熟林合计1.21万公顷、占8.32%。乔木林分龄组面积蓄积量见表4-9。

表4-9 乔木林分龄组面积蓄积量

龄 组	面积（万公顷）	面积比例（%）	蓄积量（万立方米）	蓄积量比例（%）
合 计	14.54	100.00	508.32	100.00
幼龄林	9.59	65.96	238.50	46.92
中龄林	3.74	25.72	179.04	35.22
近熟林	0.74	5.09	52.65	10.36
成熟林	0.36	2.47	35.37	6.96
过熟林	0.11	0.76	2.76	0.54

（三）森林资源质量

1. 乔木林质量

乔木林每公顷蓄积量34.96立方米，每公顷生物量40.06吨，每公顷碳储量19.22吨，平均胸径14.8厘米，平均树高9.1米，平均郁闭度0.47，纯林与混交林比例87∶13。

2. 天然乔木林质量

天然乔木林每公顷蓄积量43.85立方米，每公顷生物量63.93吨，每公顷碳储量31.10吨，平均胸径16.5厘米，平均树高11.3米，平均郁闭度0.61，纯林与混交林比例80∶20。

3. 人工乔木林质量

人工乔木林每公顷蓄积量34.71立方米，每公顷生物量39.38吨，每公顷碳储量18.88吨，平均胸径14.7厘米，平均树高9.0米，平均郁闭度0.47，纯林与混交林比例87∶13。

二、草原资源

（一）草原资源数量

草地（草原）面积1.50万公顷，草原生物量39.09万吨，碳储量17.59万吨。鲜草年总产量16.22万吨，折合干草年总产量4.99万吨。

草原面积中，面积较大的有低地草甸类、暖性草丛等2类，面积合计占96.00%。各草原类面积及比例见表4-10。

表4-10　各草原类面积及比例

草原类	面积（万公顷）	比例（%）
低地草甸类	1.14	76.00
暖性草丛	0.30	20.00
人工草地	0.06	4.00

（二）草原资源质量

草原综合植被盖度67.51%，草群平均高70.7厘米，单位面积鲜草产量10.81吨/公顷，单位面积干草产量3.33吨/公顷，净初级生产力2.85吨/（公顷·年）。

第三节　河北林草资源

河北省林地、草地总面积837.26万公顷。其中，林地642.53万公顷，草地194.73万公顷。林木覆盖面积622.66万公顷，林木覆盖率33.01%；森林面积460.52万公顷，森林覆盖率24.41%；森林蓄积量15101.10万立方米。草原综合植被盖度73.50%。

一、森林资源

（一）森林资源总量

林地面积642.53万公顷，占国土面积的34.06%。森林面积460.52万公顷，其中，乔木林399.86万公顷、占86.83%，特灌林60.66万公顷、占13.17%。

活立木蓄积量19041.72万立方米，其中，森林蓄积量15101.10万立方米、占79.31%，疏林蓄积量108.52万立方米、占0.57%，散生木蓄积量1365.64万立方米、占7.17%，四旁树蓄积量2466.46万立方米、占12.95%。

林木总生物量22177.80万吨，其中森林生物量17430.48万吨；林木总碳储量10765.37万吨，其中森林碳储量8477.91万吨。

（二）森林资源构成

1.起源构成

森林面积中，天然林219.28万公顷、占47.62%，人工林241.24万公顷、占52.38%；森林蓄积量中，天然林7430.16万立方米、占49.20%，人工林7670.94万立方米、占50.80%。天然林和人工林按乔木林、竹林、特灌林构成情况见表4-11。

表4-11　天然林和人工林面积构成

类　型	天然林（万公顷）	天然林比例（%）	人工林（万公顷）	人工林比例（%）
合　计	219.28	100.00	241.24	100.00
乔木林	197.19	89.93	202.67	84.01
竹　林	0.00	0.00	0.00	0.00
特灌林	22.09	10.07	38.57	15.99

2.权属构成

森林面积中，国有林65.15万公顷、占14.15%，集体林395.37万公顷、占85.85%；森林蓄积量中，国有林4119.43万立方米、占27.28%，集体林10981.67万立方米、占72.72%。国有林和集体林按乔木林、竹林、特灌林构成情况见表4-12。

表4-12 国有林和集体林面积构成

类型	国有林（万公顷）	国有林比例（%）	集体林（万公顷）	集体林比例（%）
合计	65.15	100.00	395.37	100.00
乔木林	63.06	96.79	336.80	85.19
竹林	0.00	0.00	0.00	0.00
特灌林	2.09	3.21	58.57	14.81

3.类别构成

森林面积中，公益林296.01万公顷、占64.28%，商品林164.51万公顷、占35.72%；森林蓄积量中，公益林10170.84万立方米、占67.35%，商品林4930.26万立方米、占32.65%。公益林和商品林按乔木林、竹林、特灌林构成情况见表4-13。

表4-13 公益林和商品林面积构成

类型	公益林（万公顷）	公益林比例（%）	商品林（万公顷）	商品林比例（%）
合计	296.01	100.00	164.51	100.00
乔木林	266.92	90.17	132.94	80.81
竹林	0.00	0.00	0.00	0.00
特灌林	29.09	9.83	31.57	19.19

4.龄组构成

乔木林面积中，幼龄林218.12万公顷、占54.55%，中龄林121.52万公顷、占30.39%，近熟林、成熟林和过熟林合计60.22万公顷、占15.06%。乔木林分龄组面积蓄积量见表4-14。

表4-14 乔木林分龄组面积蓄积量

龄组	面积（万公顷）	面积比例(%)	蓄积量（万立方米）	蓄积量比例（%）
合计	399.86	100.00	15101.10	100.00
幼龄林	218.12	54.55	4975.29	32.95
中龄林	121.52	30.39	5675.62	37.58
近熟林	34.22	8.56	2530.65	16.76
成熟林	20.21	5.05	1566.54	10.37
过熟林	5.79	1.45	353.00	2.34

（三）森林资源质量

1.乔木林质量

乔木林每公顷蓄积量37.77立方米，每公顷生物量42.97吨，每公顷碳储量20.89吨，平均胸径13.2厘米，平均树高8.8米，平均郁闭度0.49，纯林与混交林比例84：16。

2.天然乔木林质量

天然乔木林每公顷蓄积量37.68立方米，每公顷生物量49.09吨，每公顷碳储量23.74吨，平均胸径12.7厘米，平均树高8.6米，平均郁闭度0.52，纯林与混交林比例77：23。

3.人工乔木林质量

人工乔木林每公顷蓄积量37.85立方米，每公顷生物量37.01吨，每公顷碳储量18.12吨，平均胸径13.7厘米，平均树高9.1米，平均郁闭度0.47，纯林与混交林比例92：8。

二、草原资源

（一）草原资源数量

草地（草原）面积194.73万公顷，草原生物量2141.22万吨，碳储量963.55万吨。鲜草年总产量1011.17万吨，折合干草年总产量331.76万吨。

草原面积中，面积较大的有暖性草丛、暖性灌草丛、温性典型草原类等3类，面积合计占94.53%。各草原类面积及比例见表4-15。

表4-15 各草原类面积及比例

草原类	面积（万公顷）	比例（%）
暖性草丛	79.46	40.81
暖性灌草丛	62.66	32.18
温性典型草原类	41.95	21.54
低地草甸类	4.89	2.51
山地草甸类	4.00	2.05
人工草地	1.77	0.91

（二）草原资源质量

草原综合植被盖度73.50%，草群平均高18.7厘米，单位面积鲜草产量5.19吨/公顷，单位面积干草产量1.70吨/公顷，净初级生产力5.07吨/（公顷·年）。

第四节　山西林草资源

山西省林地、草地总面积920.08万公顷。其中，林地609.57万公顷，草地310.51万公顷。林木覆盖面积527.25万公顷，林木覆盖率33.65%；森林面积322.82万公顷，森林覆盖率20.60%；森林蓄积量15877.61万立方米。草原综合植被盖度73.33%。

一、森林资源

（一）森林资源总量

林地面积609.57万公顷，占国土面积的38.90%。森林面积322.82万公顷，其中，乔木林309.31万公顷、占95.81%，竹林0.02万公顷、占0.01%，特灌林13.49万公顷、占4.18%。

活立木蓄积量18798.34万立方米，其中，森林蓄积量15877.61万立方米、占84.46%，疏林蓄积量289.13万立方米、占1.54%，散生木蓄积量1245.87万立方米、占6.63%，四旁树蓄积量1385.73万立方米、占7.37%。

林木总生物量27933.19万吨，其中森林生物量23184.51万吨；林木总碳储量13747.63万吨，其中森林碳储量11426.06万吨。

（二）森林资源构成

1.起源构成

森林面积中，天然林158.62万公顷、占49.14%，人工164.20万公顷、占50.86%；森林蓄积量中，天然林11163.81万立方米、占70.31%，人工林4713.80万立方米、占29.69%。天然林和人工林按乔木林、竹林、特灌林构成情况见表4-16。

表4-16　天然林和人工林面积构成

类　型	天然林（万公顷）	天然林比例（%）	人工林（万公顷）	人工林比例（%）
合　计	158.62	100.00	164.20	100.00
乔木林	157.00	98.98	152.31	92.76
竹　林	0.00	0.00	0.02	0.01
特灌林	1.62	1.02	11.87	7.23

2.权属构成

森林面积中，国有林118.42万公顷、占36.68%，集体林204.40万公顷、占63.32%；森林蓄积量中，国有林8483.98万立方米、占53.43%，集体林7393.63万立方米、占

46.57%。国有林和集体林按乔木林、竹林、特灌林构成情况见表4-17。

表4-17 国有林和集体林面积构成

类型	国有林（万公顷）	国有林比例（%）	集体林（万公顷）	集体林比例（%）
合计	118.42	100.00	204.40	100.00
乔木林	117.60	99.31	191.71	93.79
竹林	0.00	0.00	0.02	0.01
特灌林	0.82	0.69	12.67	6.20

3.类别构成

森林面积中，公益林298.52万公顷、占92.47%，商品林24.30万公顷、占7.53%；森林蓄积量中，公益林14938.50万立方米、占94.09%，商品林939.11万立方米、占5.91%。公益林和商品林按乔木林、竹林、特灌林构成情况见表4-18。

表4-18 公益林和商品林面积构成

类型	公益林（万公顷）	公益林比例（%）	商品林（万公顷）	商品林比例（%）
合计	298.52	100.00	24.30	100.00
乔木林	289.58	97.01	19.73	81.19
竹林	0.00	0.00	0.02	0.08
特灌林	8.94	2.99	4.55	18.72

4.龄组构成

乔木林面积中，幼龄林98.48万公顷、占31.84%，中龄林108.96万公顷、占35.23%，近熟林、成熟林和过熟林合计101.87万公顷、占32.93%。乔木林分龄组面积蓄积量见表4-19。

表4-19 乔木林分龄组面积蓄积量

龄组	面积（万公顷）	面积比例（%）	蓄积量（万立方米）	蓄积量比例（%）
合计	309.31	100.00	15877.61	100.00
幼龄林	98.48	31.84	2493.08	15.70
中龄林	108.96	35.23	5935.67	37.38
近熟林	54.35	17.57	4040.61	25.45
成熟林	30.00	9.70	2636.97	16.61
过熟林	17.52	5.66	771.28	4.86

（三）森林资源质量

1.乔木林质量

乔木林每公顷蓄积量51.33立方米，每公顷生物量74.59吨，每公顷碳储量36.76吨，平均胸径13.9厘米，平均树高8.4米，平均郁闭度0.56，纯林与混交林比例75：25。

2.天然乔木林质量

天然乔木林每公顷蓄积量71.11立方米，每公顷生物量106.35吨，每公顷碳储量52.30吨，平均胸径14.2厘米，平均树高8.5米，平均郁闭度0.60，纯林与混交林比例66：34。

3.人工乔木林质量

人工乔木林每公顷蓄积量30.95立方米，每公顷生物量41.86吨，每公顷碳储量20.74吨，平均胸径13.4厘米，平均树高8.3米，平均郁闭度0.51，纯林与混交林比例83：17。

二、草原资源

（一）草原资源数量

草地（草原）面积310.51万公顷，草原生物量2311.34万吨，碳储量1040.11万吨。鲜草年总产量1096.92万吨，折合干草年总产量340.04万吨。

草原面积中，面积较大的有温性典型草原类、暖性草丛、山地草甸类等3类，面积合计占87.94%。各草原类面积及比例见表4-20。

表4-20　各草原类面积及比例

草原类	面积（万公顷）	比例（%）
温性典型草原类	112.36	36.19
暖性草丛	98.68	31.78
山地草甸类	62.01	19.97
暖性灌草丛	26.22	8.44
低地草甸类	10.51	3.38
高寒草甸类	0.73	0.24

（二）草原资源质量

草原综合植被盖度73.33%，草群平均高37.9厘米，单位面积鲜草产量3.53吨/公顷，单位面积干草产量1.10吨/公顷，净初级生产力4.83吨/（公顷·年）。

第五节　内蒙古林草资源

内蒙古自治区林地、草地总面积7853.19万公顷。其中，林地2436.00万公顷，草地5417.19万公顷。林木覆盖面积2416.68万公顷，林木覆盖率21.10%；森林面积2302.08万公顷，森林覆盖率20.10%；森林蓄积量164424.01万立方米。草原综合植被盖度45.07%。

一、森林资源

（一）森林资源总量

林地面积2436.00万公顷，占国土面积的21.27%。森林面积2302.08万公顷，其中，乔木林1695.89万公顷、占73.67%，特灌林606.19万公顷、占26.33%。

活立木蓄积量181073.27万立方米，其中，森林蓄积量164424.01万立方米、占90.80%，疏林蓄积量593.50万立方米、占0.33%，散生木蓄积量13103.13万立方米、占7.24%，四旁树蓄积量2952.63万立方米、占1.63%。

林木总生物量186314.63万吨，其中森林生物量168810.31万吨；林木总碳储量90726.28万吨，其中森林碳储量82276.62万吨。

（二）森林资源构成

1.起源构成

森林面积中，天然林1749.25万公顷、占75.99%，人工林552.83万公顷、占24.01%；森林蓄积量中，天然林150739.91万立方米、占91.68%，人工林13684.10万立方米、占8.32%。天然林和人工林按乔木林、竹林、特灌林构成情况见表4-21。

表4-21　天然林和人工林面积构成

类　型	天然林（万公顷）	天然林比例（%）	人工林（万公顷）	人工林比例（%）
合　计	1749.25	100.00	552.83	100.00
乔木林	1419.52	81.15	276.37	49.99
竹　林	0.00	0.00	0.00	0.00
特灌林	329.73	18.85	276.46	50.01

2.权属构成

森林面积中，国有林1555.40万公顷、占67.56%，集体林746.68万公顷、占32.44%；森林蓄积量中，国有林154519.23万立方米、占93.98%，集体林9904.78万立方米、占6.02%。国有林和集体林按乔木林、竹林、特灌林构成情况见表4-22。

表4-22　国有林和集体林面积构成

类　型	国有林（万公顷）	国有林比例（%）	集体林（万公顷）	集体林比例（%）
合　计	1555.40	100.00	746.68	100.00
乔木林	1470.13	94.52	225.76	30.24
竹　林	0.00	0.00	0.00	0.00
特灌林	85.27	5.48	520.92	69.76

3.类别构成

森林面积中，公益林1822.04万公顷、占79.15%，商品林480.04万公顷、占20.85%；森林蓄积量中，公益林117685.82万立方米、占71.57%，商品林46738.19万立方米、占28.43%。公益林和商品林按乔木林、竹林、特灌林构成情况见表4-23。

表4-23　公益林和商品林面积构成

类　型	公益林（万公顷）	公益林比例（%）	商品林（万公顷）	商品林比例（%）
合　计	1822.04	100.00	480.04	100.00
乔木林	1222.90	67.12	472.99	98.53
竹　林	0.00	0.00	0.00	0.00
特灌林	599.14	32.88	7.05	1.47

4.龄组构成

乔木林面积中，幼龄林252.92万公顷、占14.91%，中龄林607.73万公顷、占35.84%，近熟林、成熟林和过熟林合计835.24万公顷、占49.25%。乔木林分龄组面积蓄积量见表4-24。

表4-24　乔木林分龄组面积蓄积量

龄　组	面积（万公顷）	面积比例（%）	蓄积量（万立方米）	蓄积量比例（%）
合　计	1695.89	100.00	164424.01	100.00
幼龄林	252.92	14.91	8537.70	5.19
中龄林	607.73	35.84	57433.60	34.93
近熟林	306.31	18.06	33791.23	20.55
成熟林	358.49	21.14	43937.53	26.72
过熟林	170.44	10.05	20723.95	12.61

（三）森林资源质量

1.乔木林质量

乔木林每公顷蓄积量96.95立方米，每公顷生物量96.66吨，每公顷碳储量47.07吨，平均胸径13.8厘米，平均树高12.1米，平均郁闭度0.61，纯林与混交林面积比例69∶31。

2.天然乔木林质量

天然乔木林每公顷蓄积量106.19立方米，每公顷生物量105.72吨，每公顷碳储量51.53吨，平均胸径13.8厘米，平均树高12.5米，平均郁闭度0.64，纯林与混交林面积比例65∶35。

3.人工乔木林质量

人工乔木林每公顷蓄积量49.51立方米，每公顷生物量50.09吨，每公顷碳储量24.17吨，平均胸径13.7厘米，平均树高9.5米，平均郁闭度0.45，纯林与混交林面积比例93∶7。

二、草原资源

（一）草原资源数量

草地（草原）面积5417.19万公顷，草原生物量31640.73万吨，碳储量14238.33万吨。鲜草年总产量12775.84万吨，折合干草年总产量4277.97万吨。

草原面积中，面积较大的有温性典型草原类、温性荒漠草原类、温性荒漠等3类，面积合计占73.67%。各草原类面积及比例见表4-25。

表4-25 各草原类面积及比例

草原类	面积（万公顷）	比例（%）
温性典型草原类	2175.96	40.17
温性荒漠草原类	959.12	17.70
温性荒漠	855.79	15.80
温性草甸草原类	700.43	12.93
低地草甸类	360.12	6.65
温性草原化荒漠	337.88	6.24
山地草甸类	27.89	0.51

（二）草原资源质量

草原综合植被盖度45.07%，草群平均高24.2厘米，单位面积鲜草产量2.36吨/公顷，单位面积干草产量0.79吨/公顷，净初级生产力3.18吨/（公顷·年）。

第六节　辽宁林草资源

辽宁省林地、草地总面积650.29万公顷。其中，林地601.57万公顷，草地48.72万公顷。林木覆盖面积595.54万公顷，林木覆盖率40.06%；森林面积524.38万公顷，森林覆盖率35.27%；森林蓄积量36073.48万立方米。草原综合植被盖度67.44%。

一、森林资源

（一）森林资源总量

林地面积601.57万公顷，占国土面积的40.46%。森林面积524.38万公顷，其中，乔木林496.21万公顷、占94.63%，特灌林28.17万公顷、占5.37%。

活立木蓄积量38749.48万立方米，其中，森林蓄积量36073.48万立方米、占93.10%，疏林蓄积量21.06万立方米、占0.05%，散生木蓄积量555.56万立方米、占1.43%，四旁树蓄积量2099.38万立方米、占5.42%。

林木总生物量40059.95万吨，其中森林生物量36785.79万吨；林木总碳储量19397.45万吨，其中森林碳储量17813.21万吨。

（二）森林资源构成

1.起源构成

森林面积中，天然林267.87万公顷、占51.08%，人工林256.51万公顷、占48.92%；森林蓄积量中，天然林22639.54万立方米、占62.76%，人工林13433.94万立方米、占37.24%。天然林和人工林按乔木林、竹林、特灌林构成情况见表4-26。

表4-26　天然林和人工林面积构成

类　型	天然林（万公顷）	天然林比例（%）	人工林（万公顷）	人工林比例（%）
合　计	267.87	100.00	256.51	100.00
乔木林	252.97	94.44	243.24	94.83
竹　林	0.00	0.00	0.00	0.00
特灌林	14.90	5.56	13.27	5.17

2.权属构成

森林面积中，国有林58.81万公顷、占11.22%，集体林465.57万公顷、占88.78%；森林蓄积量中，国有林5618.77万立方米、占15.58%，集体林30454.71万立方米、占84.42%。国有林和集体林按乔木林、竹林、特灌林构成情况见表4-27。

表4-27　国有林和集体林面积构成

类　型	国有林（万公顷）	国有林比例（%）	集体林（万公顷）	集体林比例（%）
合　计	58.81	100.00	465.57	100.00
乔木林	57.86	98.38	438.35	94.15
竹　林	0.00	0.00	0.00	0.00
特灌林	0.95	1.62	27.22	5.85

3.类别构成

森林面积中，公益林276.93万公顷、占52.81%，商品林247.45万公顷、占47.19%；森林蓄积量中，公益林20715.08万立方米、占57.42%，商品林15358.40万立方米、占42.58%。公益林和商品林按乔木林、竹林、特灌林构成情况见表4-28。

表4-28　公益林和商品林面积构成

类　型	公益林（万公顷）	公益林比例（%）	商品林（万公顷）	商品林比例（%）
合　计	276.93	100.00	247.45	100.00
乔木林	254.61	91.94	241.60	97.64
竹　林	0.00	0.00	0.00	0.00
特灌林	22.32	8.06	5.85	2.36

4.龄组构成

乔木林面积中，幼龄林231.92万公顷、占46.74%，中龄林120.48万公顷、占24.28%，近熟林、成熟林和过熟林合计143.81万公顷、占28.98%。乔木林分龄组面积蓄积量见表4-29。

表4-29　乔木林分龄组面积蓄积量

龄　组	面积（万公顷）	面积比例（%）	蓄积量（万立方米）	蓄积量比例（%）
合　计	496.21	100.00	36073.48	100.00
幼龄林	231.92	46.74	9735.61	26.99
中龄林	120.48	24.28	11322.65	31.39
近熟林	69.20	13.95	6908.00	19.15
成熟林	65.27	13.15	7169.26	19.87
过熟林	9.34	1.88	937.96	2.60

（三）森林资源质量

1. 乔木林质量

乔木林每公顷蓄积量72.70立方米，每公顷生物量73.53吨，每公顷碳储量35.59吨，平均胸径14.2厘米，平均树高10.7米，平均郁闭度0.61，纯林与混交林面积比例68：32。

2. 天然乔木林质量

天然乔木林每公顷蓄积量89.49立方米，每公顷生物量94.69吨，每公顷碳储量45.49吨，平均胸径14.5厘米，平均树高11.3米，平均郁闭度0.66，纯林与混交林面积比例54：46。

3. 人工乔木林质量

人工乔木林每公顷蓄积量55.23立方米，每公顷生物量51.52吨，每公顷碳储量25.30吨，平均胸径13.9厘米，平均树高10.0米，平均郁闭度0.57，纯林与混交林面积比例82：18。

二、草原资源

（一）草原资源数量

草地（草原）面积48.72万公顷，草原生物量541.73万吨，碳储量243.78万吨。鲜草年总产量247.08万吨，折合干草年总产量78.25万吨。

草原面积中，面积较大的有暖性灌草丛、山地草甸类、温性典型草原类等3类，面积合计占80.35%。各草原类面积及比例见表4-30。

表4-30 各草原类面积及比例

草原类	面积（万公顷）	比例（%）
暖性灌草丛	16.70	34.28
山地草甸类	12.64	25.94
温性典型草原类	9.81	20.13
暖性草丛	6.27	12.87
低地草甸类	3.00	6.16
温性草甸草原类	0.30	0.62

（二）草原资源质量

草原综合植被盖度67.44%，草群平均高35.1厘米，单位面积鲜草产量5.07吨/公顷，单位面积干草产量1.61吨/公顷，净初级生产力5.73吨/（公顷·年）。

第七节　吉林林草资源

吉林省林地、草地总面积943.37万公顷。其中，林地875.90万公顷，草地67.47万公顷。林木覆盖面积867.04万公顷，林木覆盖率45.35%；森林面积838.99万公顷，森林覆盖率43.88%；森林蓄积量122586.86万立方米。草原综合植被盖度72.10%。

一、森林资源

（一）森林资源总量

林地面积875.90万公顷，占国土面积的45.81%。森林面积838.99万公顷，其中，乔木林837.70万公顷、占99.85%，特灌林1.29万公顷、占0.15%。

活立木蓄积量128255.98万立方米，其中，森林蓄积量122586.86万立方米、占95.58%，疏林蓄积量30.92万立方米、占0.02%，散生木蓄积量4134.09万立方米、占3.23%，四旁树蓄积量1504.11万立方米、占1.17%。

林木总生物量123517.99万吨，其中森林生物量118277.89万吨；林木总碳储量59484.91万吨，其中森林碳储量56956.42万吨。

（二）森林资源构成

1.起源构成

森林面积中，天然林641.84万公顷、占76.50%，人工林197.15万公顷、占23.50%；森林蓄积量中，天然林106843.79万立方米、占87.16%，人工林15743.07万立方米、占12.84%。天然林和人工林按乔木林、竹林、特灌林构成情况见表4-31。

表4-31　天然林和人工林面积构成

类　型	天然林（万公顷）	天然林比例（%）	人工林（万公顷）	人工林比例（%）
合　计	641.84	100.00	197.15	100.00
乔木林	641.79	99.99	195.91	99.37
竹　林	0.00	0.00	0.00	0.00
特灌林	0.05	0.01	1.24	0.63

2.权属构成

森林面积中，国有林628.35万公顷、占74.89%，集体林210.64万公顷、占25.11%；森林蓄积量中，国有林103111.96万立方米、占84.11%，集体林19474.90万立方米、占15.89%。国有林和集体林按乔木林、竹林、特灌林构成情况见表4-32。

表4-32　国有林和集体林面积构成

类　型	国有林（万公顷）	国有林比例（%）	集体林（万公顷）	集体林比例（%）
合　计	628.35	100.00	210.64	100.00
乔木林	627.45	99.86	210.25	99.81
竹　林	0.00	0.00	0.00	0.00
特灌林	0.90	0.14	0.39	0.19

3.类别构成

森林面积中，公益林406.47万公顷、占48.45%，商品林432.52万公顷、占51.55；森林蓄积量中，公益林60069.11万立方米、占49.00%，商品林62517.75万立方米、占51.00%。公益林和商品林按乔木林、竹林、特灌林构成情况见表4-33。

表4-33　公益林和商品林面积构成

类　型	公益林（万公顷）	公益林比例（%）	商品林（万公顷）	商品林比例（%）
合　计	406.47	100.00	432.52	100.00
乔木林	405.18	99.68	432.52	100.00
竹　林	0.00	0.00	0.00	0.00
特灌林	1.29	0.32	0.00	0.00

4.龄组构成

乔木林面积中，幼龄林177.54万公顷、占21.19%，中龄林231.36万公顷、占27.62%，近熟林、成熟林和过熟林合计428.80万公顷、占51.19%。乔木林分龄组面积蓄积量见表4-34。

表4-34　乔木林分龄组面积蓄积量

龄　组	面积（万公顷）	面积比例（%）	蓄积量（万立方米）	蓄积量比例（%）
合　计	837.70	100.00	122586.86	100.00
幼龄林	177.54	21.19	11547.19	9.42
中龄林	231.36	27.62	29772.73	24.29
近熟林	224.55	26.81	39074.87	31.87
成熟林	156.91	18.73	31843.52	25.98
过熟林	47.34	5.65	10348.55	8.44

（三）森林资源质量

1.乔木林质量

乔木林每公顷蓄积量146.34立方米，每公顷生物量141.17吨，每公顷碳储量67.98吨，平均胸径17.5厘米，平均树高14.1米，平均郁闭度0.67，纯林与混交林面积比例41∶59。

2.天然乔木林质量

天然乔木林每公顷蓄积量166.48立方米，每公顷生物量162.09吨，每公顷碳储量77.80吨，平均胸径18.3厘米，平均树高14.9米，平均郁闭度0.70，纯林与混交林面积比例30∶70。

3.人工乔木林质量

人工乔木林每公顷蓄积量80.36立方米，每公顷生物量72.65吨，每公顷碳储量35.83吨，平均胸径14.8厘米，平均树高11.9米，平均郁闭度0.57，纯林与混交林面积比例76∶24。

二、草原资源

（一）草原资源数量

草地（草原）面积67.47万公顷，草原生物量774.22万吨，碳储量348.40万吨。鲜草年总产量315.03万吨，折合干草年总产量95.74万吨。

草原面积中，面积较大的有低地草甸类、暖性灌草丛、暖性草丛等3类，面积合计占99.45%。各草原类面积及比例见表4-35。

表4-35 各草原类面积及比例

草原类	面积（万公顷）	比例（%）
低地草甸类	60.71	89.98
暖性灌草丛	4.21	6.24
暖性草丛	2.18	3.23
高寒草甸类	0.25	0.37
山地草甸类	0.12	0.18

（二）草原资源质量

草原综合植被盖度72.10%，草群平均高30.5厘米，单位面积鲜草产量4.67吨/公顷，单位面积干草产量1.42吨/公顷，净初级生产力3.63吨/（公顷·年）。

第八节 黑龙江林草资源

黑龙江省林地、草地总面积2280.89万公顷。其中，林地2162.32万公顷，草地118.57万公顷。林木覆盖面积2044.56万公顷，林木覆盖率45.18%；森林面积2012.35万公顷，森林覆盖率44.47%；森林蓄积量215847.19万立方米。草原综合植被盖度72.49%。

一、森林资源

（一）森林资源总量

林地面积2162.32万公顷，占国土面积的47.78%。森林面积2012.35万公顷，其中，乔木林2012.28万公顷、占99.997%，特灌林0.07万公顷、占0.003%。

活立木蓄积量238273.22万立方米，其中，森林蓄积量215847.19万立方米、占90.59%，疏林蓄积量82.84万立方米、占0.03%，散生木蓄积量15817.02万立方米、占6.64%，四旁树蓄积量6526.17万立方米、占2.74%。

林木总生物量213577.96万吨，其中森林生物量200701.79万吨；林木总碳储量103179.26万吨，其中森林碳储量96985.26万吨。

（二）森林资源构成

1.起源构成

森林面积中，天然林1741.21万公顷、占86.53%，人工林271.14万公顷、占13.47%；森林蓄积量中，天然林190351.78万立方米、占88.19%，人工林25495.41万立方米、占11.81%。天然林和人工林按乔木林、竹林、特灌林构成情况见表4-36。

表4-36 天然林和人工林面积构成

类 型	天然林（万公顷）	天然林比例（%）	人工林（万公顷）	人工林比例（%）
合 计	1741.21	100.00	271.14	100.00
乔木林	1741.21	100.00	271.07	99.97
竹 林	0.00	0.00	0.00	0.00
特灌林	0.00	0.00	0.07	0.03

2.权属构成

森林面积中，国有林1941.44万公顷、占96.48%，集体林70.91万公顷、占3.52%；森林蓄积量中，国有林207881.88万立方米、占96.31%，集体林7965.31万立方米、占3.69%。国有林和集体林按乔木林、竹林、特灌林构成情况见表4-37。

表4-37　国有林和集体林面积构成

类　型	国有林（万公顷）	国有林比例（%）	集体林（万公顷）	集体林比例（%）
合　计	1941.44	100.00	70.91	100.00
乔木林	1941.41	100.00	70.87	99.94
竹　林	0.00	0.00	0.00	0.00
特灌林	0.03	0.00	0.04	0.06

3.类别构成

森林面积中，公益林1431.67万公顷、占71.14%，商品林580.68万公顷、占28.86%；森林蓄积量中，公益林154952.08万立方米、占71.79%，商品林60895.11万立方米、占28.21%。公益林和商品林按乔木林、竹林、特灌林构成情况见表4-38。

表4-38　公益林和商品林面积构成

类　型	公益林（万公顷）	公益林比例（%）	商品林（万公顷）	商品林比例（%）
合　计	1431.67	100.00	580.68	100.00
乔木林	1431.60	99.995	580.68	100.00
竹　林	0.00	0.00	0.00	0.00
特灌林	0.07	0.005	0.00	0.00

4.龄组构成

乔木林面积中，幼龄林388.32万公顷、占19.30%，中龄林822.28万公顷、占40.86%，近熟林、成熟林和过熟林合计801.68万公顷、占39.84%。乔木林分龄组面积蓄积量见表4-39。

表4-39　乔木林分龄组面积蓄积量

龄　组	面积（万公顷）	面积比例（%）	蓄积量（万立方米）	蓄积量比例（%）
合　计	2012.28	100.00	215847.19	100.00
幼龄林	388.32	19.30	22329.28	10.35
中龄林	822.28	40.86	88398.92	40.95
近熟林	414.24	20.58	54005.10	25.02
成熟林	287.88	14.31	38326.44	17.76
过熟林	99.56	4.95	12787.45	5.92

（三）森林资源质量

1.乔木林质量

乔木林每公顷蓄积量107.26立方米，每公顷生物量99.73吨，每公顷碳储量48.19吨，平均胸径14.6厘米，平均树高12.7米，平均郁闭度0.59，纯林与混交林面积比例45∶55。

2.天然乔木林质量

天然乔木林每公顷蓄积量109.32立方米，每公顷生物量102.70吨，每公顷碳储量49.59吨，平均胸径14.5厘米，平均树高12.9米，平均郁闭度0.59，纯林与混交林面积比例42∶58。

3.人工乔木林质量

人工乔木林每公顷蓄积量94.05立方米，每公顷生物量80.71吨，每公顷碳储量39.23吨，平均胸径15.1厘米，平均树高11.9米，平均郁闭度0.60，纯林与混交林面积比例67∶33。

二、草原资源

（一）草原资源数量

草地（草原）面积118.57万公顷，草原生物量2269.40万吨，碳储量1021.23万吨。鲜草年总产量958.58万吨，折合干草年总产量286.46万吨。

草原面积中，面积较大的有低地草甸类、温性草甸草原类、山地草甸类等3类，面积合计占96.27%。各草原类面积及比例见表4-40。

表4-40　各草原类面积及比例

草原类	面积（万公顷）	比例（%）
低地草甸类	74.47	62.81
温性草甸草原类	31.50	26.56
山地草甸类	8.18	6.90
人工草地	4.42	3.73

（二）草原资源质量

草原综合植被盖度72.49%，草群平均高50.7厘米，单位面积鲜草产量8.08吨/公顷，单位面积干草产量2.42吨/公顷，净初级生产力4.65吨/（公顷·年）。

第九节　上海林草资源

上海市林地、草地总面积9.50万公顷。其中，林地8.18万公顷，草地1.32万公顷。林木覆盖面积10.89万公顷，林木覆盖率12.64%；森林面积10.68万公顷，森林覆盖率12.40%；森林蓄积量857.22万立方米。草原综合植被盖度88.12%。

一、森林资源

（一）森林资源总量

林地面积8.18万公顷，占国土面积的9.49%。森林面积10.68万公顷，其中乔木林面积10.41万公顷、占97.47%，竹林0.27万公顷、占2.53%。

活立木蓄积量1088.66万立方米，其中，森林蓄积量857.22万立方米、占78.74%，疏林蓄积量0.58万立方米、占0.05%，散生木蓄积量24.31万立方米、占2.23%，四旁树蓄积量206.55万立方米、占18.98%。

林木总生物量1153.95万吨，其中森林生物量930.35万吨；林木总碳储量564.46万吨，其中森林碳储量455.38万吨。

（二）森林资源构成

1.起源构成

上海市森林全部为人工林，其中，乔木林面积10.41万公顷、占97.47%，竹林0.27万公顷、占2.53%。

2.权属构成

森林面积中，国有林5.24万公顷、占49.06%，集体林5.44万公顷、占50.94%；森林蓄积量中，国有林458.41万立方米、占53.48%，集体林398.81万立方米、占46.52%。国有林和集体林按乔木林、竹林构成情况见表4-41。

表4-41　国有林和集体林面积构成

类　型	国有林（万公顷）	国有林比例（%）	集体林（万公顷）	集体林比例（%）
合　计	5.24	100.00	5.44	100.00
乔木林	5.21	99.43	5.20	95.59
竹　林	0.03	0.57	0.24	4.41

3.类别构成

森林面积中，公益林9.66万公顷、占90.45%，商品林1.02万公顷、占9.55%；森林蓄积量中，公益林432.04万立方米、占50.40%，商品林425.18万立方米、占49.60%。公益林和商品林按乔木林、竹林构成情况见表4-42。

表4-42　公益林和商品林面积构成

类　型	公益林（万公顷）	公益林比例（%）	商品林（万公顷）	商品林比例（%）
合　计	9.66	100.00	1.02	100.00
乔木林	9.41	97.41	1.00	98.04
竹　林	0.25	2.59	0.02	1.96

4.龄组构成

乔木林面积中，幼龄林6.09万公顷、占58.50%，中龄林3.29万公顷、占31.60%，近熟林、成熟林和过熟林合计1.03万公顷、占9.90%。乔木林分龄组面积蓄积量见表4-43。

表4-43　乔木林分龄组面积蓄积量

龄　组	面积（万公顷）	面积比例（%）	蓄积量（万立方米）	蓄积量比例（%）
合　计	10.41	100.00	857.22	100.00
幼龄林	6.09	58.50	274.22	31.99
中龄林	3.29	31.60	402.29	46.93
近熟林	0.66	6.34	131.40	15.33
成熟林	0.34	3.27	43.19	5.04
过熟林	0.03	0.29	6.12	0.71

（三）森林资源质量

乔木林每公顷蓄积量82.35立方米，每公顷生物量88.46吨，每公顷碳储量43.29吨，平均胸径14.9厘米，平均树高7.5米，平均郁闭度0.57，纯林与混交林比例73：27。

二、草原资源

（一）草原资源数量

草地（草原）面积1.32万公顷，草原生物量22.74万吨，碳储量10.23万吨。鲜草年总产量10.77万吨，折合干草年总产量3.54万吨。草原类全部为热性草丛。

（二）草原资源质量

草原综合植被盖度88.12%，单位面积鲜草产量8.16吨/公顷，单位面积干草产量2.68吨/公顷，净初级生产力5.93吨/（公顷·年）。

第十节 江苏林草资源

江苏省林地、草地总面积88.06万公顷。其中，林地78.70万公顷，草地9.36万公顷。林木覆盖面积107.46万公顷，林木覆盖率10.10%；森林面积76.83万公顷，森林覆盖率7.22%；森林蓄积量5162.84万立方米。草原综合植被盖度76.37%。

一、森林资源

（一）森林资源总量

林地面积78.70万公顷，占国土面积的7.39%。森林面积76.83万公顷，其中，乔木林面积71.66万公顷、占93.27%，竹林3.29万公顷、占4.28%，特灌林1.88万公顷、占2.45%。

活立木蓄积量9872.96万立方米，其中，森林蓄积量5162.84万立方米、占52.29%，疏林蓄积量0.02万立方米、所占比例较小，散生木蓄积量723.45万立方米、占7.33%，四旁树蓄积量3986.65万立方米、占40.38%。

林木总生物量10964.95万吨，其中森林生物量5786.15万吨；林木总碳储量5513.02万吨，其中森林碳储量2951.37万吨。

（二）森林资源构成

1.起源构成

江苏省森林全部为人工林，其中，乔木林面积71.66万公顷、占93.27%，竹林3.29万公顷、占4.28%，特灌林1.88万公顷、占2.45%。

2.权属构成

森林面积中，国有林24.68万公顷、占32.12%，集体林52.15万公顷、占67.88%；森林蓄积量中，国有林1762.16万立方米、占34.13%，集体林3400.68万立方米、占65.87%。国有林和集体林按乔木林、竹林、特灌林构成情况见表4-44。

表4-44 国有林和集体林面积构成

类 型	国有林（万公顷）	国有林比例（%）	集体林（万公顷）	集体林比例（%）
合 计	24.68	100.00	52.15	100.00
乔木林	23.97	97.13	47.69	91.45
竹 林	0.65	2.63	2.64	5.06
特灌林	0.06	0.24	1.82	3.49

3.类别构成

森林面积中，公益林31.80万公顷、占41.39%，商品林45.03万公顷、占58.61%；森林蓄积量中，公益林1655.03万立方米、占32.06%，商品林3507.81万立方米、占67.94%。公益林和商品林按乔木林、竹林、特灌林构成情况见表4-45。

表4-45 公益林和商品林面积构成

类 型	公益林（万公顷）	公益林比例（%）	商品林（万公顷）	商品林比例（%）
合 计	31.80	100.00	45.03	100.00
乔木林	28.64	90.06	43.02	95.54
竹 林	2.22	6.98	1.07	2.38
特灌林	0.94	2.96	0.94	2.08

4.龄组构成

乔木林面积中，幼龄林35.22万公顷、占49.15%，中龄林20.08万公顷、占28.02%，近熟林、成熟林和过熟林合计16.36万公顷、占22.83%。乔木林分龄组面积蓄积量见表4-46。

表4-46 乔木林分龄组面积蓄积量

龄 组	面积（万公顷）	面积比例（%）	蓄积量（万立方米）	蓄积量比例（%）
合 计	71.66	100.00	5162.84	100.00
幼龄林	35.22	49.15	1206.13	23.36
中龄林	20.08	28.02	1915.94	37.11
近熟林	11.35	15.84	1262.67	24.46
成熟林	4.57	6.38	715.06	13.85
过熟林	0.44	0.61	63.04	1.22

（三）森林资源质量

乔木林每公顷蓄积量72.05立方米，每公顷生物量77.32吨，每公顷碳储量39.48吨，平均胸径14.2厘米，平均树高8.6米，平均郁闭度0.58，纯林与混交林比例76：24。

二、草原资源

（一）草原资源数量

草地（草原）面积9.36万公顷，草原生物量154.18万吨，碳储量69.38万吨。鲜草年总产量72.47万吨，折合干草年总产量23.83万吨。草地类全部为热性灌草丛。

（二）草原资源质量

草原综合植被盖度76.37%，单位面积鲜草产量7.74吨/公顷，单位面积干草产量2.55吨/公顷，净初级生产力5.77吨/（公顷·年）。

第十一节　浙江林草资源

浙江省林草资源丰富，林地、草地总面积615.71万公顷。其中，林地609.36万公顷，草地6.35万公顷。林木覆盖面积625.89万公顷，林木覆盖率59.19%；森林面积598.91万公顷，森林覆盖率56.64%；森林蓄积量37786.63万立方米。草原综合植被盖度74.46%。

一、森林资源

（一）森林资源总量

林地面积609.36万公顷，占国土面积的57.63%。森林面积598.91万公顷，其中，乔木林面积496.07万公顷、占82.83%，竹林88.27万公顷、占14.74%，特灌林14.57万公顷、占2.43%。

活立木蓄积量44252.22万立方米，其中，森林蓄积量37786.63万立方米、占85.39%，疏林蓄积量8.17万立方米、占0.02%，散生木蓄积量3758.29万立方米、占8.49%，四旁树蓄积量2699.13万立方米、占6.10%。

林木总生物量62499.86万吨，其中森林生物量53760.87万吨；林木总碳储量30662.87万吨，其中森林碳储量26342.96万吨。

（二）森林资源构成

1.起源构成

森林面积中，天然林329.83万公顷、占55.07%，人工林269.08万公顷、占44.93%；森林蓄积量中，天然林22191.60万立方米、占58.73%，人工林15595.03万立方米、占41.27%。天然林和人工林按乔木林、竹林、特灌林构成情况见表4-47。

表4-47　天然林和人工林面积构成

类　型	天然林（万公顷）	天然林比例（%）	人工林（万公顷）	人工林比例（%）
合　计	329.83	100.00	269.08	100.00
乔木林	297.96	90.34	198.11	73.62
竹　林	31.86	9.66	56.41	20.96
特灌林	0.01	0.00	14.56	5.42

2.权属构成

森林面积中，国有林33.42万公顷、占5.58%，集体林565.49万公顷、占94.42%；森林蓄积量中，国有林3012.90万立方米、占7.97%，集体林34773.73万立方米、占92.03%。国有林和集体林按乔木林、竹林、特灌林构成情况见表4-48。

表4-48　国有林和集体林面积构成

类　型	国有林（万公顷）	国有林比例（%）	集体林（万公顷）	集体林比例（%）
合　计	33.42	100.00	565.49	100.00
乔木林	31.58	94.49	464.49	82.14
竹　林	1.57	4.70	86.70	15.33
特灌林	0.27	0.81	14.30	2.53

3.类别构成

森林面积中，公益林324.82万公顷、占54.24%，商品林274.09万公顷、占45.76%；森林蓄积量中，公益林23051.08万立方米、占61.00%，商品林14735.55万立方米、占39.00%。公益林和商品林按乔木林、竹林、特灌林构成情况见表4-49。

表4-49 公益林和商品林面积构成

类 型	公益林（万公顷）	公益林比例（%）	商品林（万公顷）	商品林比例（%）
合 计	324.82	100.00	274.09	100.00
乔木林	287.87	88.62	208.20	75.96
竹 林	35.03	10.78	53.24	19.42
特灌林	1.92	0.60	12.65	4.62

4.龄组构成

乔木林面积中，幼龄林210.97万公顷、占42.53%，中龄林135.74万公顷、占27.36%，近熟林、成熟林和过熟林合计149.36万公顷、占30.11%。乔木林分龄组面积蓄积量见表4-50。

表4-50 乔木林分龄组面积蓄积量

龄 组	面积（万公顷）	面积比例（%）	蓄积量（万立方米）	蓄积量比例（%）
合 计	496.07	100.00	37786.63	100.00
幼龄林	210.97	42.53	11486.43	30.40
中龄林	135.74	27.36	10959.12	29.00
近熟林	63.29	12.76	5538.85	14.66
成熟林	65.87	13.28	7264.88	19.23
过熟林	20.20	4.07	2537.35	6.71

（三）森林资源质量

1.乔木林质量

乔木林每公顷蓄积量76.17立方米，每公顷生物量94.31吨，每公顷碳储量46.07吨，平均胸径11.3厘米，平均树高8.9米，平均郁闭度0.64，纯林与混交林比例39∶61。

2.天然乔木林质量

天然乔木林每公顷蓄积量74.48立方米，每公顷生物量97.78吨，每公顷碳储量47.57吨，平均胸径11.1厘米，平均树高9.0米，平均郁闭度0.65，纯林与混交林比例34∶66。

3.人工乔木林质量

人工乔木林每公顷蓄积量78.72立方米，每公顷生物量89.10吨，每公顷碳储量43.82吨，平均胸径11.6厘米，平均树高8.8米，平均郁闭度0.62，纯林与混交林比例46∶54。

二、草原资源

（一）草原资源数量

草地（草原）面积6.35万公顷，草原生物量117.62万吨，碳储量52.93万吨。鲜草年总产量54.86万吨，折合干草年总产量18.32万吨。草原类全部为热性草丛。

（二）草原资源质量

草原综合植被盖度74.46%，单位面积鲜草产量8.64吨/公顷，单位面积干草产量2.89吨/公顷，净初级生产力6.35吨/（公顷·年）。

第十二节　安徽林草资源

安徽省林地、草地总面积413.94万公顷。其中，林地409.15万公顷，草地4.79万公顷。林木覆盖面积426.62万公顷，林木覆盖率30.44%；森林面积393.21万公顷，森林覆盖率28.06%；森林蓄积量25669.44万立方米。草原综合植被盖度77.47%。

一、森林资源

（一）森林资源总量

林地面积409.15万公顷，占国土面积的29.20%。森林面积393.21万公顷，其中，乔木林面积350.44万公顷、占89.12%，竹林38.22万公顷、占9.72%，特灌林4.55万公顷、占1.16%。

活立木蓄积量31399.22万立方米，其中，森林蓄积量25669.44万立方米、占81.75%，疏林蓄积量23.06万立方米、占0.07%，散生木蓄积量1924.52万立方米、占6.13%，四旁树蓄积量3782.20万立方米、占12.05%。

林木总生物量38136.79万吨，其中森林生物量31237.30万吨；林木总碳储量18686.85万吨，其中森林碳储量15342.41万吨。

（二）森林资源构成

1.起源构成

森林面积中，天然林98.24万公顷、占24.98%，人工林294.97万公顷、占75.02%；森林蓄积量中，天然林7035.68万立方米、占27.41%，人工林18633.76万立方米、占72.59%。天然林和人工林按乔木林、竹林、特灌林构成情况见表4-51。

表4-51 天然林和人工林面积构成

类 型	天然林（万公顷）	天然林比例（%）	人工林（万公顷）	人工林比例（%）
合 计	98.24	100.00	294.97	100.00
乔木林	96.06	97.78	254.38	86.24
竹 林	1.97	2.01	36.25	12.29
特灌林	0.21	0.21	4.34	1.47

2.权属构成

森林面积中，国有林38.13万公顷、占9.70%，集体林355.08万公顷、占90.30%；森林蓄积量中，国有林2518.80万立方米、占9.81%，集体林23150.64万立方米、占90.19%。国有林和集体林按乔木林、竹林、特灌林构成情况见表4-52。

表4-52 国有林和集体林面积构成

类 型	国有林（万公顷）	国有林比例（%）	集体林（万公顷）	集体林比例（%）
合 计	38.13	100.00	355.08	100.00
乔木林	36.43	95.54	314.01	88.43
竹 林	1.54	4.04	36.68	10.33
特灌林	0.16	0.42	4.39	1.24

3.类别构成

森林面积中，公益林140.25万公顷、占35.67%，商品林252.96万公顷、占64.33%；森林蓄积量中，公益林10155.70万立方米、占39.56%，商品林15513.74万立方米、占60.44%。公益林和商品林按乔木林、竹林、特灌林构成情况见表4-53。

表4-53 公益林和商品林面积构成

类 型	公益林（万公顷）	公益林比例（%）	商品林（万公顷）	商品林比例（%）
合 计	140.25	100.00	252.96	100.00
乔木林	125.70	89.63	224.74	88.84
竹 林	13.80	9.84	24.42	9.65
特灌林	0.75	0.53	3.80	1.51

4.龄组构成

乔木林面积中，幼龄林124.56万公顷、35.54%，中龄林122.48万公顷、占34.95%，近熟林、成熟林和过熟林合计103.40万公顷、占29.51%。乔木林分龄组面积蓄积量见表4-54。

表4-54　乔木林分龄组面积蓄积量

龄　组	面积（万公顷）	面积比例（%）	蓄积量（万立方米）	蓄积量比例（%）
合　计	350.44	100.00	25669.44	100.00
幼龄林	124.56	35.54	4532.85	17.66
中龄林	122.48	34.95	10343.50	40.29
近熟林	51.00	14.55	4885.78	19.03
成熟林	44.85	12.80	4823.31	18.79
过熟林	7.55	2.16	1084.00	4.23

（三）森林资源质量

1.乔木林质量

乔木林每公顷蓄积量73.25立方米，每公顷生物量80.38吨，每公顷碳储量39.40吨，平均胸径12.6厘米，平均树高9.1米，平均郁闭度0.64，纯林与混交林比例51：49。

2.天然乔木林质量

天然乔木林每公顷蓄积量73.24立方米，每公顷生物量90.28吨，每公顷碳储量43.99吨，平均胸径12.0厘米，平均树高8.9米，平均郁闭度0.67，纯林与混交林比例29：71。

3.人工乔木林质量

人工乔木林每公顷蓄积量73.25立方米，每公顷生物量76.64吨，每公顷碳储量37.67吨，平均胸径12.8厘米，平均树高9.1米，平均郁闭度0.63，纯林与混交林比例59：41。

二、草原资源

（一）草原资源数量

草地（草原）面积4.79万公顷，草原生物量79.55万吨，碳储量35.80万吨。鲜草年总产量37.09万吨，折合干草年总产量12.10万吨。

区域内有暖性草丛、暖性灌草丛、热性草丛和低地草甸4个草原类。各草原类面积及比例见表4-55。

表4-55　各草原类面积及比例

草原类	面积（万公顷）	比例（%）
暖性草丛	2.27	47.39
暖性灌草丛	1.19	24.84
热性草丛	0.89	18.58
低地草甸	0.44	9.19

（二）草原资源质量

草原综合植被盖度77.47%，单位面积鲜草产量7.74吨/公顷，单位面积干草产量2.53吨/公顷，净初级生产力6.24吨/（公顷·年）。

第十三节　福建林草资源

福建省林地、草地总面积888.63万公顷。其中，林地881.14万公顷，草地7.49万公顷。林木覆盖面积863.47万公顷，林木覆盖率69.62%；森林面积807.72万公顷，森林覆盖率65.12%；森林蓄积量80713.30万立方米。草原综合植被盖度77.55%。

一、森林资源

（一）森林资源总量

林地面积881.14万公顷，占国土面积的71.04%。森林面积807.72万公顷，其中，乔木林663.53万公顷、占82.15%，竹林132.95万公顷、占16.46%，特灌林11.24万公顷、占1.39%。

活立木蓄积量90884.95万立方米，其中森林蓄积量80713.30万立方米、占88.81%，疏林蓄积量483.06万立方米、占0.53%，散生木蓄积量7632.50万立方米、占8.40%，四旁树蓄积量2056.09万立方米、占2.26%。

林木总生物量97611.75万吨，其中森林生物量85970.45万吨；林木总碳储量47980.18万吨，其中森林碳储量42251.61万吨。

（二）森林资源构成

1.起源构成

森林面积中，天然林395.48万公顷、占48.96%，人工林412.24万公顷、占51.04%；

森林蓄积量中，天然林39302.95万立方米、占48.69%，人工林41410.35万立方米、占51.31%。天然林和人工林按乔木林、竹林、特灌林构成情况见表4-56。

表4-56　天然林和人工林面积构成

类　型	天然林（万公顷）	天然林比例（%）	人工林（万公顷）	人工林比例（%）
合　计	395.48	100.00	412.24	100.00
乔木林	299.61	75.76	363.92	88.28
竹　林	95.82	24.23	37.13	9.01
特灌林	0.05	0.01	11.19	2.71

2. 权属构成

森林面积中，国有林53.01万公顷、占6.56%，集体林754.71万公顷、占93.44%；森林蓄积量中，国有林6459.27万立方米、占8.00%，集体林74254.03万立方米、占92.00%。国有林和集体林按乔木林、竹林、特灌林构成情况见表4-57。

表4-57　国有林和集体林面积构成

类　型	国有林（万公顷）	国有林比例（%）	集体林（万公顷）	集体林比例（%）
合　计	53.01	100.00	754.71	100.00
乔木林	48.73	91.93	614.80	81.46
竹　林	3.96	7.47	128.99	17.09
特灌林	0.32	0.60	10.92	1.45

3. 类别构成

森林面积中，公益林257.60万公顷、占31.89%，商品林550.12万公顷、占68.11%；森林蓄积量中，公益林26999.93万立方米、占33.45%，商品林53713.37万立方米、占66.55%。公益林和商品林按乔木林、竹林、特灌林构成情况见表4-58。

表4-58　公益林和商品林面积构成

类　型	公益林（万公顷）	公益林比例（%）	商品林（万公顷）	商品林比例（%）
合　计	257.60	100.00	550.12	100.00
乔木林	233.89	90.80	429.64	78.10
竹　林	22.88	8.88	110.07	20.01
特灌林	0.83	0.32	10.41	1.89

4.龄组构成

乔木林面积中，幼龄林116.33万公顷、占17.53%，中龄林266.96万公顷、占40.24%，近熟林、成熟林和过熟林合计280.24万公顷、占42.23%。乔木林分龄组面积蓄积量见表4-59。

表4-59　乔木林分龄组面积蓄积量

龄　组	面积（万公顷）	面积比例（%）	蓄积量（万立方米）	蓄积量比例（%）
合　计	663.53	100.00	80713.30	100.00
幼龄林	116.33	17.53	5692.98	7.05
中龄林	266.96	40.24	29614.31	36.69
近熟林	111.50	16.80	16163.88	20.03
成熟林	140.53	21.18	24018.75	29.76
过熟林	28.21	4.25	5223.38	6.47

（三）森林资源质量

1.乔木林质量

乔木林每公顷蓄积量121.64立方米，每公顷生物量116.41吨，每公顷碳储量57.10吨，平均胸径13.8厘米，平均树高10.8米，平均郁闭度0.64，纯林与混交林比例44：56。

2.天然乔木林质量

天然乔木林每公顷蓄积量131.18立方米，每公顷生物量139.52吨，每公顷碳储量67.75吨，平均胸径14.6厘米，平均树高11.0米，平均郁闭度0.67，纯林与混交林比例26：74。

3.人工乔木林质量

人工乔木林每公顷蓄积量113.79立方米，每公顷生物量97.39吨，每公顷碳储量48.33吨，平均胸径13.2厘米，平均树高10.6米，平均郁闭度0.62，纯林与混交林比例58：42。

二、草原资源

（一）草原资源数量

草地（草原）面积7.49万公顷，草原生物量204.28万吨，碳储量91.92万吨。鲜草年总产量85.89万吨，折合干草年总产量31.25万吨。

草原面积中，面积较大的有热性草丛、热性灌草丛、山地草甸等3类，面积合计占91.99%。各草原类面积及比例见表4-60。

表4-60　各草原类面积及比例

草原类	面积（万公顷）	比例（%）
热性草丛	4.48	59.81
热性灌草丛	1.74	23.23
山地草甸	0.67	8.95
其他	0.60	8.01

（二）草原资源质量

草原综合植被盖度77.55%，单位面积鲜草产量11.47吨/公顷，单位面积干草产量4.17吨/公顷，净初级生产力8.69吨/（公顷·年）。

第十四节　江西林草资源

江西省林地、草地总面积1050.24万公顷。其中，林地1041.37万公顷，草地8.87万公顷。林木覆盖面积1010.92万公顷，林木覆盖率60.56%；森林面积984.50万公顷，森林覆盖率58.97%；森林蓄积量66328.90万立方米。草原综合植被盖度80.53%。

一、森林资源

（一）森林资源总量

林地面积1041.37万公顷，占国土面积的62.38%。森林面积984.50万公顷，其中，乔木林809.52万公顷、占82.23%，竹林122.83万公顷、占12.47%，特灌林52.15万公顷、占5.30%。

活立木蓄积量76919.13万立方米，其中，森林蓄积量66328.90万立方米、占86.23%，疏林蓄积量30.12万立方米、占0.04%，散生木蓄积量7236.54万立方米、占9.41%，四旁树蓄积量3323.57万立方米、占4.32%。

林木总生物量92871.05万吨，其中森林生物量79348.04万吨；林木总碳储量45527.28万吨，其中森林碳储量38876.62万吨。

（二）森林资源构成

1.起源构成

森林面积中，天然林612.09万公顷、占62.17%，人工林372.41万公顷、占37.83%；

森林蓄积量中，天然林39068.54万立方米、占58.90%，人工林27260.36万立方米、占41.10%。天然林和人工林按乔木林、竹林、特灌林构成情况见表4-61。

表4-61 天然林和人工林面积构成

类 型	天然林（万公顷）	天然林比例（%）	人工林（万公顷）	人工林比例（%）
合 计	612.09	100.00	372.41	100.00
乔木林	477.05	77.94	332.47	89.28
竹 林	117.12	19.13	5.71	1.53
特灌林	17.92	2.93	34.23	9.19

2.权属构成

森林面积中，国有林114.35万公顷、占11.62%，集体林870.15万公顷、占88.38%；森林蓄积量中，国有林13452.72万立方米、占20.28%，集体林52876.18万立方米、占79.72%。国有林和集体林按乔木林、竹林、特灌林构成情况见表4-62。

表4-62 国有林和集体林面积构成

类 型	国有林（万公顷）	国有林比例（%）	集体林（万公顷）	集体林比例（%）
合 计	114.35	100.00	870.15	100.00
乔木林	95.66	83.66	713.86	82.04
竹 林	16.53	14.46	106.30	12.22
特灌林	2.16	1.88	49.99	5.74

3.类别构成

森林面积中，公益林339.19万公顷、占34.45%，商品林645.31万公顷、占65.55%；森林蓄积量中，公益林25246.06万立方米、占38.06%，商品林41082.84万立方米、占61.94%。公益林和商品林按乔木林、竹林、特灌林构成情况见表4-63。

表4-63 公益林和商品林面积构成

类 型	公益林（万公顷）	公益林比例（%）	商品林（万公顷）	商品林比例（%）
合 计	339.19	100.00	645.31	100.00
乔木林	290.02	85.50	519.50	80.50
竹 林	39.75	11.72	83.08	12.87
特灌林	9.42	2.78	42.73	6.63

4.龄组构成

乔木林面积中，幼龄林348.54万公顷、占43.06%，中龄林338.77万公顷、占41.85%，近熟林、成熟林和过熟林合计122.21万公顷、占15.09%。乔木林分龄组面积蓄积量见表4-64。

表4-64 乔木林分龄组面积蓄积量

龄　组	面积（万公顷）	面积比例（%）	蓄积量（万立方米）	蓄积量比例（%）
合　计	809.52	100.00	66328.90	100.00
幼龄林	348.54	43.06	20390.53	30.74
中龄林	338.77	41.85	31646.37	47.71
近熟林	69.02	8.53	7150.86	10.78
成熟林	49.22	6.08	6456.65	9.73
过熟林	3.97	0.48	684.49	1.04

（三）森林资源质量

1.乔木林质量

乔木林每公顷蓄积量81.94立方米，每公顷生物量89.30吨，每公顷碳储量43.66吨，平均胸径12.4厘米，平均树高8.6米，平均郁闭度0.61，纯林与混交林比例49：51。

2.天然乔木林质量

天然乔木林每公顷蓄积量81.90立方米，每公顷生物量98.60吨，每公顷碳储量48.06吨，平均胸径12.7厘米，平均树高8.9米，平均郁闭度0.63，纯林与混交林比例37：63。

3.人工乔木林质量

人工乔木林每公顷蓄积量81.99立方米，每公顷生物量75.95吨，每公顷碳储量37.35吨，平均胸径12.1厘米，平均树高8.3米，平均郁闭度0.58，纯林与混交林比例67：33。

二、草原资源

（一）草原资源数量

草地（草原）面积8.87万公顷，草原生物量188.08万吨，碳储量84.63万吨。鲜草年总产量81.52万吨，折合干草年总产量25.67万吨。

草原面积中，面积较大的有低地草甸、热性灌草丛、热性草丛等3类，面积合计占96.50%。各草原类面积及比例见表4-65。

表4-65 各草原类面积及比例

草原类	面积（万公顷）	比例（%）
低地草甸	4.46	50.27
热性灌草丛	2.65	29.88
热性草丛	1.45	16.35
其他	0.31	3.50

（二）草原资源质量

草原综合植被盖度80.53%，单位面积鲜草产量9.19吨/公顷，单位面积干草产量2.89吨/公顷，净初级生产力6.74吨/（公顷·年）。

第十五节 山东林草资源

山东省林草资源丰富，林地、草地总面积284.05万公顷。其中，林地260.53万公顷，草地23.52万公顷。林木覆盖面积320.61万公顷，林木覆盖率20.28%；森林面积223.81万公顷，森林覆盖率14.16%；森林蓄积量7672.41万立方米。草原综合植被盖度74.73%。

一、森林资源

（一）森林资源总量

林地面积260.53万公顷，占国土面积的16.48%。森林面积223.81万公顷，其中，乔木林205.94万公顷、占92.02%，竹林0.10万公顷、占0.04%，特灌林17.77万公顷、占7.94%。

活立木蓄积量14254.57万立方米，其中，森林蓄积量7672.41万立方米、占53.82%，疏林蓄积量49.70万立方米、占0.35%，散生木蓄积量1401.60万立方米、占9.84%，四旁树蓄积量5130.86万立方米、占35.99%。

林木总生物量15347.47万吨，其中森林生物量8621.41万吨；林木总碳储量7385.69万吨，其中森林碳储量4166.77万吨。

（二）森林资源构成

1.起源构成

森林面积中，天然林0.84万公顷、占0.38%，人工林222.97万公顷、占99.62%；森林蓄积量中，天然林65.86万立方米、占0.86%，人工林7606.55万立方米、占99.14%。天然林和人工林按乔木林、竹林、特灌林构成情况见表4-66。

表4-66 天然林和人工林面积构成

类型	天然林（万公顷）	天然林比例（%）	人工林（万公顷）	人工林比例（%）
合计	0.84	100.00	222.97	100.00
乔木林	0.84	100.00	205.10	91.99
竹林	0.00	0.00	0.10	0.04
特灌林	0.00	0.00	17.77	7.97

2. 权属构成

森林面积中，国有林25.60万公顷、占11.44%，集体林198.21万公顷、占88.56%；森林蓄积量中，国有林1169.07万立方米、占15.24%，集体林6503.34万立方米、占84.76%。国有林和集体林按乔木林、竹林、特灌林构成情况见表4-67。

表4-67 国有林和集体林面积构成

类型	国有林（万公顷）	国有林比例（%）	集体林（万公顷）	集体林比例（%）
合计	25.60	100.00	198.21	100.00
乔木林	25.29	98.79	180.65	91.14
竹林	0.01	0.04	0.09	0.05
特灌林	0.30	1.17	17.47	8.81

3. 类别构成

森林面积中，公益林87.16万公顷、占38.94%，商品林136.65万公顷、占61.06%；森林蓄积量中，公益林2937.05万立方米、占38.28%，商品林4735.36万立方米、占61.72%。公益林和商品林按乔木林、竹林、特灌林构成情况见表4-68。

表4-68 公益林和商品林面积构成

类型	公益林（万公顷）	公益林比例（%）	商品林（万公顷）	商品林比例（%）
合计	87.16	100.00	136.65	100.00
乔木林	86.38	99.11	119.56	87.49
竹林	0.02	0.02	0.08	0.06
特灌林	0.76	0.87	17.01	12.45

4.龄组构成

乔木林面积中，幼龄林109.20万公顷、占53.03%，中龄林53.26万公顷、占25.86%，近熟林、成熟林和过熟林合计43.48万公顷、占21.11%。乔木林分龄组面积蓄积量见表4-69。

表4-69 乔木林分龄组面积蓄积量

龄 组	面积（万公顷）	面积比例（%）	蓄积量（万立方米）	蓄积量比例（%）
合 计	205.94	100.00	7672.41	100.00
幼龄林	109.20	53.03	2968.41	38.69
中龄林	53.26	25.86	2468.13	32.17
近熟林	13.66	6.63	575.83	7.51
成熟林	21.48	10.43	1126.81	14.69
过熟林	8.34	4.05	533.23	6.94

（三）森林资源质量

1.乔木林质量

乔木林每公顷蓄积量37.26立方米，每公顷生物量41.36吨，每公顷碳储量19.98吨，平均胸径12.7厘米，平均树高9.4米，平均郁闭度0.60，纯林与混交林比例88：12。

2.天然乔木林质量

天然乔木林每公顷蓄积量78.40立方米，每公顷生物量103.36吨，每公顷碳储量50.65吨，平均胸径11.0厘米，平均树高6.5米，平均郁闭度0.55，纯林与混交林比例90：10。

3.人工乔木林质量

人工乔木林每公顷蓄积量37.09立方米，每公顷生物量41.11吨，每公顷碳储量19.86吨，平均胸径12.8厘米，平均树高9.5米，平均郁闭度0.60，纯林与混交林比例88：12。

二、草原资源

（一）草原资源数量

草地（草原）面积23.52万公顷，草原生物量330.94万吨，碳储量148.92万吨。鲜草年总产量145.60万吨，折合干草年总产量46.00万吨。

草原面积中，面积较大的有低地草甸，面积占43.15%。各草原类面积及比例见表4-70。

表4-70　各草原类面积及比例

草原类	面积（万公顷）	比例（%）
低地草甸	10.15	43.15
暖性灌草丛	6.82	29.00
暖性草丛	6.55	27.85

（二）草原资源质量

草原综合植被盖度74.73%，单位面积鲜草产量6.19万吨/公顷，单位面积干草产量1.96万吨/公顷，净初级生产力4.5吨/（公顷·年）。

第十六节　河南林草资源

河南省林地、草地总面积465.33万公顷。其中，林地439.63万公顷，草地25.70万公顷。林木覆盖面积406.47万公顷，林木覆盖率24.54%；森林面积350.28万公顷，森林覆盖率21.14%；森林蓄积量17731.81万立方米。草原综合植被盖度64.32%。

一、森林资源

（一）森林资源总量

林地面积439.63万公顷，占国土面积的26.54%。森林面积350.28万公顷，其中，乔木林345.73万公顷、占98.70%，竹林1.08万公顷、占0.31%，特灌林3.47万公顷、占0.99%。

活立木蓄积量27982.63万立方米，其中，森林蓄积量17731.81万立方米、占63.37%，疏林蓄积量34.33万立方米、占0.12%，散生木蓄积量2087.39万立方米、占7.46%，四旁树蓄积量8129.10万立方米、占29.05%。

林木总生物量34189.79万吨，其中森林生物量22717.04万吨；林木总碳储量16488.78万吨，其中森林碳储量10992.11万吨。

（二）森林资源构成

1.起源构成

森林面积中，天然林163.07万公顷、占46.55%，人工林187.21万公顷、占53.45%；森林蓄积量中，天然林10293.95万立方米、占58.05%，人工林7437.86万立方米、占

41.95%。天然林和人工林按乔木林、竹林、特灌林构成情况见表4-71。

表4-71 天然林和人工林面积构成

类型	天然林（万公顷）	天然林比例（%）	人工林（万公顷）	人工林比例（%）
合计	163.07	100.00	187.21	100.00
乔木林	162.34	99.55	183.39	97.96
竹林	0.35	0.21	0.73	0.39
特灌林	0.38	0.24	3.09	1.65

2.权属构成

森林面积中，国有林36.38万公顷、占10.39%，集体林313.90万公顷、占89.61%；森林蓄积量中，国有林2794.25万立方米、占15.76%，集体林14937.56万立方米、占84.24%。国有林和集体林按乔木林、竹林、特灌林构成情况见表4-72。

表4-72 国有林和集体林面积构成

类型	国有林（万公顷）	国有林比例（%）	集体林（万公顷）	集体林比例（%）
合计	36.38	100.00	313.90	100.00
乔木林	36.23	99.59	309.50	98.60
竹林	0.08	0.22	1.00	0.32
特灌林	0.07	0.19	3.40	1.08

3.类别构成

森林面积中，公益林193.73万公顷、占55.31%，商品林156.55万公顷、占44.69%；森林蓄积量中，公益林10698.27万立方米、占60.33%，商品林7033.54万立方米、占39.67%。公益林和商品林按乔木林、竹林、特灌林构成情况见表5-73。

表4-73 公益林和商品林面积构成

类型	公益林（万公顷）	公益林比例（%）	商品林（万公顷）	商品林比例（%）
合计	193.73	100.00	156.55	100.00
乔木林	192.83	99.54	152.90	97.67
竹林	0.48	0.25	0.60	0.38
特灌林	0.42	0.21	3.05	1.95

4.龄组构成

乔木林面积中，幼龄林201.54万公顷、占58.29%，中龄林80.31万公顷、占23.23%，近熟林、成熟林和过熟林合计63.88万公顷、占18.48%。乔木林分龄组面积蓄积量见表4-74。

表4-74 乔木林分龄组面积蓄积量

龄 组	面积（万公顷）	面积比例（%）	蓄积量（万立方米）	蓄积量比例（%）
合 计	345.73	100.00	17731.81	100.00
幼龄林	201.54	58.29	7713.22	43.50
中龄林	80.31	23.23	5421.91	30.58
近熟林	40.31	11.66	2789.93	15.73
成熟林	20.43	5.91	1559.39	8.79
过熟林	3.14	0.91	247.36	1.40

（三）森林资源质量

1.乔木林质量

乔木林每公顷蓄积量51.29立方米，每公顷生物量65.24吨，每公顷碳储量31.56吨，平均胸径13.1厘米，平均树高9.7米，平均郁闭度0.64，纯林与混交林比例62：38。

2.天然乔木林质量

天然乔木林每公顷蓄积量63.41立方米，每公顷生物量86.87吨，每公顷碳储量42.02吨，平均胸径12.7厘米，平均树高9.4米，平均郁闭度0.68，纯林与混交林比例53：47。

3.人工乔木林质量

人工乔木林每公顷蓄积量40.56立方米，每公顷生物量46.10吨，每公顷碳储量22.31吨，平均胸径13.6厘米，平均树高10.1米，平均郁闭度0.60，纯林与混交林比例70：30。

二、草原资源

（一）草原资源数量

草地（草原）面积25.70万公顷，草原生物量341.91万吨，碳储量153.86万吨。鲜草年总产量161.92万吨，折合干草年总产量53.26万吨。草原面积中，暖性草丛、热性草丛、暖性灌草丛占绝大多数，面积合计占99.93%。各草原类面积及比例见表4-75。

表4-75 各草原类面积及比例

草原类	面积（万公顷）	比例（%）
暖性草丛	16.25	63.23
热性草丛	5.73	22.30
暖性灌草丛	3.70	14.40
温性草原	0.02	0.07

（二）草原资源质量

草原综合植被盖度64.32%，单位面积鲜草产量6.30吨/公顷，单位面积干草产量2.07吨/公顷，净初级生产力5.54吨/（公顷·年）。

第十七节 湖北林草资源

湖北省林草资源丰富，林地、草地总面积936.95万公顷。其中，林地928.01万公顷，草地8.94万公顷。林木覆盖面积875.91万公顷，林木覆盖率47.11%；森林面积782.97万公顷，森林覆盖率42.11%；森林蓄积量48336.09万立方米。草原综合植被盖度82.50%。

一、森林资源

（一）森林资源总量

林地面积928.01万公顷，占国土面积的49.91%。森林面积782.97万公顷，其中，乔木林763.09万公顷、占97.46%，竹林11.24万公顷、占1.44%，特灌林8.64万公顷、占1.10%。

活立木蓄积量53698.23万立方米，其中，森林蓄积量48336.09万立方米、占90.01%，疏林蓄积量11.74万立方米、占0.02%，散生木蓄积量1889.01万立方米、占3.52%，四旁树蓄积量3461.39万立方米、占6.45%。

林木总生物量68476.10万吨，其中森林生物量60931.58万吨；林木总碳储量33871.55万吨，其中森林碳储量30154.68万吨。

（二）森林资源构成

1.起源构成

森林面积中，天然林492.25万公顷、占62.87%，人工林290.72万公顷、占37.13%；

森林蓄积量中，天然林31617.77万立方米、占65.41%，人工林16718.32万立方米、占34.59%。天然林和人工林按乔木林、竹林、特灌林构成情况见表4-76。

表4-76 天然林和人工林面积构成

类 型	天然林（万公顷）	天然林比例（%）	人工林（万公顷）	人工林比例（%）
合 计	492.25	100.00	290.72	100.00
乔木林	491.30	99.81	271.79	93.49
竹 林	0.90	0.18	10.34	3.56
特灌林	0.05	0.01	8.59	2.95

2.权属构成

森林面积中，国有林53.88万公顷、占6.88%，集体林729.09万公顷、占93.12%；森林蓄积量中，国有林5538.99万立方米、占11.46%，集体林42797.10万立方米、占88.54%。国有林和集体林按乔木林、竹林、特灌林构成情况见表4-77。

表4-77 国有林和集体林面积构成

类 型	国有林（万公顷）	国有林比例（%）	集体林（万公顷）	集体林比例（%）
合 计	53.88	100.00	729.09	100.00
乔木林	53.15	98.64	709.94	97.37
竹 林	0.59	1.10	10.65	1.46
特灌林	0.14	0.26	8.50	1.17

3.类别构成

森林面积中，公益林285.19万公顷、占36.42%，商品林497.78万公顷、占63.58%；森林蓄积量中，公益林21716.36万立方米、占44.93%，商品林26619.73万立方米、占55.07%。公益林和商品林按乔木林、竹林、特灌林构成情况见表4-78。

表4-78 公益林和商品林面积构成

类 型	公益林（万公顷）	公益林比例（%）	商品林（万公顷）	商品林比例（%）
合 计	285.19	100.00	497.78	100.00
乔木林	281.21	98.60	481.88	96.81
竹 林	3.11	1.09	8.13	1.63
特灌林	0.87	0.31	7.77	1.56

4.龄组构成

乔木林面积中，幼龄林470.19万公顷、占61.62%，中龄林187.12万公顷、占24.52%，近熟林、成熟林和过熟林合计105.78万公顷、占13.86%。乔木林分龄组面积蓄积量见表4-79。

表4-79 乔木林分龄组面积蓄积量

龄 组	面积（万公顷）	面积比例（%）	蓄积量（万立方米）	蓄积量比例（%）
合 计	763.09	100.00	48336.09	100.00
幼龄林	470.19	61.62	21308.16	44.08
中龄林	187.12	24.52	15665.43	32.41
近熟林	67.47	8.84	6358.99	13.16
成熟林	33.36	4.37	3952.02	8.18
过熟林	4.95	0.65	1051.49	2.17

（三）森林资源质量

1.乔木林质量

乔木林每公顷蓄积量63.64立方米，每公顷生物量78.32吨，每公顷碳储量38.75吨，平均胸径12.7厘米，平均树高9.5米，平均郁闭度0.62，纯林与混交林比例40：60。

2.天然乔木林质量

天然乔木林每公顷蓄积量64.36立方米，每公顷生物量81.42吨，每公顷碳储量40.17吨，平均胸径12.7厘米，平均树高9.6米，平均郁闭度0.63，纯林与混交林比例31：69。

3.人工乔木林质量

人工乔木林每公顷蓄积量61.51立方米，每公顷生物量72.71吨，每公顷碳储量36.19吨，平均胸径12.7厘米，平均树高9.3米，平均郁闭度0.60，纯林与混交林比例56：44。

二、草原资源

（一）草原资源数量

草地（草原）面积8.94万公顷，草原生物量153.93万吨，碳储量69.27万吨。鲜草年总产量72.55万吨，折合干草年总产量23.77万吨。

草原面积中，面积较大的有热性草丛、热性灌草丛等2类，面积合计占93.17%。各草原类面积及比例见表4-80。

表4-80　各草原类面积及比例

草原类	面积（万公顷）	比例（%）
热性草丛	7.28	81.43
热性灌草丛	1.05	11.74
暖性草丛	0.21	2.35
山地草甸类	0.15	1.68
低地草甸类	0.15	1.68
暖性灌草丛	0.10	1.12

（二）草原资源质量

草原综合植被盖度82.50%，草群平均高55.8厘米，单位面积鲜草产量8.12吨/公顷，单位面积干草产量2.66吨/公顷，净初级生产力6.69吨/（公顷·年）。

第十八节　湖南林草资源

湖南省林草资源丰富，林地、草地总面积1285.76万公顷。其中，林地1271.71万公顷，草地14.05万公顷。林木覆盖面积1232.65万公顷，林木覆盖率58.19%；森林面积1123.44万公顷，森林覆盖率53.03%；森林蓄积量58037.93万立方米。草原综合植被盖度86.30%。

一、森林资源

（一）森林资源总量

林地面积1271.71万公顷，占国土面积的60.03%。森林面积1123.44万公顷，其中，乔木林924.84万公顷、占82.32%，竹林121.69万公顷、占10.83%，特灌林76.91万公顷、占6.85%。

活立木蓄积量67583.50万立方米，其中，森林蓄积量58037.93万立方米、占85.88%，疏林蓄积量63.08万立方米、占0.09%，散生木蓄积量5679.65万立方米、占8.40%，四旁树蓄积量3802.84万立方米、占5.63%。

林木总生物量80791.36万吨，其中森林生物量67974.77万吨；林木总碳储量39981.62万吨，其中森林碳储量33611.44万吨。

（二）森林资源构成

1.起源构成

森林面积中，天然林400.69万公顷、占35.67%，人工林722.75万公顷、占64.33%；森林蓄积量中，天然林20639.10万立方米、占35.56%，人工林37398.83万立方米、占64.44%。天然林和人工林按乔木林、竹林、特灌林构成情况见表4-81。

表4-81　天然林和人工林面积构成

类　型	天然林（万公顷）	天然林比例（%）	人工林（万公顷）	人工林比例（%）
合　计	400.69	100.00	722.75	100.00
乔木林	309.74	77.30	615.10	85.10
竹　林	90.49	22.58	31.20	4.32
特灌林	0.46	0.12	76.45	10.58

2.权属构成

森林面积中，国有林59.39万公顷、占5.29%，集体林1064.05万公顷、占94.71%；森林蓄积量中，国有林5656.02万立方米、占9.75%，集体林52381.91万立方米、占90.25%。国有林和集体林按乔木林、竹林、特灌林构成情况见表4-82。

表4-82　国有林和集体林面积构成

类　型	国有林（万公顷）	国有林比例（%）	集体林（万公顷）	集体林比例（%）
合　计	59.39	100.00	1064.05	100.00
乔木林	53.43	89.97	871.41	81.90
竹　林	4.86	8.18	116.83	10.98
特灌林	1.10	1.85	75.81	7.12

3.类别构成

森林面积中，公益林411.80万公顷、占36.66%，商品林711.64万公顷、占63.34%；森林蓄积量中，公益林23358.26万立方米、占40.25%，商品林34679.67万立方米、占59.75%。公益林和商品林按乔木林、竹林、特灌林构成情况见表4-83。

表4-83 公益林和商品林面积构成

类 型	公益林（万公顷）	公益林比例（%）	商品林（万公顷）	商品林比例（%）
合 计	411.80	100.00	711.64	100.00
乔木林	346.25	84.08	578.59	81.30
竹 林	52.39	12.72	69.30	9.74
特灌林	13.16	3.20	63.75	8.96

4.龄组构成

乔木林面积中，幼龄林434.50万公顷、占46.98%，中龄林321.06万公顷、占34.72%，近熟林、成熟林和过熟林合计169.28万公顷、占18.30%。乔木林分龄组面积蓄积量见表4-84。

表4-84 乔木林分龄组面积蓄积量

龄 组	面积（万公顷）	面积比例（%）	蓄积量（万立方米）	蓄积量比例（%）
合 计	924.84	100.00	58037.93	100.00
幼龄林	434.50	46.98	14700.00	25.33
中龄林	321.06	34.72	24056.63	41.45
近熟林	96.45	10.43	9448.11	16.28
成熟林	59.50	6.43	6948.86	11.97
过熟林	13.33	1.44	2884.33	4.97

（三）森林资源质量

1.乔木林质量

乔木林每公顷蓄积量62.75立方米，每公顷生物量66.38吨，每公顷碳储量32.78吨，平均胸径12.7厘米，平均树高8.9米，平均郁闭度0.53，纯林与混交林比例48∶52。

2.天然乔木林质量

天然乔木林每公顷蓄积量66.63立方米，每公顷生物量76.73吨，每公顷碳储量37.67吨，平均胸径12.9厘米，平均树高9.0米，平均郁闭度0.54，纯林与混交林比例30∶70。

3.人工乔木林质量

人工乔木林每公顷蓄积量60.80立方米，每公顷生物量61.16吨，每公顷碳储量30.32吨，平均胸径12.7厘米，平均树高8.9米，平均郁闭度0.52，纯林与混交林比例57∶43。

二、草原资源

（一）草原资源数量

草地（草原）面积14.05万公顷，草原生物量266.66万吨，碳储量120万吨。鲜草年总产量126.02万吨，折合干草年总产量40.88万吨。

草原面积中，面积较大的有热性草丛、热性灌草丛等2类，面积合计占92.67%。各草原类面积及比例见表4-85。

表4-85　各草原类面积及比例

草原类	面积（万公顷）	比例（%）
热性草丛	8.10	57.65
热性灌草丛	4.92	35.02
低地草甸类	0.69	4.91
山地草甸类	0.18	1.28
暖性灌草丛	0.15	1.07
人工草地	0.01	0.07

（二）草原资源质量

草原综合植被盖度86.30%，草群平均高78.7厘米，单位面积鲜草产量8.97吨/公顷，单位面积干草产量2.91吨/公顷，净初级生产力6.79吨/（公顷·年）。

第十九节　广东林草资源

广东省林草资源丰富，林地、草地总面积1103.10万公顷。其中，林地1079.25万公顷，草地23.85万公顷。林木覆盖面积1011.25万公顷，林木覆盖率56.25%；森林面积953.29万公顷，森林覆盖率53.03%；森林蓄积量57811.71万立方米。草原综合植被盖度79.30%。

一、森林资源

（一）森林资源总量

林地面积1079.25万公顷，占国土面积的60.03%。森林面积953.29万公顷，其中，乔木林889.54万公顷、占93.31%，竹林58.97万公顷、占6.19%，特灌林4.78万公顷、占0.50%。

活立木蓄积量63017.19万立方米，其中，森林蓄积量57811.71万立方米、占91.74%，疏林蓄积量72.26万立方米、占0.11%，散生木蓄积量3330.95万立方米、占5.29%，四旁树蓄积量1802.27万立方米、占2.86%。

林木总生物量70348.98万吨，其中森林生物量63616.54万吨；林木总碳储量34946.65万吨，其中森林碳储量31579.28万吨。

（二）森林资源构成

1.起源构成

森林面积中，天然林237.96万公顷、占24.96%，人工林715.33万公顷、占75.04%；森林蓄积量中，天然林22069.28万立方米、占38.17%，人工林35742.43万立方米、占61.83%。天然林和人工林按乔木林、竹林、特灌林构成情况见表4-86。

表4-86　天然林和人工林面积构成

类　型	天然林（万公顷）	天然林比例（%）	人工林（万公顷）	人工林比例（%）
合　计	237.96	100.00	715.33	100.00
乔木林	228.91	96.20	660.63	92.35
竹　林	8.86	3.72	50.11	7.01
特灌林	0.19	0.08	4.59	0.64

2.权属构成

森林面积中，国有林108.67万公顷、占11.40%，集体林844.62万公顷、占88.60%；森林蓄积量中，国有林7917.93万立方米、占13.70%，集体林49893.78万立方米、占86.30%。国有林和集体林按乔木林、竹林、特灌林构成情况见表4-87。

表4-87　国有林和集体林面积构成

类　型	国有林（万公顷）	国有林比例（%）	集体林（万公顷）	集体林比例（%）
合　计	108.67	100.00	844.62	100.00
乔木林	104.45	96.12	785.09	92.95
竹　林	3.32	3.05	55.65	6.59
特灌林	0.90	0.83	3.88	0.46

3.类别构成

森林面积中，公益林403.50万公顷、占42.33%，商品林549.79万公顷、占57.67%；

森林蓄积量中，公益林31342.83万立方米、占54.22%，商品林26468.88万立方米、占45.78%。公益林和商品林按乔木林、竹林、特灌林构成情况见表4-88。

表4-88 公益林和商品林面积构成

类型	公益林（万公顷）	公益林比例（%）	商品林（万公顷）	商品林比例（%）
合计	403.50	100.00	549.79	100.00
乔木林	382.69	94.84	506.85	92.19
竹林	18.47	4.58	40.50	7.37
特灌林	2.34	0.58	2.44	0.44

4.龄组构成

乔木林面积中，幼龄林451.73万公顷、占50.78%，中龄林279.02万公顷、占31.37%，近熟林、成熟林和过熟林合计158.79万公顷、占17.85%。乔木林分龄组面积蓄积量见表4-89。

表4-89 乔木林分龄组面积蓄积量

龄组	面积（万公顷）	面积比例（%）	蓄积量（万立方米）	蓄积量比例（%）
合计	889.54	100.00	57811.71	100.00
幼龄林	451.73	50.78	19395.65	33.55
中龄林	279.02	31.37	23507.99	40.66
近熟林	99.76	11.21	9043.45	15.64
成熟林	42.24	4.75	4119.45	7.13
过熟林	16.79	1.89	1745.17	3.02

（三）森林资源质量

1.乔木林质量

乔木林每公顷蓄积量64.99立方米，每公顷生物量68.71吨，每公顷碳储量34.10吨，平均胸径11.9厘米，平均树高9.7米，平均郁闭度0.54，纯林与混交林比例54：46。

2.天然乔木林质量

天然乔木林每公顷蓄积量96.41立方米，每公顷生物量105.06吨，每公顷碳储量51.49吨，平均胸径12.5厘米，平均树高10.4米，平均郁闭度0.62，纯林与混交林比例27：73。

3. 人工乔木林质量

人工乔木林每公顷蓄积量54.10立方米，每公顷生物量56.11吨，每公顷碳储量28.07吨，平均胸径11.6厘米，平均树高9.3米，平均郁闭度0.51，纯林与混交林比例63：37。

二、草原资源

（一）草原资源数量

草地（草原）面积23.85万公顷，草原生物量427.41万吨，碳储量192.33万吨。鲜草年总产量202.24万吨，折合干草年总产量66.46万吨。

草原面积中，面积最大的热性草丛23.25万公顷、占97.48%，其他草原类面积0.60万公顷、占2.52%。各草原类面积及比例见表4-90。

表4-90　各草原类面积及比例

草原类	面积（万公顷）	比例（%）
热性草丛	23.25	97.48
热性灌草丛	0.43	1.81
低地草甸类	0.13	0.55
山地草甸类	0.02	0.08
暖性草丛	0.02	0.08

（二）草原资源质量

草原综合植被盖度79.30%，草群平均高60.50厘米，单位面积鲜草产量8.48吨/公顷，单位面积干草产量2.79吨/公顷，净初级生产力7.29吨/（公顷·年）。

第二十节　广西壮族林草资源

广西壮族自治区林草资源丰富，林地、草地总面积1637.14万公顷。其中，林地1609.52万公顷，草地27.62万公顷。林木覆盖面积1460.36万公顷，林木覆盖率61.45%；森林面积1181.30万公顷，森林覆盖率49.70%；森林蓄积量85953.26万立方米。草原综合植被盖度82.82%。

一、森林资源

（一）森林资源总量

林地面积1609.52万公顷，占国土面积的67.72%。森林面积1181.30万公顷，其中，乔木林1117.22万公顷、占94.58%，竹林46.44万公顷、占3.93%，特灌林17.64万公顷、占1.49%。

活立木蓄积量99004.84万立方米，其中，森林蓄积量85953.26万立方米、占86.82%，疏林蓄积量35.20万立方米、占0.04%，散生木蓄积量9508.12万立方米、占9.60%，四旁树蓄积量3508.26万立方米、占3.54%。

林木总生物量107461.39万吨，其中森林生物量91255.51万吨；林木总碳储量53688.41万吨，其中森林碳储量45628.21万吨。

（二）森林资源构成

1.起源构成

森林面积中，天然林311.94万公顷、占26.41%，人工林869.36万公顷、占73.59%；森林蓄积量中，天然林23651.75万立方米、占27.52%，人工林62301.51万立方米、占72.48%。天然林和人工林按乔木林、竹林、特灌林构成情况见表4-91。

表4-91 天然林和人工林面积构成

类 型	天然林（万公顷）	天然林比例（%）	人工林（万公顷）	人工林比例（%）
合 计	311.94	100.00	869.36	100.00
乔木林	309.04	99.07	808.18	92.96
竹 林	2.26	0.72	44.18	5.08
特灌林	0.64	0.21	17.00	1.96

2.权属构成

森林面积中，国有林110.64万公顷、占9.37%，集体林1070.66万公顷、占90.63%；森林蓄积量中，国有林9620.07万立方米、占11.19%，集体林76333.19万立方米、占88.81%。国有林和集体林按乔木林、竹林、特灌林构成情况见表4-92。

表4-92 国有林和集体林面积构成

类 型	国有林（万公顷）	国有林比例（%）	集体林（万公顷）	集体林比例（%）
合 计	110.64	100.00	1070.66	100.00
乔木林	107.08	96.78	1010.14	94.35
竹 林	2.10	1.90	44.34	4.14
特灌林	1.46	1.32	16.18	1.51

3.类别构成

森林面积中，公益林296.23万公顷、占25.08%，商品林885.07万公顷、占74.92%；森林蓄积量中，公益林22783.06万立方米、占26.51%，商品林63170.20万立方米、占73.49%。公益林和商品林按乔木林、竹林、特灌林构成情况见表4-93。

表4-93　公益林和商品林面积构成

类　型	公益林（万公顷）	公益林比例（%）	商品林（万公顷）	商品林比例（%）
合　计	296.23	100.00	885.07	100.00
乔木林	278.22	93.92	839.00	94.80
竹　林	15.88	5.36	30.56	3.45
特灌林	2.13	0.72	15.51	1.75

4.龄组构成

乔木林面积中，幼龄林497.59万公顷、占44.54%，中龄林410.17万公顷、占36.71%，近熟林、成熟林和过熟林合计209.46万公顷、占18.75%。乔木林分龄组面积蓄积量见表4-94。

表4-94　乔木林分龄组面积蓄积量

龄　组	面积（万公顷）	面积比例（%）	蓄积量（万立方米）	蓄积量比例（%）
合　计	1117.22	100.00	85953.26	100.00
幼龄林	497.59	44.54	21849.37	25.42
中龄林	410.17	36.71	39433.73	45.88
近熟林	111.26	9.96	12949.19	15.07
成熟林	79.36	7.10	9682.29	11.26
过熟林	18.84	1.69	2038.68	2.37

（三）森林资源质量

1.乔木林质量

乔木林每公顷蓄积量76.93立方米，每公顷生物量79.61吨，每公顷碳储量39.81吨，平均胸径12.2厘米，平均树高9.7米，平均郁闭度0.59，纯林与混交林比例62：38。

2.天然乔木林质量

天然乔木林每公顷蓄积量76.53立方米，每公顷生物量87.55吨，每公顷碳储量42.79

吨，平均胸径12.9厘米，平均树高9.6米，平均郁闭度0.62，纯林与混交林比例22：78。

3. 人工乔木林质量

人工乔木林每公顷蓄积量77.09立方米，每公顷生物量76.58吨，每公顷碳储量38.66吨，平均胸径12.0厘米，平均树高9.7米，平均郁闭度0.59，纯林与混交林比例77：23。

二、草原资源

（一）草原资源数量

草地（草原）面积27.62万公顷，草原生物量508.82万吨，碳储量228.97万吨。鲜草年总产量242.54万吨，折合干草年总产量79.25万吨。

草原面积中，面积较大的有热性灌草丛、热性草丛等2类，面积合计占99.78%。各草原类面积及比例见表4-95。

表4-95 各草原类面积及比例

草原类	面积（万公顷）	比例（%）
热性灌草丛	21.68	78.49
热性草丛	5.88	21.29
人工草地	0.04	0.14
暖性草丛	0.01	0.04
暖性灌草丛	0.01	0.04

（二）草原资源质量

草原综合植被盖度82.82%，草群平均高65.2厘米，单位面积鲜草产量8.78吨/公顷，单位面积干草产量2.87吨/公顷，净初级生产力8.01吨/（公顷·年）。

第二十一节 海南林草资源

海南省林草资源丰富，林地、草地总面积119.12万公顷。其中，林地117.41万公顷，草地1.71万公顷。林木覆盖面积223.82万公顷，林木覆盖率63.74%；森林面积169.47万公顷，森林覆盖率48.26%；森林蓄积量15493.33万立方米。草原综合植被盖度87.02%。

一、森林资源

（一）森林资源总量

林地面积117.41万公顷，占国土面积的33.44%。森林面积169.47万公顷，其中，乔木林167.24万公顷、占98.68%，竹林1.10万公顷、占0.65%，特灌林1.13万公顷、占0.67%。

活立木蓄积量17468.64万立方米，其中，森林蓄积量15493.33万立方米、占88.69%，疏林蓄积量1.58万立方米、占0.01%，散生木蓄积量1528.35万立方米、占8.75%，四旁树蓄积量445.38万立方米、占2.55%。

林木总生物量18521.52万吨，其中森林生物量16380.41万吨；林木总碳储量9095.90万吨，其中森林碳储量8040.31万吨。

（二）森林资源构成

1.起源构成

森林面积中，天然林59.00万公顷、占34.81%，人工林110.47万公顷、占65.19%；森林蓄积量中，天然林7664.89万立方米、占49.47%，人工林7828.44万立方米、占50.53%。天然林和人工林按乔木林、竹林、特灌林构成情况见表4-96。

表4-96　天然林和人工林面积构成

类　型	天然林（万公顷）	天然林比例（%）	人工林（万公顷）	人工林比例（%）
合　计	59.00	100.00	110.47	100.00
乔木林	58.60	99.32	108.64	98.34
竹　林	0.00	0.00	1.10	1.00
特灌林	0.40	0.68	0.73	0.66

2.权属构成

森林面积中，国有林98.69万公顷、占58.23%，集体林70.78万公顷、占41.77%；森林蓄积量中，国有林10628.25万立方米、占68.60%，集体林4865.08万立方米、占31.40%。国有林和集体林按乔木林、竹林、特灌林构成情况见表4-97。

表4-97 国有林和集体林面积构成

类　型	国有林（万公顷）	国有林比例（%）	集体林（万公顷）	集体林比例（%）
合　计	98.69	100.00	70.78	100.00
乔木林	97.57	98.87	69.67	98.43
竹　林	0.41	0.42	0.69	0.97
特灌林	0.71	0.71	0.42	0.60

3.类别构成

森林面积中，公益林81.25万公顷、占47.94%，商品林88.22万公顷、占52.06%；森林蓄积量中，公益林9831.82万立方米、占63.46%，商品林5661.51万立方米、占36.54%。公益林和商品林按乔木林、竹林、特灌林构成情况见表4-98。

表4-98 公益林和商品林面积构成

类　型	公益林（万公顷）	公益林比例（%）	商品林（万公顷）	商品林比例（%）
合　计	81.25	100.00	88.22	100.00
乔木林	80.63	99.24	86.61	98.18
竹　林	0.13	0.16	0.97	1.10
特灌林	0.49	0.60	0.64	0.72

4.龄组构成

乔木林面积中，幼龄林41.55万公顷、占24.84%，中龄林53.11万公顷、占31.76%，近熟林、成熟林和过熟林合计72.58万公顷、占43.40%。乔木林分龄组面积蓄积量见表4-99。

表4-99 乔木林分龄组面积蓄积量

龄　组	面积（万公顷）	面积比例（%）	蓄积量（万立方米）	蓄积量比例（%）
合　计	167.24	100.00	15493.33	100.00
幼龄林	41.55	24.84	1512.34	9.76
中龄林	53.11	31.76	3942.16	25.44
近熟林	30.50	18.24	3646.15	23.53
成熟林	28.51	17.05	4153.68	26.81
过熟林	13.57	8.11	2239.00	14.46

（三）森林资源质量

1.乔木林质量

乔木林每公顷蓄积量92.64立方米，每公顷生物量97.54吨，每公顷碳储量47.87吨，平均胸径16.2厘米，平均树高11.7米，平均郁闭度0.63，纯林与混交林比例63：37。

2.天然乔木林质量

天然乔木林每公顷蓄积量130.80立方米，每公顷生物量145.67吨，每公顷碳储量71.04吨，平均胸径15.7厘米，平均树高11.8米，平均郁闭度0.67，纯林与混交林比例12：88。

3.人工乔木林质量

人工乔木林每公顷蓄积量72.06立方米，每公顷生物量71.58吨，每公顷碳储量35.38吨，平均胸径16.6厘米，平均树高11.6米，平均郁闭度0.61，纯林与混交林比例90：10。

二、草原资源

（一）草原资源数量

草地（草原）面积1.71万公顷，草原生物量36.42万吨，碳储量16.39万吨。鲜草年总产量17.44万吨，折合干草年总产量5.70万吨。

草原面积中，面积较大的有热性灌草丛、热性草丛、人工草地等3类，面积合计占98.25%。各草原类面积及比例见表4-100。

表4-100　各草原类面积及比例

草原类	面积（万公顷）	比例（%）
热性灌草丛	0.87	50.88
热性草丛	0.58	33.92
人工草地	0.23	13.45
暖性灌草丛	0.03	1.75

（二）草原资源质量

草原综合植被盖度87.02%，单位面积鲜草产量10.20吨/公顷，单位面积干草产量3.33吨/公顷，净初级生产力8.06吨/（公顷·年）。

第二十二节　重庆林草资源

重庆市林草资源丰富，林地、草地总面积471.26万公顷。其中，林地468.90万公顷，草地2.36万公顷。林木覆盖面积451.98万公顷，林木覆盖率54.87%；森林面积348.48万公顷，森林覆盖率42.30%；森林蓄积量21845.89万立方米。草原综合植被盖度84.20%。

一、森林资源

（一）森林资源总量

林地面积468.90万公顷，占国土面积的56.92%。森林面积348.48万公顷，其中，乔木林322.92万公顷、占92.67%，竹林23.23万公顷、占6.67%，特灌林2.33万公顷、占0.66%。

活立木蓄积量28762.32万立方米，其中，森林蓄积量21845.89万立方米、占75.95%，疏林蓄积量190.03万立方米、占0.66%，散生木蓄积量2244.10万立方米、占7.80%，四旁树蓄积量4482.30万立方米、占15.59%。

林木总生物量32528.67万吨，其中森林生物量24158.94万吨；林木总碳储量16210.02万吨，其中森林碳储量12063.52万吨。

（二）森林资源构成

1.起源构成

森林面积中，天然林223.57万公顷、占64.16%，人工林124.91万公顷、占35.84%；森林蓄积量中，天然林16494.29万立方米、占75.50%，人工林5351.6万立方米、占24.50%。天然林和人工林按乔木林、竹林、特灌林构成情况见表4-101。

表4-101　天然林和人工林面积构成

类　型	天然林（万公顷）	天然林比例（%）	人工林（万公顷）	人工林比例（%）
合　计	223.57	100.00	124.91	100.00
乔木林	212.15	94.89	110.77	88.68
竹　林	11.36	5.08	11.87	9.50
特灌林	0.06	0.03	2.27	1.82

2.权属构成

森林面积中，国有林25.62万公顷、占7.35%，集体林322.86万公顷、占92.65%；森林蓄积量中，国有林2333.45万立方米、占10.68%，集体林19512.44万立方米、占

89.32%。国有林和集体林按乔木林、竹林、特灌林构成情况见表4-102。

表4-102 国有林和集体林面积构成

类　型	国有林（万公顷）	国有林比例（%）	集体林（万公顷）	集体林比例（%）
合　计	25.62	100.00	322.86	100.00
乔木林	23.52	91.80	299.40	92.73
竹　林	2.06	8.04	21.17	6.56
特灌林	0.04	0.16	2.29	0.71

3.类别构成

森林面积中，公益林201.22万公顷、占57.74%，商品林147.26万公顷、占42.26%；森林蓄积量中，公益林13428.91万立方米、占61.47%，商品林8416.98万立方米、占38.53%。公益林和商品林按乔木林、竹林、特灌林构成情况见表4-103。

表4-103 公益林和商品林面积构成

类　型	公益林（万公顷）	公益林比例（%）	商品林（万公顷）	商品林比例（%）
合　计	201.22	100.00	147.26	100.00
乔木林	193.06	95.94	129.86	88.18
竹　林	8.15	4.05	15.08	10.24
特灌林	0.01	0.01	2.32	1.58

4.龄组构成

乔木林面积中，幼龄林84.36万公顷、占26.12%，中龄林121.07万公顷、占37.49%，近熟林、成熟林和过熟林合计117.49万公顷、占36.39%。乔木林分龄组面积蓄积量见表4-104。

表4-104 乔木林分龄组面积蓄积量

龄　组	面积（万公顷）	面积比例（%）	蓄积量（万立方米）	蓄积量比例（%）
合　计	322.92	100.00	21845.89	100.00
幼龄林	84.36	26.12	3235.06	14.81
中龄林	121.07	37.49	7919.92	36.25
近熟林	66.64	20.64	5539.74	25.36
成熟林	43.75	13.55	4057.22	18.57
过熟林	7.10	2.20	1093.95	5.01

（三）森林资源质量

1. 乔木林质量

乔木林每公顷蓄积量67.65立方米，每公顷生物量72.19吨，每公顷碳储量36.05吨，平均胸径13.5厘米，平均树高11.3米，平均郁闭度0.57，纯林与混交林比例49：51。

2. 天然乔木林质量

天然乔木林每公顷蓄积量77.75立方米，每公顷生物量84.51吨，每公顷碳储量42.09吨，平均胸径13.4厘米，平均树高11.2米，平均郁闭度0.58，纯林与混交林比例47：53。

3. 人工乔木林质量

人工乔木林每公顷蓄积量48.31立方米，每公顷生物量48.61吨，每公顷碳储量24.48吨，平均胸径13.6厘米，平均树高11.4米，平均郁闭度0.56，纯林与混交林比例51：49。

二、草原资源

（一）草原资源数量

草地（草原）面积2.36万公顷，草原生物量33.03万吨，碳储量14.86万吨。鲜草年总产量16.35万吨，折合干草年总产量4.81万吨。

草原面积中，面积较大的有热性灌草丛、山地草甸、热性草丛等3类，面积合计占95.34%。各草原类面积及比例见表4-105。

表4-105 各草原类面积及比例

草原类	面积（万公顷）	比例（%）
热性灌草丛	1.36	57.63
山地草甸	0.54	22.88
热性草丛	0.35	14.83
暖性灌草丛	0.06	2.54
低地草甸	0.04	1.69
暖性草丛	0.01	0.43

（二）草原资源质量

草原综合植被盖度84.20%，单位面积鲜草产量6.93吨/公顷，单位面积干草产量2.04吨/公顷，净初级生产力6.04吨/（公顷·年）。

第二十三节　四川林草资源

四川省林草资源丰富，林地、草地总面积3510.74万公顷。其中，林地2541.96万公顷，草地968.78万公顷。林木覆盖面积2520.18万公顷，林木覆盖率51.84%；森林面积1736.26万公顷，森林覆盖率35.72%；森林蓄积量189498.02万立方米。草原综合植被盖度82.30%。

一、森林资源

（一）森林资源总量

林地面积2541.96万公顷，占国土面积的52.29%。森林面积1736.26万公顷，其中，乔木林1665.04万公顷、占95.90%，竹林69.13万公顷、占3.98%，特灌林2.09万公顷、占0.12%。

活立木蓄积量214908.11万立方米，其中，森林蓄积量189498.02万立方米、占88.18%，疏林蓄积量1558.46万立方米、占0.72%，散生木蓄积量10706.82万立方米、占4.98%，四旁树蓄积量1314481万立方米、占6.12%。

林木总生物量197876.67万吨，其中森林生物量162112.81万吨；林木总碳储量96444.09万吨，其中森林碳储量79111.73万吨。

（二）森林资源构成

1.起源构成

森林面积中，天然林1007.59万公顷、占58.03%，人工林728.67万公顷、占41.97%；森林蓄积量中，天然林160851.74万立方米、占84.88%，人工林28646.28万立方米、占15.12%。天然林和人工林按乔木林、竹林、特灌林构成情况见表4-106。

表4-106　天然林和人工林面积构成

类　型	天然林（万公顷）	天然林比例（%）	人工林（万公顷）	人工林比例（%）
合　计	1007.59	100.00	728.67	100.00
乔木林	1004.44	99.69	606.60	90.66
竹　林	3.14	0.31	65.99	9.06
特灌林	0.01	0.00	2.08	0.28

2.权属构成

森林面积中，国有林730.25万公顷、占42.06%，集体林1006.01万公顷、占57.94%；森林蓄积量中，国有林116402.69万立方米、占61.43%，集体林73095.33万立方米、占

38.57%。国有林和集体林按乔木林、竹林、特灌林构成情况见表4-107。

表4-107　国有林和集体林面积构成

类　型	国有林（万公顷）	国有林比例（%）	集体林（万公顷）	集体林比例（%）
合　计	730.25	100.00	1006.01	100.00
乔木林	728.14	99.71	936.90	93.13
竹　林	2.03	0.28	67.10	6.67
特灌林	0.08	0.01	2.01	0.20

3.类别构成

森林面积中，公益林1061.79万公顷、占61.15%，商品林674.47万公顷、占38.85%；森林蓄积量中，公益林139556.69万立方米、占73.65%，商品林49941.33万立方米、占26.35%。公益林和商品林按乔木林、竹林、特灌林构成情况见表4-108。

表4-108　公益林和商品林面积构成

类　型	公益林（万公顷）	公益林比例（%）	商品林（万公顷）	商品林比例（%）
合　计	1061.79	100.00	674.47	100.00
乔木林	1046.29	98.54	618.75	91.74
竹　林	15.49	1.46	53.64	7.95
特灌林	0.01	0.00	2.08	0.31

4.龄组构成

乔木林面积中，幼龄林280.87万公顷、占16.87%，中龄林466.42万公顷、占28.01%，近熟林、成熟林和过熟林合计917.75万公顷、占55.12%。乔木林分龄组面积蓄积量见表4-109。

表4-109　乔木林分龄组面积蓄积量

龄　组	面积（万公顷）	面积比例（%）	蓄积量（万立方米）	蓄积量比例（%）
合　计	1665.04	100.00	189498.02	100.00
幼龄林	280.87	16.87	12802.77	6.76
中龄林	466.42	28.01	37256.62	19.66
近熟林	237.82	14.28	22370.09	11.80
成熟林	335.42	20.15	46012.46	24.28
过熟林	344.51	20.69	71056.08	37.50

（三）森林资源质量

1.乔木林质量

乔木林每公顷蓄积量113.81立方米，每公顷生物量95.61吨，每公顷碳储量46.64吨，平均胸径16.9厘米，平均树高11.3米，平均郁闭度0.57，纯林与混交林比例72∶28。

2.天然乔木林质量

天然乔木林每公顷蓄积量160.14立方米，每公顷生物量130.95吨，每公顷碳储量63.78吨，平均胸径19.7厘米，平均树高11.6米，平均郁闭度0.56，纯林与混交林比例78∶22。

3.人工乔木林质量

人工乔木林每公顷蓄积量43.36立方米，每公顷生物量41.87吨，每公顷碳储量20.57吨，平均胸径14.2厘米，平均树高11.0米，平均郁闭度0.60，纯林与混交林比例64∶36。

二、草原资源

（一）草原资源数量

草地（草原）面积968.78万公顷，草原植被生物量20078.50万吨，植被碳储量9035.33万吨。鲜草年总产量7032.92万吨，折合干草年总产量2147.75万吨。

草原面积中，面积较大的有高寒草甸、山地草甸类、热性草丛和热性灌草丛等4类，面积合计占99.78%，各草原类面积及比例见表4-110。

表4-110　各草原类面积及比例

草原类	面积（万公顷）	比例（%）
高寒草甸	695.58	71.80
山地草甸	219.28	22.63
热性灌草丛	41.37	4.27
热性草丛	10.43	1.08
其　他	2.12	0.22

（二）草原资源质量

草原综合植被盖度82.30%，单位面积鲜草产量7.26吨/公顷，单位面积干草产量2.22吨/公顷，净初级生产力4.89吨/（公顷·年）。

第二十四节　贵州林草资源

贵州省林草资源丰富，林地、草地总面积1139.84万公顷。其中，林地1121.01万公顷，草地18.83万公顷。林木覆盖面积1047.84万公顷，林木覆盖率59.50%；森林面积771.56万公顷，森林覆盖率43.81%；森林蓄积量49081.10万立方米。草原综合植被盖度88.44%。

一、森林资源

（一）森林资源总量

林地面积1121.01万公顷，占国土面积的63.66%。森林面积771.56万公顷，其中，乔木林738.37万公顷、占95.70%，竹林15.89万公顷、占2.06%，特灌林17.30万公顷、占2.24%。

活立木蓄积量58043.26万立方米，其中，森林蓄积量49081.10万立方米、占84.56%，疏林蓄积量116.13万立方米、占0.20%，散生木蓄积量3755.90万立方米、占6.47%，四旁树蓄积量5090.13万立方米、占8.77%。

林木总生物量56443.83万吨，其中森林生物量47915.84万吨；林木总碳储量28066.49万吨，其中森林碳储量23821.00万吨。

（二）森林资源构成

1.起源构成

森林面积中，天然林281.91万公顷、占36.54%，人工林489.65万公顷、占63.46%；森林蓄积量中，天然林27029.62万立方米、占55.07%，人工林22051.48万立方米、占44.93%。天然林和人工林按乔木林、竹林、特灌林构成情况见表4-111。

表4-111　天然林和人工林面积构成

类　型	天然林（万公顷）	天然林比例（%）	人工林（万公顷）	人工林比例（%）
合　计	281.91	100.00	489.65	100.00
乔木林	279.01	98.97	459.36	93.81
竹　林	2.66	0.94	13.23	2.70
特灌林	0.24	0.09	17.06	3.49

2.权属构成

森林面积中，国有林25.18万公顷、占3.26%，集体林746.38万公顷、占96.74%；森林蓄积量中，国有林2669.15万立方米、占5.44%，集体林46411.95万立方米、占

94.56%。国有林和集体林按乔木林、竹林、特灌林构成情况见表4-112。

表4-112　国有林和集体林面积构成

类　型	国有林（万公顷）	国有林比例（%）	集体林（万公顷）	集体林比例（%）
合　计	25.18	100.00	746.38	100.00
乔木林	24.41	96.94	713.96	95.66
竹　林	0.48	1.91	15.41	2.06
特灌林	0.29	1.15	17.01	2.28

3.类别构成

森林面积中，公益林354.20万公顷、占45.91%，商品林417.36万公顷、占54.09%；森林蓄积量中，公益林22089.51万立方米、占45.01%，商品林26991.59万立方米、占54.99%。公益林和商品林按乔木林、竹林、特灌林构成情况见表4-113。

表4-113　公益林和商品林面积构成

类　型	公益林（万公顷）	公益林比例（%）	商品林（万公顷）	商品林比例（%）
合　计	354.20	100.00	417.36	100.00
乔木林	344.10	97.15	394.27	94.47
竹　林	8.79	2.48	7.10	1.70
特灌林	1.31	0.37	15.99	3.83

4.龄组构成

乔木林面积中，幼龄林374.66万公顷、占50.74%，中龄林213.81万公顷、占28.96%，近熟林、成熟林和过熟林合计149.90万公顷、占20.30%。乔木林分龄组面积蓄积量见表4-114。

表4-114　乔木林分龄组面积蓄积量

龄　组	面积（万公顷）	面积比例（%）	蓄积量（万立方米）	蓄积量比例（%）
合　计	738.37	100.00	49081.10	100.00
幼龄林	374.66	50.74	13085.66	26.66
中龄林	213.81	28.96	17536.14	35.73
近熟林	85.78	11.62	9162.54	18.67
成熟林	54.36	7.36	7631.96	15.55
过熟林	9.76	1.32	1664.80	3.39

（三）森林资源质量

1. 乔木林质量

乔木林每公顷蓄积量66.47立方米，每公顷生物量63.62吨，每公顷碳储量31.63吨，平均胸径14.6厘米，平均树高10.2米，平均郁闭度0.54，纯林与混交林比例55：45。

2. 天然乔木林质量

天然乔木林每公顷蓄积量96.88立方米，每公顷生物量104.88吨，每公顷碳储量51.93吨，平均胸径13.6厘米，平均树高9.7米，平均郁闭度0.54，纯林与混交林比例41：59。

3. 人工乔木林质量

人工乔木林每公顷蓄积量48.00立方米，每公顷生物量38.57吨，每公顷碳储量19.30吨，平均胸径15.2厘米，平均树高10.5米，平均郁闭度0.53，纯林与混交林比例64：36。

二、草原资源

（一）草原资源数量

草地（草原）面积18.83万公顷，草原生物量355.87万吨，碳储量160.14万吨。鲜草年总产量167.21万吨，折合干草年总产量53.85万吨。

草原面积中，面积较大的有热性灌草丛、暖性灌草丛、山地草甸类等3类，面积合计占88.26%。各草原类面积及比例见表4-115。

表4-115　各草原类面积及比例

草原类	面积（万公顷）	比例（%）
热性灌草丛	9.80	52.04
暖性灌草丛	4.64	24.64
山地草甸类	2.18	11.58
其　他	2.21	11.74

（二）草原资源质量

草原综合植被盖度88.44%，单位面积鲜草产量8.88吨/公顷，单位面积干草产量2.86吨/公顷，净初级生产力8.15吨/（公顷·年）。

第二十五节　云南林草资源

云南省林草资源丰富，林地、草地面积2629.19万公顷。其中，林地2496.90万公顷，草地132.29万公顷。林木覆盖面积2555.94万公顷，林木覆盖率66.70%；森林面积2117.03万公顷，森林覆盖率55.25%；森林蓄积量214447.60万立方米。草原综合植被盖度79.10%。

一、森林资源

（一）森林资源总量

林地面积2496.90万公顷，占国土面积的65.16%。森林面积2117.03万公顷，其中，乔木林2065.88万公顷、占97.59%，竹林20.58万公顷、占0.97%，特灌林30.57万公顷、占1.44%。

活立木蓄积量240976.97万立方米，其中，森林蓄积量214447.60万立方米、占88.99%，疏林蓄积量641.02万立方米、占0.27%，散生木蓄积量15969.13万立方米、占6.63%，四旁树蓄积量9919.22万立方米、占4.12%。

林木总生物量237307.53万吨，其中森林生物量207180.57万吨；林木总碳储量116809.61万吨，其中森林碳储量101893.01万吨。

（二）森林资源构成

1.起源构成

森林面积中，天然林1522.27万公顷、占71.91%，人工林594.76万公顷、占28.09%；森林蓄积量中，天然林190311.61万立方米、占88.75%，人工林24135.99万立方米、占11.25%。天然林和人工林按乔木林、竹林、特灌林构成情况见表4-116。

表4-116　天然林和人工林面积构成

类　型	天然林（万公顷）	天然林比例（%）	人工林（万公顷）	人工林比例（%）
合　计	1522.27	100.00	594.76	100.00
乔木林	1513.82	99.45	552.06	92.82
竹　林	8.27	0.54	12.31	2.07
特灌林	0.18	0.01	30.39	5.11

2.权属构成

森林面积中，国有林464.00万公顷、占21.92%，集体林1653.03万公顷、占78.08%；森林蓄积量中，国有林72663.01万立方米、占33.88%，集体林141784.59万立方米、占

66.12%。国有林和集体林按乔木林、竹林、特灌林构成情况见表4-117。

表4-117 国有林和集体林面积构成

类型	国有林（万公顷）	国有林比例（%）	集体林（万公顷）	集体林比例（%）
合计	464.00	100.00	1653.03	100.00
乔木林	457.88	98.68	1608.00	97.27
竹林	5.41	1.17	15.17	0.92
特灌林	0.71	0.15	29.86	1.81

3.类别构成

森林面积中，公益林996.91万公顷、占47.09%，商品林1120.12万公顷、占52.91%；森林蓄积量中，公益林120127.21万立方米、占56.02%，商品林94320.39万立方米、占43.98%。公益林和商品林按乔木林、竹林、特灌林构成情况见表4-118。

表4-118 公益林和商品林面积构成

类型	公益林（万公顷）	公益林比例（%）	商品林（万公顷）	商品林比例（%）
合计	996.91	100.00	1120.12	100.00
乔木林	988.21	99.13	1077.67	96.21
竹林	8.38	0.84	12.20	1.09
特灌林	0.32	0.03	30.25	2.70

4.龄组构成

乔木林面积中，幼龄林712.72万公顷、占34.50%，中龄林608.01万公顷、占29.43%，近熟林、成熟林和过熟林合计745.15万公顷、占36.07%。乔木林分龄组面积蓄积量见表4-119。

表4-119 乔木林分龄组面积蓄积量

龄组	面积（万公顷）	面积比例（%）	蓄积量（万立方米）	蓄积量比例（%）
合计	2065.88	100.00	214447.60	100.00
幼龄林	712.72	34.50	39883.19	18.60
中龄林	608.01	29.43	56371.40	26.29
近熟林	347.33	16.81	42106.93	19.63
成熟林	253.41	12.27	39631.30	18.48
过熟林	144.41	6.99	36454.78	17.00

（三）森林资源质量

1.乔木林质量

乔木林每公顷蓄积量103.80立方米，每公顷生物量99.72吨，每公顷碳储量49.04吨，平均胸径14.4厘米，平均树高10.1米，平均郁闭度0.59，纯林与混交林比例53：47。

2.天然乔木林质量

天然乔木林每公顷蓄积量125.72立方米，每公顷生物量120.62吨，每公顷碳储量59.15吨，平均胸径15.0厘米，平均树高10.3米，平均郁闭度0.60，纯林与混交林比例47：53。

3.人工乔木林质量

人工乔木林每公顷蓄积量43.72立方米，每公顷生物量42.40吨，每公顷碳储量21.31吨，平均胸径13.1厘米，平均树高9.5米，平均郁闭度0.56，纯林与混交林比例68：32。

二、草原资源

（一）草原资源数量

草地（草原）面积132.29万公顷，草原植被生物量1816.25万吨，碳储量817.31万吨。鲜草年总产量803.12万吨，折合干草年总产量254.36万吨。

草原面积中，面积较大的有热性草丛、山地草甸、热性灌草丛、高寒草甸等4类，面积合计占87.68%。各草原类面积及比例见表4-120。

表4-120 各草原类面积及比例

草原类	面积（万公顷）	比例（%）
热性草丛	39.51	29.87
山地草甸	32.74	24.75
热性灌草丛	28.37	21.45
高寒草甸	15.36	11.61
干热稀树草原	8.93	6.75
暖性灌草丛	4.75	3.59
暖性草丛	1.58	1.19
人工草地	0.95	0.72
高寒草甸草原	0.07	0.05
低地草甸	0.03	0.02

（二）草原资源质量

草原综合植被盖度79.10%，单位面积鲜草产量6.07吨/公顷，单位面积干草产量1.92吨/公顷，净初级生产力9.80吨/（公顷·年）。

第二十六节　西藏林草资源

西藏自治区林草资源丰富，林地、草地总面积9796.12万公顷。其中，林地1789.61万公顷，草地8006.51万公顷。林木覆盖面积1786.74万公顷，林木覆盖率14.86%；森林面积1181.00万公顷，森林覆盖率9.82%；森林蓄积量224264.18万立方米。草原综合植被盖度48.02%。

一、森林资源

（一）森林资源总量

林地面积1789.61万公顷，占国土面积的14.89%。森林面积1181.00万公顷，其中，乔木林975.24万公顷、占82.58%，竹林0.03万公顷、占比很小，特灌林205.73万公顷、占17.42%。

活立木蓄积量233543.37万立方米，其中，森林蓄积量224264.18万立方米、占96.03%，疏林蓄积量703.79万立方米、占0.30%，散生木蓄积量6860.68万立方米、占2.94%，四旁树蓄积量1714.72万立方米、占0.73%。

林木总生物量165803.43万吨，其中森林生物量152313.20万吨；林木总碳储量81987.05万吨，其中森林碳储量75278.88万吨。

（二）森林资源构成

1.起源构成

森林面积中，天然林1172.53万公顷、占99.28%，人工林8.47万公顷、占0.72%；森林蓄积量中，天然林224148.54万立方米、占99.95%，人工林115.64万立方米、占0.05%。天然林和人工林按乔木林、竹林、特灌林构成情况见表4-121。

表4-121　天然林和人工林面积构成

类　型	天然林（万公顷）	天然林比例（%）	人工林（万公顷）	人工林比例（%）
合　计	1172.53	100.00	8.47	100.00
乔木林	968.28	82.58	6.96	82.17
竹　林	0.03	0.00	0.00	0.00
特灌林	204.22	17.42	1.51	17.83

2.权属构成

森林面积中，国有林1175.49万公顷、占99.53%，集体林5.51万公顷、占0.47%；森林蓄积量中，国有林224168.51万立方米、占99.96%，集体林95.67万立方米、占0.04%。国有林和集体林按乔木林、竹林、特灌林构成情况见表4-122。

表4-122　国有林和集体林面积构成

类　型	国有林（万公顷）	国有林比例（%）	集体林（万公顷）	集体林比例（%）
合　计	1175.49	100.00	5.51	100.00
乔木林	971.04	82.61	4.20	76.23
竹　林	0.03	0.00	0.00	0.00
特灌林	204.42	17.39	1.31	23.77

3.类别构成

森林面积中，公益林1178.36万公顷、占99.78%，商品林2.64万公顷、占0.22%；森林蓄积量中，公益林223904.64万立方米、占99.84%，商品林359.54万立方米、占0.16%。公益林和商品林按乔木林、竹林、特灌林构成情况见表4-123。

表4-123　公益林和商品林面积构成

类　型	公益林（万公顷）	公益林比例（%）	商品林（万公顷）	商品林比例（%）
合　计	1178.36	100.00	2.64	100.00
乔木林	972.66	82.55	2.58	97.73
竹　林	0.03	0.00	0.00	0.00
特灌林	205.67	17.45	0.06	2.27

4.龄组构成

乔木林面积中，幼龄林62.31万公顷、占6.39%，中龄林123.29万公顷、占12.64%，近熟林、成熟林和过熟林合计789.64万公顷、占80.97%。乔木林分龄组面积蓄积量见表4-124。

表4-124　乔木林分龄组面积蓄积量

龄　组	面积（万公顷）	面积比例（%）	蓄积量（万立方米）	蓄积量比例（%）
合　计	975.24	100.00	224264.18	100.00
幼龄林	62.31	6.39	1914.81	0.85
中龄林	123.29	12.64	13825.06	6.17
近熟林	286.52	29.38	51717.68	23.06
成熟林	365.93	37.52	96978.83	43.24
过熟林	137.19	14.07	59827.80	26.68

（三）森林资源质量

1.乔木林质量

乔木林每公顷蓄积量229.96立方米，每公顷生物量153.34吨，每公顷碳储量75.77吨，平均胸径26.1厘米，平均树高14.4米，平均郁闭度0.59，纯林与混交林比例62：38。

2.天然乔木林质量

天然乔木林每公顷蓄积量231.49立方米，每公顷生物量154.36吨，每公顷碳储量76.27吨，平均胸径26.2厘米，平均树高14.5米，平均郁闭度0.59，纯林与混交林比例62：38。

3.人工乔木林质量

人工乔木林每公顷蓄积量16.61立方米，每公顷生物量11.24吨，每公顷碳储量5.42吨，平均胸径22.5厘米，平均树高11.5米，平均郁闭度0.37，纯林与混交林比例96：4。

二、草原资源

（一）草原资源数量

草地（草原）面积8006.51万公顷，草原生物量30858.46万吨，碳储量13886.31万吨。鲜草年总产量11166.53万吨，折合干草年总产量3613.05万吨。

草原面积中，面积较大的有高寒典型草原类、高寒草甸类、高寒荒漠草原类等3类，面积合计占88.84%。各草原类面积及比例见表4-125。

表4-125　各草原类面积及比例

草原类	面积（万公顷）	比例（%）
高寒典型草原类	3426.82	42.80
高寒草甸类	3023.75	37.77
高寒荒漠草原类	662.28	8.27
其　他	893.66	11.16

（二）草原资源质量

草原综合植被盖度48.02%，单位面积鲜草产量1.39吨/公顷，单位面积干草产量0.45吨/公顷，净初级生产力1.17吨/（公顷·年）。

第二十七节　陕西林草资源

陕西省林草资源丰富，林地、草地总面积1468.63万公顷。其中，林地1247.60万公顷，草221.03万公顷。林木覆盖面积1066.22万公顷，林木覆盖率51.85%；森林面积894.09万公顷，森林覆盖率43.48%；森林蓄积量56953.80万立方米。草原综合植被盖度57.20%。

一、森林资源

（一）森林资源总量

林地面积1247.60万公顷，占国土面积的60.67%。森林面积894.09万公顷，其中，乔木林839.14万公顷、占93.85%，竹林0.94万公顷、占0.11%，特灌林54.01万公顷、占6.04%。

活立木蓄积量62134.51万立方米，其中，森林蓄积量56953.80万立方米、占91.66%，疏林蓄积量329.34万立方米、占0.53%，散生木蓄积量2751.24万立方米、占4.43%，四旁树蓄积量2100.13万立方米、占3.38%。

林木总生物量85209.56万吨，其中森林生物量77465.86万吨；林木总碳储量41490.36万吨，其中森林碳储量37703.62万吨。

（二）森林资源构成

1.起源构成

森林面积中，天然林640.06万公顷、占71.59%，人工林254.03万公顷、占28.41%；森林蓄积量中，天然林51355.27万立方米、占90.17%，人工林5598.53万立方米、占9.83%。天然林和人工林按乔木林、竹林、特灌林构成情况见表4-126。

表4-126　天然林和人工林面积构成

类　型	天然林（万公顷）	天然林比例（%）	人工林（万公顷）	人工林比例（%）
合　计	640.06	100.00	254.03	100.00
乔木林	625.71	97.76	213.43	84.02
竹　林	0.73	0.11	0.21	0.08
特灌林	13.62	2.13	40.39	15.90

2.权属构成

森林面积中，国有林263.97万公顷、占29.52%，集体林630.12万公顷、占70.48%；

森林蓄积量中，国有林24955.61万立方米、占43.82%，集体林31998.19万立方米、占56.18%。国有林和集体林按乔木林、竹林、特灌林构成情况见表4-127。

表4-127 国有林和集体林面积构成

类 型	国有林（万公顷）	国有林比例（%）	集体林（万公顷）	集体林比例（%）
合 计	263.97	100.00	630.12	100.00
乔木林	253.22	95.93	585.92	92.99
竹 林	0.24	0.09	0.70	0.11
特灌林	10.51	3.98	43.50	6.90

3.类别构成

森林面积中，公益林686.12万公顷、占76.74%，商品林207.97万公顷、占23.26%；森林蓄积量中，公益林45881.50万立方米、占80.56%，商品林11072.30万立方米、占19.44%。公益林和商品林按乔木林、竹林、特灌林构成情况见表4-128。

表4-128 公益林和商品林面积构成

类 型	公益林（万公顷）	公益林比例（%）	商品林（万公顷）	商品林比例（%）
合 计	686.12	100.00	207.97	100.00
乔木林	635.64	92.64	203.50	97.85
竹 林	0.74	0.11	0.20	0.10
特灌林	49.74	7.25	4.27	2.05

4.龄组构成

乔木林面积中，幼龄林225.25万公顷、占26.84%，中龄林301.16万公顷、占35.89%，近熟林、成熟林和过熟林合计312.73万公顷、占37.27%。乔木林分龄组面积蓄积量见表4-129。

表4-129 乔木林分龄组面积蓄积量

龄 组	面积（万公顷）	面积比例（%）	蓄积量（万立方米）	蓄积量比例（%）
合 计	839.14	100.00	56953.80	100.00
幼龄林	225.25	26.84	6146.94	10.79
中龄林	301.16	35.89	18654.12	32.75
近熟林	111.67	13.31	11206.67	19.68
成熟林	102.44	12.21	10421.75	18.30
过熟林	98.62	11.75	10524.32	18.48

（三）森林资源质量

1.乔木林质量

乔木林每公顷蓄积量67.87立方米，每公顷生物量91.47吨，每公顷碳储量44.51吨，平均胸径14.5厘米，平均树高10.1米，平均郁闭度0.61，纯林与混交林比例49：51。

2.天然乔木林质量

天然乔木林每公顷蓄积量82.08立方米，每公顷生物量111.17吨，每公顷碳储量54.01吨，平均胸径15.0厘米，平均树高10.4米，平均郁闭度0.63，纯林与混交林比例42：58。

3.人工乔木林质量

人工乔木林每公顷蓄积量26.23立方米，每公顷生物量33.72吨，每公顷碳储量16.65吨，平均胸径12.7厘米，平均树高9.2米，平均郁闭度0.55，纯林与混交林比例67：33。

二、草原资源

（一）草原资源数量

草地（草原）面积221.03万公顷，草原生物量2008.69万吨，碳储量903.91万吨。鲜草年总产量906.66万吨，折合干草年总产量299.66万吨。

草原面积中，面积较大的有温性典型草原、温性草甸草原、暖性草丛等3类，面积合计占82.86%。各草原类面积及比例见表4-130。

表4-130　各草原类面积及比例

草原类	面积（万公顷）	比例（%）
温性典型草原	120.57	54.55
温性草甸草原	31.82	14.40
暖性草丛	30.76	13.91
温性荒漠草原	18.57	8.40
暖性灌草丛	14.80	6.70
其　他	4.51	2.04

（二）草原资源质量

草原综合植被盖度57.20%，单位面积鲜草产量4.10吨/公顷，单位面积干草产量1.36吨/公顷，净初级生产力3.47吨/（公顷·年）。

第二十八节　甘肃林草资源

甘肃省林草资源丰富，林地、草地总面积2226.99万公顷。其中，林地796.28万公顷，草地1430.71万公顷。林木覆盖面积666.36万公顷，林木覆盖率15.65%；森林面积482.67万公顷，森林覆盖率11.33%；森林蓄积量26406.88万立方米。草原综合植被盖度53.03%。

一、森林资源

（一）森林资源总量

林地面积796.28万公顷，占国土面积的18.70%。森林面积482.67万公顷，其中，乔木林387.64万公顷、占80.31%，特灌林95.03万公顷、占19.69%。

活立木蓄积量32227.04万立方米，其中，森林蓄积量26406.88万立方米、占81.94%，疏林蓄积量301.11万立方米、占0.93%，散生木蓄积量2358.39万立方米、占7.32%，四旁树蓄积量3160.66万立方米、占9.81%。

林木总生物量37654.31万吨，其中森林生物量30959.02万吨；林木总碳储量18408.19万吨，其中森林碳储量15124.53万吨。

（二）森林资源构成

1.起源构成

森林面积中，天然林333.57万公顷、占69.11%，人工林149.10万公顷、占30.89%；森林蓄积量中，天然林21612.20万立方米、占81.84%，人工林4794.68万立方米、占18.16%。天然林和人工林按乔木林、竹林、特灌林构成情况见表4-131。

表4-131　天然林和人工林面积构成

类　型	天然林（万公顷）	天然林比例（%）	人工林（万公顷）	人工林比例（%）
合　计	333.57	100.00	149.10	100.00
乔木林	255.55	76.61	132.09	88.59
竹　林	0.00	0.00	0.00	0.00
特灌林	78.02	23.39	17.01	11.41

2.权属构成

森林面积中，国有林308.02万公顷、占63.82%，集体林174.65万公顷、占36.18%；森林蓄积量中，国有林20561.52万立方米、占77.86%，集体林5845.36万立方米、占

22.14%。国有林和集体林按乔木林、竹林、特灌林构成情况见表4-132。

表4-132 国有林和集体林面积构成

类 型	国有林（万公顷）	国有林比例（%）	集体林（万公顷）	集体林比例（%）
合 计	308.02	100.00	174.65	100.00
乔木林	222.92	72.37	164.72	94.31
竹 林	0.00	0.00	0.00	0.00
特灌林	85.10	27.63	9.93	5.69

3.类别构成

森林面积中，公益林477.86万公顷、占99.00%，商品林4.81万公顷、占1.00%；森林蓄积量中，公益林25838.31万立方米、占97.85%，商品林568.57万立方米、占2.15%。公益林和商品林按乔木林、竹林、特灌林构成情况见表4-133。

表4-133 公益林和商品林面积构成

类 型	公益林（万公顷）	公益林比例（%）	商品林（万公顷）	商品林比例（%）
合 计	477.86	100.00	4.81	100.00
乔木林	383.62	80.28	4.02	83.58
竹 林	0.00	0.00	0.00	0.00
特灌林	94.24	19.72	0.79	16.42

4.龄组构成

乔木林面积中，幼龄林144.43万公顷、占37.26%，中龄林110.00万公顷、占28.38%，近熟林、成熟林和过熟林合计133.21万公顷、占34.36%。乔木林分龄组面积蓄积量见表4-134。

表4-134 乔木林分龄组面积蓄积量

龄 组	面积（万公顷）	面积比例（%）	蓄积量（万立方米）	蓄积量比例（%）
合 计	387.64	100.00	26406.88	100.00
幼龄林	144.43	37.26	4259.85	16.13
中龄林	110.00	28.38	7572.99	28.68
近熟林	59.25	15.28	5429.32	20.56
成熟林	48.52	12.52	5199.19	19.69
过熟林	25.44	6.56	3945.53	14.94

（三）森林资源质量

1. 乔木林质量

乔木林每公顷蓄积量68.12立方米，每公顷生物量76.54吨，每公顷碳储量37.36吨，平均胸径15.8厘米，平均树高10.3米，平均郁闭度0.52，纯林与混交林比例73：27。

2. 天然乔木林质量

天然乔木林每公顷蓄积量84.57立方米，每公顷生物量94.74吨，每公顷碳储量46.28吨，平均胸径17.3厘米，平均树高11.0米，平均郁闭度0.56，纯林与混交林比例68：32。

3. 人工乔木林质量

人工乔木林每公顷蓄积量36.30立方米，每公顷生物量41.33吨，每公顷碳储量20.10吨，平均胸径12.8厘米，平均树高9.1米，平均郁闭度0.46，纯林与混交林比例83：17。

二、草原资源

（一）草原资源数量

草地（草原）面积1430.71万公顷，草原生物量10019.56万吨，碳储量4508.80万吨。鲜草年总产量3451.46万吨，折合干草年总产量1167.55万吨。

草原面积中，面积较大的有温性荒漠、温性典型草原、高寒草甸、山地草甸、温性荒漠草原、温性草原化荒漠等6类，面积合计占81.75%。各草原类面积及比例见表4-135。

表4-135　各草原类面积及比例

草原类	面积（万公顷）	比例（%）
温性荒漠	380.59	26.60
温性典型草原类	268.42	18.76
高寒草甸类	171.29	11.97
山地草甸类	121.46	8.49
温性荒漠草原类	120.14	8.40
温性草原化荒漠	107.73	7.53
温性草甸草原类	61.12	4.27
高寒荒漠	59.10	4.13
高寒荒漠草原类	45.84	3.20
高寒典型草原类	37.46	2.62
其　他	57.56	4.03

（二）草原资源质量

草原综合植被盖度53.03%，单位面积鲜草产量2.41吨/公顷，单位面积干草产量0.82吨/公顷，净初级生产力1.73吨/（公顷·年）。

第二十九节　青海林草资源

青海省林草资源丰富，林地、草地总面积4407.45万公顷。其中，林地460.36万公顷，草地3947.09万公顷。林木覆盖面积386.74万公顷，林木覆盖率5.55%；森林面积153.67万公顷，森林覆盖率2.21%；森林蓄积量4441.91万立方米。草原综合植被盖度57.80%。

一、森林资源

（一）森林资源总量

林地面积460.36万公顷，占国土面积的6.61%。森林面积153.67万公顷，其中，乔木林48.69万公顷、占31.68%，特灌林104.98万公顷、占68.32%。

活立木蓄积量5854.07万立方米，其中，森林蓄积量4441.91万立方米、占75.88%，疏林蓄积量176.08万立方米、占3.01%，散生木蓄积量456.25万立方米、占7.79%，四旁树蓄积量779.83万立方米、占13.32%。

林木总生物量9482.84万吨，其中森林生物量6031.93万吨；林木总碳储量4681.01万吨，其中森林碳储量2973.13万吨。

（二）森林资源构成

1.起源构成

森林面积中，天然林134.54万公顷、占87.55%，人工林19.13万公顷、占12.45%；森林蓄积量中，天然林4058.37万立方米、占91.37%，人工林383.54万立方米、占8.63%。天然林和人工林按乔木林、竹林、特灌林构成情况见表4-136。

表4-136　天然林和人工林面积构成

类　型	天然林（万公顷）	天然林比例（%）	人工林（万公顷）	人工林比例（%）
合　计	134.54	100.00	19.13	100.00
乔木林	40.83	30.35	7.86	41.09
竹　林	0.00	0.00	0.00	0.00
特灌林	93.71	69.65	11.27	58.91

2.权属构成

森林面积中，国有林135.78万公顷、占88.36%，集体林17.89万公顷、占11.64%；森林蓄积量中，国有林4068.44万立方米、占91.59%，集体林373.47万立方米、占8.41%。国有林和集体林按乔木林、竹林、特灌林构成情况见表4-137。

表4-137　国有林和集体林面积构成

类　型	国有林（万公顷）	国有林比例（%）	集体林（万公顷）	集体林比例（%）
合　计	135.78	100.00	17.89	100.00
乔木林	42.27	31.13	6.42	35.89
竹　林	0.00	0.00	0.00	0.00
特灌林	93.51	68.87	11.47	64.11

3.类别构成

森林面积中，公益林153.41万公顷、占99.83%，商品林0.26万公顷、占0.17%；森林蓄积量中，公益林4393.96万立方米、占98.92%，商品林47.95万立方米、占1.08%。公益林和商品林按乔木林、竹林、特灌林构成情况见表4-138。

表4-138　公益林和商品林面积构成

类　型	公益林（万公顷）	公益林比例（%）	商品林（万公顷）	商品林比例（%）
合　计	153.41	100.00	0.26	100.00
乔木林	48.46	31.59	0.23	88.46
竹　林	0.00	0.00	0.00	0.00
特灌林	104.95	68.41	0.03	11.54

4.龄组构成

乔木林面积中，幼龄林9.72万公顷、占19.96%，中龄林14.13万公顷、占29.02%，近熟林、成熟林和过熟林合计24.84万公顷、占51.02%。乔木林分龄组面积蓄积量见表4-139。

表4-139　乔木林分龄组面积蓄积量

龄　组	面积（万公顷）	面积比例（%）	蓄积量（万立方米）	蓄积量比例（%）
合　计	48.69	100.00	4441.91	100.00
幼龄林	9.72	19.96	346.35	7.80
中龄林	14.13	29.02	1241.97	27.96
近熟林	6.56	13.47	722.79	16.27
成熟林	10.72	22.02	1018.58	22.93
过熟林	7.56	15.53	1112.22	25.04

（三）森林资源质量

1.乔木林质量

乔木林每公顷蓄积量91.23立方米，每公顷生物量97.75吨，每公顷碳储量48.00吨，平均胸径17.9厘米，平均树高10.4米，平均郁闭度0.49，纯林与混交林比例89：11。

2.天然乔木林质量

天然乔木林每公顷蓄积量99.40立方米，每公顷生物量108.53吨，每公顷碳储量53.46吨，平均胸径18.2厘米，平均树高10.5米，平均郁闭度0.49，纯林与混交林比例89：11。

3.人工乔木林质量

人工乔木林每公顷蓄积量48.80立方米，每公顷生物量41.78吨，每公顷碳储量19.64吨，平均胸径16.5厘米，平均树高10.0米，平均郁闭度0.45，纯林与混交林比例90：11。

二、草原资源

（一）草原资源数量

草地（草原）面积3947.09万公顷，草原生物量33319.37万吨，碳储量14993.72万吨。鲜草年总产量11352.66万吨，折合干草年总产量3610.15万吨。

草原面积中，面积较大的有高寒草甸、高寒典型草原、高寒草甸草原、低地草甸、温性荒漠等5类，面积合计占90.42%。各草原类面积及比例见表4-140。

表4-140 各草原类面积及比例

草原类	面积（万公顷）	比例（%）
高寒草甸	2211.78	56.03
高寒典型草原	569.13	14.42
高寒草甸草原	351.68	8.91
低地草甸	228.09	5.78
温性荒漠	208.37	5.28
温性典型草原	193.32	4.90
高寒荒漠	101.87	2.58
山地草甸	27.76	0.70
温性荒漠草原	20.01	0.51
温性草原化荒漠	18.40	0.47
其　他	16.68	0.42

（二）草原资源质量

草原综合植被盖度57.80%，单位面积鲜草产量2.88吨/公顷，单位面积干草产量0.91吨/公顷，净初级生产力1.71吨/（公顷·年）。

第三十节　宁夏林草资源

宁夏回族自治区林地、草地总面积298.36万公顷。其中，林地95.26万公顷，草地203.10万公顷。林木覆盖面积68.21万公顷，林木覆盖率13.14%；森林面积51.29万公顷，森林覆盖率9.88%；森林蓄积量807.15万立方米。草原综合植被盖度52.65%。

一、森林资源

（一）森林资源总量

林地面积95.26万公顷，占国土面积的18.36%。森林面积51.29万公顷，其中，乔木林20.80万公顷、占40.55%，特灌林30.49万公顷、占59.45%。

活立木蓄积量1304.08万立方米，其中，森林蓄积量807.15万立方米、占61.89%，疏林蓄积量22.78万立方米、占1.75%，散生木蓄积量113.75万立方米、占8.72%，四旁树蓄积量360.40万立方米、占27.64%。

林木总生物量1715.21万吨，其中森林生物量1118.94万吨；林木总碳储量833.85万吨，其中森林碳储量545.75万吨。

（二）森林资源构成

1.起源构成

森林面积中，天然林10.63万公顷、占20.73%，人工林40.66万公顷、占79.27%；森林蓄积量中，天然林403.49万立方米、占49.99%，人工林403.66万立方米、占50.01%。天然林和人工林按乔木林、竹林、特灌林构成情况见表4-141。

表4-141　天然林和人工林面积构成

类　型	天然林（万公顷）	天然林比例（%）	人工林（万公顷）	人工林比例（%）
合　计	10.63	100.00	40.66	100.00
乔木林	4.86	45.72	15.94	39.20
竹　林	0.00	0.00	0.00	0.00
特灌林	5.77	54.28	24.72	60.80

2.权属构成

森林面积中，国有林22.62万公顷、占44.10%，集体林28.67万公顷、占55.90%；森林蓄积量中，国有林677.56万立方米、占83.94%，集体林129.59万立方米、占16.06%。国有林和集体林按乔木林、竹林、特灌林构成情况见表4-142。

表4-142　国有林和集体林面积构成

类　型	国有林（万公顷）	国有林比例（%）	集体林（万公顷）	集体林比例（%）
合　计	22.62	100.00	28.67	100.00
乔木林	11.83	52.30	8.97	31.29
竹　林	0.00	0.00	0.00	0.00
特灌林	10.79	47.70	19.70	68.71

3.类别构成

森林面积中，公益林50.31万公顷、占98.09%，商品林0.98万公顷、占1.91%；森林蓄积量中，公益林692.73万立方米、占85.82%，商品林114.42万立方米、占14.18%。公益林和商品林按乔木林、竹林、特灌林构成情况见表4-143。

表4-143 公益林和商品林面积构成

类 型	公益林（万公顷）	公益林比例（%）	商品林（万公顷）	商品林比例（%）
合 计	50.31	100.00	0.98	100.00
乔木林	20.07	39.89	0.73	74.49
竹 林	0.00	0.00	0.00	0.00
特灌林	30.24	60.11	0.25	25.51

4.龄组构成

乔木林面积中，幼龄林9.75万公顷、占46.88%，中龄林6.70万公顷、占32.21%，近熟林、成熟林和过熟林合计4.35万公顷、占20.91%。乔木林分龄组面积蓄积量见表4-144。

表4-144 乔木林分龄组面积蓄积量

龄 组	面积（万公顷）	面积比例（%）	蓄积量（万立方米）	蓄积量比例（%）
合 计	20.80	100.00	807.15	100.00
幼龄林	9.75	46.88	140.18	17.37
中龄林	6.70	32.21	378.14	46.85
近熟林	2.74	13.17	213.26	26.42
成熟林	1.44	6.92	71.21	8.82
过熟林	0.17	0.82	4.36	0.54

（三）森林资源质量

1.乔木林质量

乔木林每公顷蓄积量38.81立方米，每公顷生物量47.63吨，每公顷碳储量23.16吨，平均胸径13.5厘米，平均树高9.4米，平均郁闭度0.42，纯林与混交林比例85：15。

2.天然乔木林质量

天然林乔木每公顷蓄积量83.02立方米，每公顷生物量111.19吨，每公顷碳储量54.24吨，平均胸径14.3厘米，平均树高9.8米，平均郁闭度0.54，纯林与混交林比例70：30。

3.人工乔木林质量

人工乔木林每公顷蓄积量25.32立方米，每公顷生物量28.25吨，每公顷碳储量13.68吨，平均胸径12.7厘米，平均树高9.1米，平均郁闭度0.38，纯林与混交林比例89：11。

二、草原资源

（一）草原资源数量

草地（草原）面积203.10万公顷，草原生物量1077.33万吨，碳储量484.80万吨。鲜草年总产量342.66万吨，折合干草年总产量122.85万吨。

草原面积中，面积较大的有温性荒漠草原、温性典型草原、温性草原化荒漠等3类，面积合计占91.83%。各草原类面积及比例见表4-145。

表4-145　各草原类面积及比例

草原类	面积（万公顷）	比例（%）
温性荒漠草原	130.24	64.13
温性典型草原	32.85	16.17
温性草原化荒漠	23.42	11.53
温性荒漠	8.57	4.22
温性草甸草原	6.51	3.21
其　他	1.51	0.74

（二）草原资源质量

草原综合植被盖度52.65%，单位面积鲜草产量1.69吨/公顷，单位面积干草产量0.60吨/公顷，净初级生产力1.93吨/（公顷·年）。

第三十一节　新疆林草资源

新疆维吾尔自治区林草资源丰富，林地、草地总面积6419.87万公顷。其中，林地1221.27万公顷，草地5198.60万公顷。林木覆盖面积978.83万公顷，林木覆盖率6.00%；森林面积901.00万公顷，森林覆盖率5.52%；森林蓄积量30404.94万立方米。草原综合植被盖度41.60%。

一、森林资源

（一）森林资源总量

林地面积1221.27万公顷，占国土面积的7.49%。森林面积901.00万公顷，其中，乔木林270.76万公顷、占30.05%，特灌林630.24万公顷、占69.95%。

活立木蓄积量50132.81万立方米，其中，森林蓄积量30404.94万立方米、占60.65%，疏林蓄积量2202.40万立方米、占4.39%，散生木蓄积量9614.55万立方米、占19.18%，四旁树蓄积量7910.92万立方米、占15.78%。

林木总生物量46402.76万吨，其中森林生物量27718.46万吨；林木总碳储量22653.21万吨，其中森林碳储量13575.25万吨。

（二）森林资源构成

1.起源构成

森林面积中，天然林846.33万公顷、占93.93%，人工林54.67万公顷、占6.07%；森林蓄积量中，天然林27407.32万立方米、占90.14%，人工林2997.62万立方米、占9.86%。天然林和人工林按乔木林、竹林、特灌林构成情况见表4-146。

表4-146　天然林和人工林面积构成

类　型	天然林（万公顷）	天然林比例（%）	人工林（万公顷）	人工林比例（%）
合　计	846.33	100.00	54.67	100.00
乔木林	226.98	26.82	43.78	80.08
竹　林	0.00	0.00	0.00	0.00
特灌林	619.35	73.18	10.89	19.92

2.权属构成

森林面积中，国有林885.95万公顷、占98.33%，集体林15.05万公顷、占1.67%；森林蓄积量中，国有林29051.32万立方米、占95.55%，集体林1353.62万立方米、占4.45%。国有林和集体林按乔木林、竹林、特灌林构成情况见表4-147。

表4-147　国有林和集体林面积构成

类　型	国有林（万公顷）	国有林比例（%）	集体林（万公顷）	集体林比例（%）
合　计	885.95	100.00	15.05	100.00
乔木林	257.75	29.09	13.01	86.45
竹　林	0.00	0.00	0.00	0.00
特灌林	628.20	70.91	2.04	13.55

3.类别构成

森林面积中，公益林896.50万公顷、占99.50%，商品林4.50万公顷、占0.50%；森林蓄积量中，公益林29870.59万立方米、占98.24%，商品林534.35万立方米、占1.76%。公益林和商品林按乔木林、竹林、特灌林构成情况见表4-148。

表4-148　公益林和商品林面积构成

类　型	公益林（万公顷）	公益林比例（%）	商品林（万公顷）	商品林比例（%）
合　计	896.50	100.00	4.50	100.00
乔木林	267.24	29.81	3.52	78.22
竹　林	0.00	0.00	0.00	0.00
特灌林	629.26	70.19	0.98	21.78

4.龄组构成

乔木林面积中，幼龄林30.74万公顷、11.35%，中龄林61.78万公顷、占22.82%，近熟林、成熟林和过熟林合计178.24万公顷、占65.83%。乔木林分龄组面积蓄积量见表4-149。

表4-149　乔木林分龄组面积蓄积量

龄　组	面积（万公顷）	面积比例（%）	蓄积量（万立方米）	蓄积量比例（%）
合　计	270.76	100.00	30404.94	100.00
幼龄林	30.74	11.35	1296.61	4.26
中龄林	61.78	22.82	5561.18	18.29
近熟林	50.19	18.54	5699.63	18.75
成熟林	75.90	28.03	10229.92	33.65
过熟林	52.15	19.26	7617.60	25.05

（三）森林资源质量

1.乔木林质量

乔木林每公顷蓄积量112.29立方米，每公顷生物量90.64吨，每公顷碳储量44.29吨，平均胸径20.8厘米，平均树高14.6米，平均郁闭度0.41，纯林与混交林比例92：8。

2.天然乔木林质量

天然乔木林每公顷蓄积量120.75立方米，每公顷生物量94.40吨，每公顷碳储量46.25

吨，平均胸径23.2厘米，平均树高15.7米，平均郁闭度0.41，纯林与混交林比例93∶7。

3.人工乔木林质量

人工乔木林每公顷蓄积量68.47立方米，每公顷生物量71.19吨，每公顷碳储量34.10吨，平均胸径17.5厘米，平均树高13.3米，平均郁闭度0.40，纯林与混交林比例90∶10。

二、草原资源

（一）草原资源数量

草地（草原）面积5198.60万公顷，草原生物量17895.98万吨，碳储量8053.19万吨。鲜草年总产量6555.35万吨，折合干草年总产量2071.50万吨。

草原面积中，面积较大的有温性荒漠、高寒典型草原、高寒草甸、温性荒漠草原、温性典型草原等5类，面积合计占76.21%。各草原类面积及比例见表4-150。

表4-150 各草原类面积及比例

草原类	面积（万公顷）	比例（%）
温性荒漠	1683.83	32.38
高寒典型草原	667.87	12.85
高寒草甸	633.50	12.19
温性荒漠草原	534.26	10.28
温性典型草原	442.50	8.51
温性草原化荒漠	405.17	7.79
低地草甸	357.42	6.88
山地草甸	282.96	5.44
温性草甸草原	110.46	2.12
高寒荒漠	44.67	0.86
其　他	35.96	0.70

（二）草原资源质量

草原综合植被盖度41.60%，单位面积鲜草产量1.26吨/公顷，单位面积干草产量0.40吨/公顷，净初级生产力1.31吨/（公顷·年）。

第五章

林草资源保护发展状况

第一节　林草资源发展状况

党的十八大以来，我国加快推进生态文明建设，认真践行绿水青山就是金山银山理念，构建以国家公园为主体的自然保护地体系，全面推行林长制，统筹山水林田湖草沙系统治理，全面加强生态系统保护修复，着力推进科学绿化，森林面积蓄积量稳步增加，林草资源不断增长，林草生态系统步入健康状况向好、质量逐步提升、功能稳步增强的发展阶段，为推进林草事业高质量发展，实现人与自然和谐共处，支撑碳达峰、碳中和战略做出新贡献。

一、森林总量稳步增长，结构有所改善

与第九次全国森林资源清查结果相比，森林面积增加1019.01万公顷，达到2.31亿公顷；森林蓄积量增加19.33亿立方米，达到194.93亿立方米；森林覆盖率上升1.06个百分点，达到24.02%，呈稳步增长态势。森林群落结构完整的比例上升2.28个百分点、达到67.23%，混交林面积比例上升1.05个百分点、达到42.97%。

二、天然林持续恢复，人工林稳步增长

天然林面积增加213.52万公顷，人工林面积增加805.49万公顷，分别占森林面积增量的20.95%和79.05%；天然林蓄积量增加7.07亿立方米，人工林蓄积量增加12.26亿立方米，分别占森林蓄积量增量的36.55%和63.45%。天然林和人工林面积之比由第九次清查的64∶36变为62∶38，人工林面积所占比例继续保持上升势头。

三、林草湿质量稳中向好，生态服务功能增强

与第九次全国森林资源清查结果相比，森林每公顷蓄积量增加0.19立方米、达到95.02立方米；平均胸径增加1.0厘米、达到14.4厘米；平均树高增加0.1米、达到10.6米，均呈增加趋势。鲜草产量每公顷2.25吨，保持较好水平。国际重要湿地地表水水质Ⅰ、Ⅱ、Ⅲ类的有35处。林草湿生态系统年涵养水源8038.53亿立方米、年吸收二氧化碳当量12.80亿吨、年释氧量9.34亿吨、年固土量117.20亿吨、年保肥量7.72亿吨、年吸收大气污染物量0.75亿吨、年滞尘量102.57亿吨、年植被养分固持量0.49亿吨。生态系统服务功能年价值量达到28.58万亿元，相当于2020年全国GDP的1/4。

四、林草固碳继续增加，森林增汇能力提升

林草植被总碳储量114.43亿吨，其中林木植被碳储量107.23亿吨，草原植被碳储量

7.20亿吨；林草碳密度18.92吨/公顷，林草植被年固碳量3.49亿吨。与第九次全国森林资源清查结果相比，森林碳储量增加11.62亿吨、达到92.87亿吨，森林碳密度增加3.43吨/公顷、达到40.66吨/公顷。

五、保护格局基本形成，利用格局趋于合理

全国林地、草地、湿地总面积6.05亿公顷，占国土面积的63.02%。其中，林地2.84亿公顷、草地2.65亿公顷、湿地0.56亿公顷。林草湿生态空间中，纳入自然保护地严格保护的面积达到1.39亿公顷，按照中央和地方事权纳入公益林管理的林地面积1.73亿公顷；实施草原生态保护补助奖励政策，将0.8亿公顷草原面积纳入禁牧补助范围，对1.74亿公顷草畜平衡区进行生态保护奖励；全国湿地面积中有372.75万公顷纳入国际重要湿地。以国家公园为主体、以自然保护地为依托、以生态补偿为抓手的保护格局基本形成。林草湿生态空间中，服务生态、生产、生活的比例为58∶34∶8，初步形成了数量与质量并重、利用与保护协调、政策与措施衔接、生态与经济双赢的利用格局。

然而，与生态文明建设和高质量发展要求相比，我国林草资源存在总量不足、质量不高、空间分布不均、生态承载力不强等问题。我国人均森林面积不足世界人均森林面积的1/3，人均森林蓄积量不足世界人均森林蓄积量的1/5，人均草地面积不足世界平均水平的1/3；森林每公顷蓄积量不到世界平均水平的70%，“健康的”草原面积仅占1/8，63个国际重要湿地中，有18处水质为Ⅳ类和Ⅴ类，仍面临着外来植物入侵、农业工业和生活污染、过度放牧等各种威胁。林草生态系统多种效益尚未充分发挥，构建健康、稳定、优质、高效的生态系统任重而道远。

第二节　林草资源保护发展对策

为加快推进生态文明和美丽中国建设，进一步提升林草生态系统质量和服务功能，必须深入贯彻习近平生态文明思想，坚持绿水青山就是金山银山、山水林田湖草沙系统治理理念，尊重自然、顺应自然、保护自然，加强林草生态系统保护修复，稳步提升林草资源总量，强化经营管理，全面推进林业草原国家公园“三位一体”融合发展。

一、精准提升林草生态系统质量

将生态建设重心从扩大面积转到提升质量上来，尤其是要通过生态系统经营，加快构建健康稳定、优质高效的生态系统。继续全面停止天然林商业性采伐，推行以森林经

营方案为基础的森林培育、保护利用机制。落实草原禁牧和草畜平衡制度，合理降低开发利用强度，以自然恢复为主，适度开展人工干预措施，科学种草改良，修复退化草原，提高草原质量和功能。优化湿地保护空间布局，采取近自然措施，强化源头治理，增强湿地自我修复能力，提升湿地质量和功能。

二、加强林草生态系统保护修复

科学制定林地保护利用规划，分级划定林地保护利用范围。聚焦各区域生态问题和保护修复难点，合理安排增绿空间，落地上图，坚持因地制宜、适地适绿，宜乔则乔、宜灌则灌、宜草则草，形成全国林草生态系统保护修复项目库，精准实施保护修复措施，持续推进林草生态系统保护修复工作，科学推进国土绿化。

三、加快完善林草湿生态产品价值实现机制

优化服务于生态、生产、生活的林草湿生态空间格局，加快推进以国家公园为主体的自然保护地体系建设，统筹林草湿生态保护补偿，建立与生态价值相协调的补偿制度。巩固和提升绿色林草产业，大力发展储备林、木竹产业、现代草业等优势产业。开展美丽林草评价和大美林草推介，推进林草生态旅游和康养产业升级，开发更多优质生态产品，扎实推进生态产品价值实现。

四、依法强化林草资源监督管理

全面推深做实林长制，建立督查考核制度，压紧压实各级党委政府保护发展林草资源的主体责任。完善林草湿地分级分类保护管理措施，强化林草湿生态空间用途管制和总量控制机制，实行负面清单管理。落实采伐限额、凭证采伐管理，保护基本草原，规范林木采伐和放牧管理。综合开展“天上看、地面查、网络传”的林草湿和自然保护地督查，及时遏制和查处违法违规行为。

五、持续开展林草生态综合监测

建立健全国家地方一体、部门协同一致的林草生态综合监测制度。统筹林草监测技术力量，设立国家林草生态综合监测中心，强化队伍建设，提高装备水平，提升综合监测数据采集和信息处理能力。加大高分定量遥感、卫星精准定位、无人机监测、模型技术研究应用力度，加强点面融合监测、生态系统评价、林草碳汇计量等技术攻关和基础数表研建，持续开展年度林草生态综合监测，服务碳达峰碳中和战略，支撑林草资源保护发展、林长制督查考核，提升治理体系和治理能力现代化水平。

附　表

附表1 全国各省（自治区、直辖市）森林资源主要指标排序

统计单位	森林覆盖率		森林面积		森林蓄积量		活立木蓄积量		天然林面积		人工林面积		乔木林每公顷蓄积量	
	%	排序	万公顷	排序	万立方米	排序	万立方米	排序	万公顷	排序	万公顷	排序	立方米 / 公顷	排序
全　国	24.02	—	23063.63	—	1949280.80	—	2204278.21	—	14255.04	—	8808.59	—	95.02	—
北　京	43.31	13	71.06	28	2952.49	28	3829.95	28	28.43	26	42.63	26	41.58	27
天　津	12.82	24	15.40	30	508.32	31	739.57	31	0.40	29	15.00	29	34.96	31
河　北	24.41	19	460.52	19	15101.10	24	19041.72	22	219.28	20	241.24	16	37.77	29
山　西	20.60	21	322.82	23	15877.61	22	18798.34	23	158.62	22	164.20	20	51.33	25
内蒙古	20.10	22	2302.08	1	164424.01	5	181073.27	5	1749.25	1	552.83	6	96.95	8
辽　宁	35.27	17	524.38	17	36073.48	16	38749.48	17	267.87	17	256.51	14	72.70	16
吉　林	43.88	10	838.99	12	122586.86	6	128255.98	6	641.84	7	197.15	18	146.34	2
黑龙江	44.47	9	2012.35	3	215847.19	2	238273.22	2	1741.21	2	271.14	12	107.26	6
上　海	12.40	25	10.68	31	857.22	29	1088.66	30	—	—	10.68	30	82.35	11
江　苏	7.22	29	76.83	27	5162.84	26	9872.96	26	—	—	76.83	24	72.05	17
浙　江	56.64	3	598.91	16	37786.63	15	44252.22	16	329.83	14	269.08	13	76.17	14
安　徽	28.06	18	393.21	20	25669.44	19	31399.22	19	98.24	24	294.97	10	73.25	15
福　建	65.12	1	807.72	13	80713.30	8	90884.95	8	395.48	12	412.24	8	121.64	3
江　西	58.97	2	984.50	8	66328.90	9	76919.13	9	612.09	9	372.41	9	81.94	12
山　东	14.16	23	223.81	24	7672.41	25	14254.57	25	0.84	28	222.97	17	37.26	30
河　南	21.14	20	350.28	21	17731.81	21	27982.63	21	163.07	21	187.21	19	51.29	26
湖　北	42.11	15	782.97	14	48336.09	14	53698.23	14	492.25	10	290.72	11	63.34	23
湖　南	53.03	5	1123.44	7	58037.93	10	67583.50	10	400.69	11	722.75	3	62.75	24
广　东	53.03	5	953.29	9	57811.71	11	63017.19	11	237.96	18	715.33	4	64.99	22
广　西	49.70	7	1181.30	5	85953.26	7	99004.84	7	311.94	15	869.36	1	76.93	13
海　南	48.26	8	169.47	25	15493.33	23	17468.64	24	59.00	25	110.47	23	92.64	9

（续）

统计单位	森林覆盖率		森林面积		森林蓄积量		活立木蓄积量		天然林面积		人工林面积		乔木林每公顷蓄积量	
	%	排序	万公顷	排序	万立方米	排序	万立方米	排序	万公顷	排序	万公顷	排序	立方米 / 公顷	排序
重　庆	42.30	14	348.48	22	21845.89	20	28762.32	20	223.57	19	124.91	22	67.65	20
四　川	35.72	16	1736.26	4	189498.02	4	214908.11	4	1007.59	5	728.67	2	113.81	4
贵　州	43.81	11	771.56	15	49081.10	13	58043.26	13	281.91	16	489.65	7	66.47	21
云　南	55.25	4	2117.03	2	214447.60	3	240976.97	1	1522.27	3	594.76	5	103.80	7
西　藏	9.82	28	1181.00	6	224264.18	1	233543.37	3	1172.53	4	8.47	31	229.96	1
陕　西	43.48	12	894.09	11	56953.80	12	62134.51	12	640.06	8	254.03	15	67.87	19
甘　肃	11.33	26	482.67	18	26406.88	18	32227.04	18	333.57	13	149.10	21	68.12	18
青　海	2.21	31	153.67	26	4441.91	27	5854.07	27	134.54	23	19.13	28	91.23	10
宁　夏	9.88	27	51.29	29	807.15	30	1304.08	29	10.63	27	40.66	27	38.81	28
新　疆	5.52	30	901.00	10	30404.94	17	50132.81	15	846.33	6	54.67	25	112.29	5
台　湾	60.71	—	219.71	—	50203.40	—	50203.40	—	173.75	—	45.96	—	228.50	—
香　港	25.05	—	2.77	—	—	—	—	—	—	—	2.77	—	—	—
澳　门	30.00	—	0.09	—	—	—	—	—	—	—	0.09	—	—	—

注：①台湾省数据来源于《台湾地区第四次森林资源调查统计资料（2013 年）》；②香港特别行政区数据来源于《中国统计年鉴（2018）》；③澳门特别行政区数据来源于《澳门统计年鉴》（2011）》。

附表2　全国各省（自治区、直辖市）草原资源主要指标排序

统计单位	草原综合植被盖度		草地面积		鲜草总产量		干草总产量	
	%	排序	万公顷	排序	万吨	排序	万吨	排序
全　国	50.32	—	26453.01	—	59542.87	—	19195.91	—
北　京	78.73	12	1.45	30	16.20	30	5.15	28
天　津	67.51	22	1.50	29	16.22	29	4.99	29
河　北	73.50	18	194.73	10	1011.17	8	331.76	8
山　西	73.33	19	310.51	7	1096.92	7	340.04	7
内蒙古	45.07	30	5417.19	2	12775.84	1	4277.97	1
辽　宁	67.44	23	48.72	14	247.08	14	78.25	15
吉　林	72.10	21	67.47	13	315.03	13	95.74	13
黑龙江	72.49	20	118.57	12	958.58	9	286.46	10
上　海	88.12	2	1.32	31	10.77	31	3.54	31
江　苏	76.37	15	9.36	21	72.47	24	23.83	23
浙　江	74.46	17	6.35	25	54.86	25	18.32	25
安　徽	77.47	14	4.79	26	37.09	26	12.10	26
福　建	77.55	13	7.49	24	85.89	21	31.25	21
江　西	80.53	9	8.87	23	81.52	22	25.67	22
山　东	74.73	16	23.52	18	145.60	19	46.00	19
河　南	64.32	24	25.70	16	161.92	18	53.25	18
湖　北	82.50	7	8.94	22	72.55	23	23.77	24
湖　南	86.30	4	14.05	20	126.02	20	40.88	20
广　东	79.30	10	23.85	17	202.24	16	66.46	16
广　西	82.82	6	27.62	15	242.54	15	79.25	14

（续）

统计单位	草原综合植被盖度		草地面积		鲜草总产量		干草总产量	
	%	排序	万公顷	排序	万吨	排序	万吨	排序
海　南	87.02	3	1.71	28	17.44	27	5.70	27
重　庆	84.20	5	2.36	27	16.35	28	4.81	30
四　川	82.30	8	968.78	6	7032.92	4	2147.75	4
贵　州	88.44	1	18.83	19	167.21	17	53.85	17
云　南	79.10	11	132.29	11	803.11	11	254.36	11
西　藏	48.02	29	8006.51	1	11166.53	3	3613.05	2
陕　西	57.20	26	221.03	8	906.67	10	299.66	9
甘　肃	53.03	27	1430.71	5	3451.46	6	1167.55	6
青　海	57.80	25	3947.09	4	11352.66	2	3610.15	3
宁　夏	52.65	28	203.10	9	342.66	12	122.85	12
新　疆	41.60	31	5198.60	3	6555.35	5	2071.50	5

附表3　世界部分国家森林资源主要指标排序

国家	森林面积		森林覆盖率		森林蓄积量		森林单位蓄积量		天然林面积		人工林面积	
	千公顷	排序	%	排序	百万立方米	排序	立方米/公顷	排序	千公顷	排序	千公顷	排序
全球	4058931	—	31.0	—	556526	—	137.1	—	3737172	—	292587	—
中国	230636	5	24.02	136	19493	6	95.02	105	142550	5	88086	1
俄罗斯	815312	1	49.8	60	81071	2	99	103	796432	1	18880	3
巴西	496620	2	59.4	34	120358	1	242	27	485396	2	11224	7
加拿大	346928	3	38.2	89	45108	3	130	78	328765	3	18163	4
美国	309795	4	33.9	106	41269	4	133	75	282273	4	27522	2
澳大利亚	134005	6	17.4	148	—	—	—	—	131615	6	2390	22
刚果民主共和国	126155	7	55.7	44	30782	5	244	26	126098	7	58	111
印度尼西亚	92133	8	49.1	62	12727	8	138	73	87608	8	4526	13
秘鲁	72330	9	56.5	40	11525	9	159	63	71242	9	1088	35
印度	72160	10	24.3	130	5142	15	71	126	58891	12	13269	6
哥伦比亚	59142	13	53.3	49	14830	7	251	23	58715	13	427	55
委内瑞拉（玻利瓦尔共和国）	46231	15	52.4	52	10254	10	222	31	44873	16	1358	32
圭亚那	18415	34	93.6	3	7068	11	384	4	18415	28		
新西兰	9893	53	35.6	97	4144	18	419	1	7808	55	2084	27
苏里南	15196	44	97.4	1	5651	13	372	5	15182	37	14	137
瑞士	1269	117	32.1	112	449	78	354	7	1120	113	149	83
罗马尼亚	6929	65	30.1	118	2355	35	340	9	6034	66	895	37

（续）

国家	森林面积		森林覆盖率		森林蓄积量		森林单位蓄积量		天然林面积		人工林面积	
	千公顷	排序	%	排序	百万立方米	排序	立方米/公顷	排序	千公顷	排序	千公顷	排序
加蓬	23531	24	91.3	5	5530	14	235	29	23501	22	30	124
巴布亚新几内亚	35856	19	79.2	10	3410	25	95	107	35796	19	61	108
德国	11419	51	32.7	110	3663	23	321	13	5710	69	5710	10
日本	24935	23	68.4	22	—	—	—	—	14751	42	10184	8
英国	3190	90	13.2	158	677	67	212	37	344	135	2846	18
法国	17253	38	31.5	113	3056	27	177	50	14819	41	2434	21
瑞典	27980	22	68.7	21	3654	24	131	77	14068	44	13912	5
芬兰	22409	25	73.7	12	2449	33	109	93	15041	38	7368	9
挪威	12180	50	40.1	85	1233	47	101	100	12072	49	108	92
南非	17050	40	14.1	155	898	61	53	142	13906	45	3144	17

注：①根据联合国粮农组织2020年全球森林资源评估结果整理，其中的森林按联合国粮农组织的定义；森林单位蓄积量等于森林蓄积量除以森林面积；②森林面积和森林覆盖率根据236个国家和地区的数据排序，森林蓄积量和单位蓄积量根据提供了数据的179个国家和地区排序，天然林和人工林面积根据提供了数据的198个国家和地区排序；③中国的森林资源数据采用2021年林草生态综合监测结果。

附表4 各类林地面积按权属统计

百公顷

统计单位	土地所有权	合 计	乔木林地	竹林地	灌木林地			其他林地
					小 计	特灌林地	一般灌木林地	
全 国	合 计	2841259	1959194	75270	552383	194561	357822	254412
	国 有	1129061	775224	4523	274125	112632	161493	75189
	集 体	1712198	1183970	70747	278258	81929	196329	179223
北 京	合 计	9676	6762		2217		2217	697
	国 有	1008	702		182		182	124
	集 体	8668	6060		2035		2035	573
天 津	合 计	1483	1057		176	10	166	250
	国 有	181	145		10		10	26
	集 体	1302	912		166	10	156	224
河 北	合 计	64253	39793		10621	2891	7730	13839
	国 有	8054	6186		655	169	486	1213
	集 体	56199	33607		9966	2722	7244	12626
山 西	合 计	60957	30418	2	13575	885	12690	16962
	国 有	15633	11589		2182	79	2103	1862
	集 体	45324	18829	2	11393	806	10587	15100
内蒙古	合 计	243600	161798		64627	60619	4008	17175
	国 有	157413	139527		10210	8527	1683	7676
	集 体	86187	22271		54417	52092	2325	9499
辽 宁	合 计	60157	49375		5878	2580	3298	4904
	国 有	6704	5695		326	91	235	683
	集 体	53453	43680		5552	2489	3063	4221
吉 林	合 计	87590	83390		812	129	683	3388
	国 有	64421	62539		331	90	241	1551
	集 体	23169	20851		481	39	442	1837

（续）

统计单位	土地所有权	合　计	乔木林地	竹林地	灌木林地			其他林地
					小　计	特灌林地	一般灌木林地	
黑龙江	合　计	216232	193841		676	7	669	21715
	国　有	194362	186925		552	3	549	6885
	集　体	21870	6916		124	4	120	14830
上　海	合　计	818	653	23	21		21	121
	国　有	270	205	2	6		6	57
	集　体	548	448	21	15		15	64
江　苏	合　计	7870	3967	313	304		304	3286
	国　有	1814	1125	59	52		52	578
	集　体	6056	2842	254	252		252	2708
浙　江	合　计	60936	48941	8779	1786	652	1134	1430
	国　有	3001	2666	142	65	12	53	128
	集　体	57935	46275	8637	1721	640	1081	1302
安　徽	合　计	40915	33130	3797	1488	207	1281	2500
	国　有	4141	3317	151	137	9	128	536
	集　体	36774	29813	3646	1351	198	1153	1964
福　建	合　计	88114	66093	13261	3139	613	2526	5621
	国　有	5654	4761	388	166	16	150	339
	集　体	82460	61332	12873	2973	597	2376	5282
江　西	合　计	104137	80768	12273	6079	4148	1931	5017
	国　有	12047	9462	1650	328	162	166	607
	集　体	92090	71306	10623	5751	3986	1765	4410
山　东	合　计	26053	20069	10	974		974	5000
	国　有	2788	2214	1	47		47	526
	集　体	23265	17855	9	927		927	4474
河　南	合　计	43963	34439	108	3930	54	3876	5486
	国　有	4348	3558	8	308		308	474
	集　体	39615	30881	100	3622	54	3568	5012

（续）

统计单位	土地所有权	合　计	乔木林地	竹林地	灌木林地			其他林地
					小　计	特灌林地	一般灌木林地	
湖　北	合　计	92801	76309	1124	9646	759	8887	5722
	国　有	6129	5315	59	258	13	245	497
	集　体	86672	70994	1065	9388	746	8642	5225
湖　南	合　计	127171	92451	12168	15107	5321	9786	7445
	国　有	7044	5326	486	701	90	611	531
	集　体	120127	87125	11682	14406	5231	9175	6914
广　东	合　计	107925	88707	5897	5993	349	5644	7328
	国　有	11907	10222	332	512	14	498	841
	集　体	96018	78485	5565	5481	335	5146	6487
广　西	合　计	160952	111722	4644	29475	1671	27804	15111
	国　有	13128	10708	210	1135	56	1079	1075
	集　体	147824	101014	4434	28340	1615	26725	14036
海　南	合　计	11741	10093	110	898	12	886	640
	国　有	6564	5901	41	304	6	298	318
	集　体	5177	4192	69	594	6	588	322
重　庆	合　计	46890	31724	2160	7704	186	7518	5302
	国　有	3027	2204	178	247	2	245	398
	集　体	43863	29520	1982	7457	184	7273	4904
四　川	合　计	254196	166303	6857	74566	24	74542	6470
	国　有	123178	72780	200	47158	3	47155	3040
	集　体	131018	93523	6657	27408	21	27387	3430
贵　州	合　计	112101	73831	1589	28565	1299	27266	8116
	国　有	3376	2439	48	592	25	567	297
	集　体	108725	71392	1541	27973	1274	26699	7819
云　南	合　计	249690	199981	2058	29113	211	28902	18538
	国　有	50385	44202	541	3697	25	3672	1945
	集　体	199305	155779	1517	25416	186	25230	16593

（续）

统计单位	土地所有权	合　计	乔木林地	竹林地	灌木林地			其他林地
					小　计	特灌林地	一般灌木林地	
西　藏	合　计	178961	97524	3	81119	20573	60546	315
	国　有	177503	97104	3	80112	20442	59670	284
	集　体	1458	420		1007	131	876	31
陕　西	合　计	124760	83542	94	19328	5326	14002	21796
	国　有	30677	25154	24	3209	1051	2158	2290
	集　体	94083	58388	70	16119	4275	11844	19506
甘　肃	合　计	79628	38644		26377	9482	16895	14607
	国　有	47242	22208		17241	8509	8732	7793
	集　体	32386	16436		9136	973	8163	6814
青　海	合　计	46036	4854		33686	10498	23188	7496
	国　有	42876	4219		32115	9351	22764	6542
	集　体	3160	635		1571	1147	424	954
宁　夏	合　计	9526	1948		4489	3046	1443	3089
	国　有	4029	1060		1484	1076	408	1485
	集　体	5497	888		3005	1970	1035	1604
新　疆	合　计	122127	27067		70014	63009	7005	25046
	国　有	120157	25766		69803	62811	6992	24588
	集　体	1970	1301		211	198	13	458

附表5　各类林木蓄积量按权属统计

百立方米

统计单位	土地所有权	活立木总蓄积量	乔木林蓄积量	疏林蓄积量	散生木蓄积量	四旁树蓄积量
全　国	合　计	215407481	189907740	818474	13811491	10869776
	国　有	114452998	105302301	525475	6100185	2525037
	集　体	100954483	84605439	292999	7711306	8344739
北　京	合　计	382995	295249	305	29279	58162
	国　有	90199	56062	164	2617	31356
	集　体	292796	239187	141	26662	26806
天　津	合　计	73957	50832	168	4532	18425
	国　有	24582	18704	102	381	5395
	集　体	49375	32128	66	4151	13030
河　北	合　计	1904172	1510110	10852	136564	246646
	国　有	472545	411943	1401	13164	46037
	集　体	1431627	1098167	9451	123400	200609
山　西	合　计	1879834	1587761	28913	124587	138573
	国　有	898925	848398	8781	24583	17163
	集　体	980909	739363	20132	100004	121410
内蒙古	合　计	18107327	16442401	59350	1310313	295263
	国　有	16729105	15451923	49067	1174548	53567
	集　体	1378222	990478	10283	135765	241696
辽　宁	合　计	3874948	3607348	2106	55556	209938
	国　有	619449	561877	491	4969	52112
	集　体	3255499	3045471	1615	50587	157826
吉　林	合　计	12825598	12258686	3092	413409	150411
	国　有	10687320	10311196	1325	352936	21863
	集　体	2138278	1947490	1767	60473	128548
黑龙江	合　计	23827322	21584719	8284	1581702	652617
	国　有	22785236	20788188	8184	1566613	422251
	集　体	1042086	796531	100	15089	230366

（续）

统计单位	土地所有权	活立木总蓄积量	乔木林蓄积量	疏林蓄积量	散生木蓄积量	四旁树蓄积量
上　海	合　计	108866	85722	58	2431	20655
	国　有	55998	45841		430	9727
	集　体	52868	39881	58	2001	10928
江　苏	合　计	987296	516284	2	72345	398665
	国　有	302985	176216		20279	106490
	集　体	684311	340068	2	52066	292175
浙　江	合　计	4425222	3778663	817	375829	269913
	国　有	392081	301290		5989	84802
	集　体	4033141	3477373	817	369840	185111
安　徽	合　计	3139922	2566944	2306	192452	378220
	国　有	310684	251880	38	13814	44952
	集　体	2829238	2315064	2268	178638	333268
福　建	合　计	9088495	8071330	48306	763250	205609
	国　有	713112	645927	283	39348	27554
	集　体	8375383	7425403	48023	723902	178055
江　西	合　计	7691913	6632890	3012	723654	332357
	国　有	1533349	1345272		135979	52098
	集　体	6158564	5287618	3012	587675	280259
山　东	合　计	1425457	767241	4970	140160	513086
	国　有	209687	116907	619	9120	83041
	集　体	1215770	650334	4351	131040	430045
河　南	合　计	2798263	1773181	3433	208739	812910
	国　有	427402	279425	308	15684	131985
	集　体	2370861	1493756	3125	193055	680925
湖　北	合　计	5369823	4833609	1174	188901	346139
	国　有	628352	553899		2927	71526
	集　体	4741471	4279710	1174	185974	274613

（续）

统计单位	土地所有权	活立木总蓄积量	乔木林蓄积量	疏林蓄积量	散生木蓄积量	四旁树蓄积量
湖 南	合 计	6758350	5803793	6308	567965	380284
	国 有	648784	565602		37459	45723
	集 体	6109566	5238191	6308	530506	334561
广 东	合 计	6301719	5781171	7226	333095	180227
	国 有	862305	791793	740	30033	39739
	集 体	5439414	4989378	6486	303062	140488
广 西	合 计	9900484	8595326	3520	950812	350826
	国 有	1114670	962007		62857	89806
	集 体	8785814	7633319	3520	887955	261020
海 南	合 计	1746864	1549333	158	152835	44538
	国 有	1160125	1062825		77311	19989
	集 体	586739	486508	158	75524	24549
重 庆	合 计	2876232	2184589	19003	224410	448230
	国 有	276019	233345	567	14588	27519
	集 体	2600213	1951244	18436	209822	420711
四 川	合 计	21490811	18949802	155846	1070682	1314481
	国 有	12440376	11640269	99396	396122	304589
	集 体	9050435	7309533	56450	674560	1009892
贵 州	合 计	5804326	4908110	11613	375590	509013
	国 有	348632	266915		17723	63994
	集 体	5455694	4641195	11613	357867	445019
云 南	合 计	24097697	21444760	64102	1596913	991922
	国 有	7819379	7266301	12355	437847	102876
	集 体	16278318	14178459	51747	1159066	889046
西 藏	合 计	23354337	22426418	70379	686068	171472
	国 有	23296831	22416851	67537	648781	163662
	集 体	57506	9567	2842	37287	7810

（续）

统计单位	土地所有权	活立木总蓄积量	乔木林蓄积量	疏林蓄积量	散生木蓄积量	四旁树蓄积量
陕 西	合 计	6213451	5695380	32934	275124	210013
	国 有	2590659	2495561	16167	42367	36564
	集 体	3622792	3199819	16767	232757	173449
甘 肃	合 计	3222704	2640688	30111	235839	316066
	国 有	2194546	2056152	20540	77889	39965
	集 体	1028158	584536	9571	157950	276101
青 海	合 计	585407	444191	17608	45625	77983
	国 有	476700	406844	17055	35990	16811
	集 体	108707	37347	553	9635	61172
宁 夏	合 计	130408	80715	2278	11375	36040
	国 有	85732	67756	994	5858	11124
	集 体	44676	12959	1284	5517	24916
新 疆	合 计	5013281	3040494	220240	961455	791092
	国 有	4257229	2905132	219361	831979	300757
	集 体	756052	135362	879	129476	490335

附表6　各类生物量按权属统计

百吨

统计单位	土地所有权	林木植被生物量	森林生物量	乔木林生物量	竹林生物量	特灌林生物量	一般灌木林生物量	疏林生物量	散生木（竹）生物量	四旁树生物量
全　国	合　计	218855992	189546540	183565553	4201549	1779438	4132174	803694	13423235	10950349
	国　有	105363121	95679676	94469319	291379	918978	1891664	533873	4860981	2396927
	集　体	113492871	93866864	89096234	3910170	860460	2240510	269821	8562254	8553422
北　京	合　计	532115	418342	416950		1392	15504	522	38989	58758
	国　有	116413	85389	85389			1128	117	3390	26389
	集　体	415702	332953	331561		1392	14376	405	35599	32369
天　津	合　计	85748	58522	58246		276	1056	175	5105	20890
	国　有	29284	22150	22138		12	96	96	448	6494
	集　体	56464	36372	36108		264	960	79	4657	14396
河　北	合　计	2217780	1743048	1718216		24832	37056	14278	158266	265132
	国　有	528524	457951	456031		1920	2880	2032	14754	50907
	集　体	1689256	1285097	1262185		22912	34176	12246	143512	214225
山　西	合　计	2793319	2318451	2307233		11218	113032	40730	176652	144454
	国　有	1330474	1239657	1237385		2272	24566	12944	36361	16946
	集　体	1462845	1078794	1069848		8946	88466	27786	140291	127508
内蒙古	合　计	18631463	16881031	16391803		489228	27612	44687	1286658	391475
	国　有	16628399	15377640	15306132		71508	20532	42708	1122977	64542
	集　体	2003064	1503391	1085671		417720	7080	1979	163681	326933
辽　宁	合　计	4005995	3678579	3648587		29992	82152	2276	54379	188609
	国　有	625601	568175	566871		1304	6520	473	5369	45064
	集　体	3380394	3110404	3081716		28688	75632	1803	49010	143545
吉　林	合　计	12351799	11827789	11826193		1596	11704	2331	374866	135109
	国　有	10273158	9936276	9935212		1064	3458	1047	312911	19466
	集　体	2078641	1891513	1890981		532	8246	1284	61955	115643

（续）

统计单位	土地所有权	林木植被生物量	森林生物量	乔木林生物量	竹林生物量	特灌林生物量	一般灌木林生物量	疏林生物量	散生木（竹）生物量	四旁树生物量
黑龙江	合　计	21357796	20070179	20069383		796	15538	9879	762392	499808
	国　有	20483660	19395387	19394989		398	13946	9815	750648	313864
	集　体	874136	674792	674394		398	1592	64	11744	185944
上　海	合　计	115395	93035	92092	943		72	71	2327	19890
	国　有	59992	49246	49143	103		24		440	10282
	集　体	55403	43789	42949	840		48	71	1887	9608
江　苏	合　计	1096495	578615	554106	23357	1152			78167	439713
	国　有	330804	195161	190726	4307	128			16481	119162
	集　体	765691	383454	363380	19050	1024			61686	320551
浙　江	合　计	6249986	5376087	4678682	680205	17200	13200	935	535989	323775
	国　有	488351	377718	357683	19635	400	400		7413	102820
	集　体	5761635	4998369	4320999	660570	16800	12800	935	528576	220955
安　徽	合　计	3813679	3123730	2816855	302255	4620	28930	2581	255004	403434
	国　有	360291	294639	276723	17476	440	3300	39	14595	47718
	集　体	3453388	2829091	2540132	284779	4180	25630	2542	240409	355716
福　建	合　计	9761175	8597045	7724075	853248	19722	49824	40813	883382	190111
	国　有	763819	680234	638657	40539	1038	2768	298	51518	29001
	集　体	8997356	7916811	7085418	812709	18684	47056	40515	831864	161110
江　西	合　计	9287105	7934804	7228776	658412	47616	24064	3130	941521	383586
	国　有	1727181	1496653	1388970	105635	2048	1024		176622	52882
	集　体	7559924	6438151	5839806	552777	45568	23040	3130	764899	330704
山　东	合　计	1534747	862141	851781		10360	23940	6305	147062	495299
	国　有	238326	144322	144182		140	1680	436	9976	81912
	集　体	1296421	717819	707599		10220	22260	5869	137086	413387
河　南	合　计	3418979	2271704	2255665	9319	6720	52160	3885	244483	846747
	国　有	528265	365179	363938	1241		3200	460	17319	142107
	集　体	2890714	1906525	1891727	8078	6720	48960	3425	227164	704640

（续）

统计单位	土地所有权	林木植被生物量	森林生物量	乔木林生物量	竹林生物量	特灌林生物量	一般灌木林生物量	疏林生物量	散生木（竹）生物量	四旁树生物量
湖北	合计	6847610	6093158	5976420	109236	7502	86636	1372	246516	419928
	国有	749391	652084	648454	3146	484	3388		4068	89851
	集体	6098219	5441074	5327966	106090	7018	83248	1372	242448	330077
湖南	合计	8079136	6797477	6138797	596696	61984	103704	6338	771653	399964
	国有	713448	599007	579200	18913	894	8642		56043	49756
	集体	7365688	6198470	5559597	577783	61090	95062	6338	715610	350208
广东	合计	7034898	6361654	6111873	243729	6052	53044	6667	419541	193992
	国有	962787	845307	830087	13796	1424	5696	771	71146	39867
	集体	6072111	5516347	5281786	229933	4628	47348	5896	348395	154125
广西	合计	10746139	9125551	8894323	196120	35108	263048	3388	990924	363228
	国有	1166939	1003865	996654	5115	2096	9956		62637	90481
	集体	9579200	8121686	7897669	191005	33012	253092	3388	928287	272747
海南	合计	1852152	1638041	1631257	5088	1696	7844	195	162299	43773
	国有	1232972	1122084	1119116	1908	1060	4240		86228	20420
	集体	619180	515957	512141	3180	636	3604	195	76071	23353
重庆	合计	3252867	2415894	2331274	83876	744	109926	18949	231658	476440
	国有	305799	260096	251148	8576	372	6882	588	14901	23332
	集体	2947068	2155798	2080126	75300	372	103044	18361	216757	453108
四川	合计	19787667	16211281	15918796	288395	4090	1044586	107905	988126	1435769
	国有	10238479	8967487	8937215	28636	1636	606138	61870	310733	292251
	集体	9549188	7243794	6981581	259759	2454	438448	46035	677393	1143518
贵州	合计	5644383	4791584	4697767	81001	12816	159488	6796	277426	409089
	国有	339354	272264	267910	3642	712	2492		5436	59162
	集体	5305029	4519320	4429857	77359	12104	156996	6796	271990	349927
云南	合计	23730753	20718057	20600286	61179	56592	536838	56272	1454888	964698
	国有	7650862	7047276	7029603	15315	2358	111612	11944	378779	101251
	集体	16079891	13670781	13570683	45864	54234	425226	44328	1076109	863447

（续）

统计单位	土地所有权	林木植被生物量	森林生物量	乔木林生物量	竹林生物量	特灌林生物量	一般灌木林生物量	疏林生物量	散生木（竹）生物量	四旁树生物量
西 藏	合 计	16580343	15231320	14953920		277400	720340	64506	448583	115594
	国 有	16528742	15219783	14945339		274444	713912	62616	422127	110304
	集 体	51601	11537	8581		2956	6428	1890	26456	5290
陕 西	合 计	8520956	7746586	7676016	8490	62080	148216	41475	357349	227330
	国 有	3516004	3375057	3356529	3396	15132	24056	22678	59216	34997
	集 体	5004952	4371529	4319487	5094	46948	124160	18797	298133	192333
甘 肃	合 计	3765431	3095902	2966854		129048	177892	30772	217965	242900
	国 有	2609593	2369818	2253646		116172	96478	19163	87246	36888
	集 体	1155838	726084	713208		12876	81414	11609	130719	206012
青 海	合 计	948284	603193	475961		127232	209384	22038	51839	61830
	国 有	841202	556388	443324		113064	203784	21478	44434	15118
	集 体	107082	46805	32637		14168	5600	560	7405	46712
宁 夏	合 计	171521	111894	99070		12824	8484	2732	13997	34414
	国 有	112214	88299	83791		4508	2716	1511	7790	11898
	集 体	59307	23595	15279		8316	5768	1221	6207	22516
新 疆	合 计	4640276	2771846	2454296		317550	6900	261691	845229	754610
	国 有	3882793	2615084	2313134		301950	6150	260789	708975	291795
	集 体	757483	156762	141162		15600	750	902	136254	462815

附表7　各类碳储量按权属统计

百吨

统计单位	土地所有权	林木植被碳储量	森林碳储量	乔木林碳储量	竹林碳储量	特灌林碳储量	一般灌木林碳储量	疏林碳储量	散生木（竹）碳储量	四旁树碳储量
全国	合计	107226215	92874822	89884707	2100813	889302	2065962	393840	6574586	5317005
	国有	51423437	46678333	46073710	145687	458936	946244	262005	2373459	1163396
	集体	55802778	46196489	43810997	1955126	430366	1119718	131835	4201127	4153609
北京	合计	257382	204834	204208		626	5330	253	18807	28158
	国有	56415	41713	41713			332	56	1637	12677
	集体	200967	163121	162495		626	4998	197	17170	15481
天津	合计	41029	28083	27945		138	528	86	2446	9886
	国有	14036	10637	10631		6	48	46	214	3091
	集体	26993	17446	17314		132	480	40	2232	6795
河北	合计	1076537	847791	835375		12416	18528	6926	76294	126998
	国有	258199	224233	223273		960	1440	999	7177	24350
	集体	818338	623558	612102		11456	17088	5927	69117	102648
山西	合计	1374763	1142606	1136918		5688	57312	19779	85495	69571
	国有	656431	611758	610606		1152	12456	6357	17727	8133
	集体	718332	530848	526312		4536	44856	13422	67768	61438
内蒙古	合计	9072628	8227662	7983048		244614	13806	21776	623432	185952
	国有	8104997	7497256	7461502		35754	10266	20834	545639	31002
	集体	967631	730406	521546		208860	3540	942	77793	154950
辽宁	合计	1939745	1781321	1766233		15088	41328	1120	26169	89807
	国有	303417	275707	275051		656	3280	245	2665	21520
	集体	1636328	1505614	1491182		14432	38048	875	23504	68287
吉林	合计	5948491	5695642	5694850		792	5808	1038	180212	65791
	国有	4943857	4781677	4781149		528	1716	509	150588	9367
	集体	1004634	913965	913701		264	4092	529	29624	56424

（续）

统计单位	土地所有权	林木植被碳储量	森林碳储量	乔木林碳储量	竹林碳储量	特灌林碳储量	一般灌木林碳储量	疏林碳储量	散生木（竹）碳储量	四旁树碳储量
黑龙江	合　计	10317926	9698526	9698130		396	7736	4841	368921	237902
	国　有	9901869	9375806	9375608		198	6944	4810	363792	150517
	集　体	416057	322720	322522		198	792	31	5129	87385
上　海	合　计	56446	45538	45067	471		24	35	1140	9709
	国　有	29321	24102	24051	51		8		215	4996
	集　体	27125	21436	21016	420		16	35	925	4713
江　苏	合　计	551302	295137	282882	11679	576			41075	215090
	国　有	169361	101370	99151	2155	64			8609	59382
	集　体	381941	193767	183731	9524	512			32466	155708
浙　江	合　计	3066287	2634296	2285584	340112	8600	6600	466	265964	158961
	国　有	239164	185001	174986	9815	200	200		3729	50234
	集　体	2827123	2449295	2110598	330297	8400	6400	466	262235	108727
安　徽	合　计	1868685	1534241	1380849	151124	2268	14202	1243	125764	193235
	国　有	175707	143988	135033	8739	216	1620	20	7201	22878
	集　体	1692978	1390253	1245816	142385	2052	12582	1223	118563	170357
福　建	合　计	4798018	4225161	3788720	426637	9804	24768	20222	434728	93139
	国　有	374212	333685	312902	20267	516	1376	89	25083	13979
	集　体	4423806	3891476	3475818	406370	9288	23392	20133	409645	79160
江　西	合　计	4552728	3887662	3534632	329222	23808	12032	1535	462341	189158
	国　有	845835	732685	678843	52818	1024	512		86512	26126
	集　体	3706893	3154977	2855789	276404	22784	11520	1535	375829	163032
山　东	合　计	738569	416677	411497		5180	11970	3094	70578	236250
	国　有	115888	70491	70421		70	840	210	4921	39426
	集　体	622681	346186	341076		5110	11130	2884	65657	196824
河　南	合　计	1648878	1099211	1091191	4660	3360	26080	1859	117855	403873
	国　有	255104	176860	176239	621		1600	222	8275	68147
	集　体	1393774	922351	914952	4039	3360	24480	1637	109580	335726

（续）

统计单位	土地所有权	林木植被碳储量	森林碳储量	乔木林碳储量	竹林碳储量	特灌林碳储量	一般灌木林碳储量	疏林碳储量	散生木（竹）碳储量	四旁树碳储量
湖 北	合 计	3387155	3015468	2957067	54619	3782	43676	686	122519	204806
	国 有	367676	320324	318507	1573	244	1708		2027	43617
	集 体	3019479	2695144	2638560	53046	3538	41968	686	120492	161189
湖 南	合 计	3998162	3361144	3031577	298367	31200	52200	3143	383905	197770
	国 有	351093	294820	284913	9457	450	4350		27626	24297
	集 体	3647069	3066324	2746664	288910	30750	47850	3143	356279	173473
广 东	合 计	3494665	3157928	3033037	121865	3026	26522	3381	209263	97571
	国 有	475325	417035	409425	6898	712	2848	379	35355	19708
	集 体	3019340	2740893	2623612	114967	2314	23674	3002	173908	77863
广 西	合 计	5368841	4562821	4447217	98050	17554	131524	1734	490484	182278
	国 有	582097	500814	497209	2557	1048	4978		31175	45130
	集 体	4786744	4062007	3950008	95493	16506	126546	1734	459309	137148
海 南	合 计	909590	804031	800639	2544	848	3922	102	79775	21760
	国 有	604432	549808	548324	954	530	2120		42407	10097
	集 体	305158	254223	252315	1590	318	1802	102	37368	11663
重 庆	合 计	1621002	1206352	1164045	41939	368	54372	9517	114144	236617
	国 有	152039	129325	124853	4288	184	3404	298	7375	11637
	集 体	1468963	1077027	1039192	37651	184	50968	9219	106769	224980
四 川	合 计	9644409	7911173	7764924	144199	2050	523570	51471	471929	686266
	国 有	5000006	4374272	4359134	14318	820	303810	30027	151390	140507
	集 体	4644403	3536901	3405790	129881	1230	219760	21444	320539	545759
贵 州	合 计	2806649	2382100	2335201	40491	6408	79744	3458	137874	203473
	国 有	167940	134548	132371	1821	356	1246		2704	29442
	集 体	2638709	2247552	2202830	38670	6052	78498	3458	135170	174031
云 南	合 计	11680961	10189301	10130474	30589	28238	269102	27952	716263	478343
	国 有	3744371	3447080	3438243	7657	1180	55948	5812	185787	49744
	集 体	7936590	6742221	6692231	22932	27058	213154	22140	530476	428599

（续）

统计单位	土地所有权	林木植被碳储量	森林碳储量	乔木林碳储量	竹林碳储量	特灌林碳储量	一般灌木林碳储量	疏林碳储量	散生木（竹）碳储量	四旁树碳储量
西藏	合计	8198705	7527888	7389268		138620	359548	32037	222088	57144
	国有	8173289	7522197	7385053		137144	356340	31110	209108	54534
	集体	25416	5691	4215		1476	3208	927	12980	2610
陕西	合计	4149036	3770362	3735077	4245	31040	74108	20176	173755	110635
	国有	1710433	1641635	1632371	1698	7566	12028	11010	28720	17040
	集体	2438603	2128727	2102706	2547	23474	62080	9166	145035	93595
甘肃	合计	1840819	1512453	1448049		64404	89268	15046	106033	118019
	国有	1278334	1159657	1101669		57988	48530	9376	42450	18321
	集体	562485	352796	346380		6416	40738	5670	63583	99698
青海	合计	468101	297313	233697		63616	104692	10914	25428	29754
	国有	416520	274746	218214		56532	101892	10643	21923	7316
	集体	51581	22567	15483		7084	2800	271	3505	22438
宁夏	合计	83385	54575	48163		6412	4242	1291	6716	16561
	国有	54543	43020	40766		2254	1358	721	3731	5713
	集体	28842	11555	7397		4158	2884	570	2985	10848
新疆	合计	2265321	1357525	1199143		158382	3420	128659	413189	362528
	国有	1901526	1282083	1131499		150584	3046	128232	347697	140468
	集体	363795	75442	67644		7798	374	427	65492	222060

附表8　森林面积蓄积量按权属统计

统计单位	土地所有权	合计		乔木林		竹林面积（百公顷）	特灌林面积（百公顷）
		面积（百公顷）	蓄积量（百立方米）	面积（百公顷）	蓄积量（百立方米）		
全　国	合　计	2284106	189907740	1998651	189907740	75627	209828
	国　有	917987	105302301	800260	105302301	4590	113137
	集　体	1366119	84605439	1198391	84605439	71037	96691
北　京	合　计	7106	295249	7101	295249		5
	国　有	898	56062	898	56062		
	集　体	6208	239187	6203	239187		5
天　津	合　计	1540	50832	1454	50832		86
	国　有	436	18704	435	18704		1
	集　体	1104	32128	1019	32128		85
河　北	合　计	46052	1510110	39986	1510110		6066
	国　有	6515	411943	6306	411943		209
	集　体	39537	1098167	33680	1098167		5857
山　西	合　计	32282	1587761	30931	1587761	2	1349
	国　有	11842	848398	11760	848398		82
	集　体	20440	739363	19171	739363	2	1267
内蒙古	合　计	230208	16442401	169589	16442401		60619
	国　有	155540	15451923	147013	15451923		8527
	集　体	74668	990478	22576	990478		52092
辽　宁	合　计	52438	3607348	49621	3607348		2817
	国　有	5881	561877	5786	561877		95
	集　体	46557	3045471	43835	3045471		2722
吉　林	合　计	83899	12258686	83770	12258686		129
	国　有	62835	10311196	62745	10311196		90
	集　体	21064	1947490	21025	1947490		39

（续）

统计单位	土地所有权	合计		乔木林		竹林面积（百公顷）	特灌林面积（百公顷）
		面积（百公顷）	蓄积量（百立方米）	面积（百公顷）	蓄积量（百立方米）		
黑龙江	合 计	201235	21584719	201228	21584719		7
	国 有	194144	20788188	194141	20788188		3
	集 体	7091	796531	7087	796531		4
上 海	合 计	1068	85722	1041	85722	27	
	国 有	524	45841	521	45841	3	
	集 体	544	39881	520	39881	24	
江 苏	合 计	7683	516284	7166	516284	329	188
	国 有	2468	176216	2397	176216	65	6
	集 体	5215	340068	4769	340068	264	182
浙 江	合 计	59891	3778663	49607	3778663	8827	1457
	国 有	3342	301290	3158	301290	157	27
	集 体	56549	3477373	46449	3477373	8670	1430
安 徽	合 计	39321	2566944	35044	2566944	3822	455
	国 有	3813	251880	3643	251880	154	16
	集 体	35508	2315064	31401	2315064	3668	439
福 建	合 计	80772	8071330	66353	8071330	13295	1124
	国 有	5301	645927	4873	645927	396	32
	集 体	75471	7425403	61480	7425403	12899	1092
江 西	合 计	98450	6632890	80952	6632890	12283	5215
	国 有	11435	1345272	9566	1345272	1653	216
	集 体	87015	5287618	71386	5287618	10630	4999
山 东	合 计	22381	767241	20594	767241	10	1777
	国 有	2560	116907	2529	116907	1	30
	集 体	19821	650334	18065	650334	9	1747

（续）

统计单位	土地所有权	合计		乔木林		竹林面积（百公顷）	特灌林面积（百公顷）
		面积（百公顷）	蓄积量（百立方米）	面积（百公顷）	蓄积量（百立方米）		
河南	合计	35028	1773181	34573	1773181	108	347
	国有	3638	279425	3623	279425	8	7
	集体	31390	1493756	30950	1493756	100	340
湖北	合计	78297	4833609	76309	4833609	1124	864
	国有	5388	553899	5315	553899	59	14
	集体	72909	4279710	70994	4279710	1065	850
湖南	合计	112344	5803793	92484	5803793	12169	7691
	国有	5939	565602	5343	565602	486	110
	集体	106405	5238191	87141	5238191	11683	7581
广东	合计	95329	5781171	88954	5781171	5897	478
	国有	10867	791793	10445	791793	332	90
	集体	84462	4989378	78509	4989378	5565	388
广西	合计	118130	8595326	111722	8595326	4644	1764
	国有	11064	962007	10708	962007	210	146
	集体	107066	7633319	101014	7633319	4434	1618
海南	合计	16947	1549333	16724	1549333	110	113
	国有	9869	1062825	9757	1062825	41	71
	集体	7078	486508	6967	486508	69	42
重庆	合计	34848	2184589	32292	2184589	2323	233
	国有	2562	233345	2352	233345	206	4
	集体	32286	1951244	29940	1951244	2117	229
四川	合计	173626	18949802	166504	18949802	6913	209
	国有	73025	11640269	72814	11640269	203	8
	集体	100601	7309533	93690	7309533	6710	201

（续）

统计单位	土地所有权	合 计		乔木林		竹林面积（百公顷）	特灌林面积（百公顷）
		面积（百公顷）	蓄积量（百立方米）	面积（百公顷）	蓄积量（百立方米）		
贵 州	合 计	77156	4908110	73837	4908110	1589	1730
	国 有	2518	266915	2441	266915	48	29
	集 体	74638	4641195	71396	4641195	1541	1701
云 南	合 计	211703	21444760	206588	21444760	2058	3057
	国 有	46400	7266301	45788	7266301	541	71
	集 体	165303	14178459	160800	14178459	1517	2986
西 藏	合 计	118100	22426418	97524	22426418	3	20573
	国 有	117549	22416851	97104	22416851	3	20442
	集 体	551	9567	420	9567		131
陕 西	合 计	89409	5695380	83914	5695380	94	5401
	国 有	26397	2495561	25322	2495561	24	1051
	集 体	63012	3199819	58592	3199819	70	4350
甘 肃	合 计	48267	2640688	38764	2640688		9503
	国 有	30802	2056152	22292	2056152		8510
	集 体	17465	584536	16472	584536		993
青 海	合 计	15367	444191	4869	444191		10498
	国 有	13578	406844	4227	406844		9351
	集 体	1789	37347	642	37347		1147
宁 夏	合 计	5129	80715	2080	80715		3049
	国 有	2262	67756	1183	67756		1079
	集 体	2867	12959	897	12959		1970
新 疆	合 计	90100	3040494	27076	3040494		63024
	国 有	88595	2905132	25775	2905132		62820
	集 体	1505	135362	1301	135362		204

附表9 乔木林各龄组面积蓄积量按优势树种统计

百公顷、百立方米

统计单位	优势树种	合计		幼龄林		中龄林		近熟林		成熟林		过熟林	
		面积	蓄积量	面积	蓄积量	面积	蓄积量	面积	蓄积量	面积	蓄积量	面积	蓄积量
全国	合 计	1998651	189907740	640455	27712665	633001	56538575	312848	37483672	280570	42200108	131777	25972720
	冷 杉	41312	12792116	1038	139596	4986	819564	4819	1137957	11672	3594180	18797	7100819
	云 杉	49963	9139748	5495	299173	10104	1102581	9993	1582270	16040	3572278	8331	2583446
	铁 杉	2432	550507			108	4232	173	17480	677	132269	1474	396526
	油 杉	2378	154211	458	12048	827	47384	740	59964	353	34815		
	落叶松	110142	11597326	19004	1016322	49493	5178027	15659	1896979	15609	2016642	10377	1489356
	红 松	3493	398836	2272	141259	931	170528	68	24272	132	34146	90	28631
	樟子松	8083	855346	2528	74941	2289	276175	1960	251909	1040	189922	266	62399
	赤 松	2102	110927	863	19000	609	52503	300	20977	330	18447		
	黑 松	1678	73674	466	5704	279	6439	262	15676	671	45855		
	油 松	30952	1776702	7343	119297	11205	545564	6417	477820	5221	501676	766	132345
	华山松	8828	813910	1212	34804	2784	145728	2421	244428	2042	263240	369	125710
	马尾松	82850	6466395	17801	717995	31875	2434414	21554	2000259	11149	1240673	471	73054
	云南松	48725	5237962	5989	250979	15878	1221123	12412	1445034	11174	1668892	3272	651934
	思茅松	6369	697305	1313	91335	2097	184929	1532	209364	1069	169407	358	42270
	高山松	18089	3255930	487	23623	3582	455555	3539	518961	7904	1696321	2577	561470
	国外松	1307	70977	530	17871	420	20036	222	16061	135	17009		
	湿地松	12295	655956	5829	147888	2711	207475	2026	151316	1266	117250	463	32027
	火炬松	421	42976	108	1340	134	12360	99	11342	54	11712	26	6222
	黄山松	1279	138383	58	2352	242	23350	360	32423	499	67241	120	13017
	乔 松	410	82541			92	12372	91	16359	181	48780	46	5030
	其他松类	1264	80363	384	10094	380	15231	234	22407	128	13352	138	19279
	杉 木	124027	11366790	52647	2706376	35785	3793961	12798	1658242	17717	2367503	5080	840708
	柳 杉	8009	829694	4199	233168	2551	347201	437	46029	586	119071	236	84225
	水 杉	912	65287	504	15979	195	16197	126	16560	87	16551		
	池 杉	110	12640	40	2472	13	604	42	8415	15	1149		

（续）

统计单位	优势树种	合计		幼龄林		中龄林		近熟林		成熟林		过熟林	
		面积	蓄积量	面积	蓄积量	面积	蓄积量	面积	蓄积量	面积	蓄积量	面积	蓄积量
全国	柏木	40993	2145843	15863	396610	16773	937012	3836	245075	2479	228736	2042	338410
	紫杉(红豆杉)	148	119292	99	524	3	223	46	118545				
	其他杉类	86	2346	82	1526	4	820						
	栎类	179064	15116635	73348	3226950	41309	3649570	26841	3212306	25317	3223540	12249	1804269
	桦木	102164	9249748	19249	724626	26540	2071933	21008	2256965	24996	2894419	10371	1301805
	水胡黄①	5637	443880	2776	138960	1738	148791	670	82439	391	68028	62	5662
	樟木	3634	206844	2510	105297	923	82499	154	14724	47	4324		
	楠木	3370	271588	1548	75532	802	68064	499	70149	394	26324	127	31519
	榆树	10134	417683	4143	82463	3359	131608	1227	95134	1059	72541	346	35937
	刺槐	22841	600055	10271	187241	6975	178217	2101	72424	2047	80375	1447	81798
	木荷	5452	478888	1700	53185	2578	252909	456	62547	419	60661	299	49586
	枫香	3164	148706	1795	46285	1123	83503	132	11008	76	2306	38	5604
	橡胶	14497	1153338	3178	117972	5118	310840	2950	253589	1866	264546	1385	206391
	其他硬阔类	81348	2883767	38692	693391	26612	926722	7761	397859	5840	613929	2443	251866
	椴树	3840	440446	628	28484	1802	183948	963	137322	253	35893	194	54799
	檫木	371	23577	150	6542	106	7061	65	4293	15	2843	35	2838
	杨树	80537	5720444	23552	888928	20821	1519144	12702	1052800	13192	1315143	10270	944429
	柳树	3909	195014	1604	35508	847	46198	391	21989	612	49667	455	41652
	泡桐	1672	66144	893	18154	477	29530	232	10160	70	8300		
	桉树	56936	2648608	26442	567555	17191	992527	6576	482241	4603	355981	2124	250304
	相思	2221	160100	666	13630	572	44599	314	20893	236	25194	433	55784
	木麻黄	244	19099	17	703	158	5416			26	3951	43	9029

注：①水胡黄指水曲柳、胡桃楸、黄波罗三大珍贵硬阔树种的合称，下同。

（续）

统计单位	优势树种	合计		幼龄林		中龄林		近熟林		成熟林		过熟林	
		面积	蓄积量	面积	蓄积量	面积	蓄积量	面积	蓄积量	面积	蓄积量	面积	蓄积量
	楝　树	158	3638	76	741	82	2897						
	其他软阔类	53340	3386441	17679	475115	13817	814188	6554	524945	6813	671552	8477	900641
全　国	针叶混	65790	7314891	14354	699067	25271	2510564	12724	1549187	10546	1680892	2895	875181
	阔叶混	520361	52791639	199784	10719063	169858	17765449	79359	11598904	54064	9470100	17296	3238123
	针阔混	169310	16632584	48788	2324997	68572	6680810	27003	3305670	19458	3082482	5489	1238625
	合　计	7101	295249	4484	112829	1620	97247	414	31987	443	36869	140	16317
	云　杉	3	57	2	10	1	47						
	落叶松	53	3945	2	42	22	1432	16	1019	10	996	3	456
	油　松	741	34008	308	6418	166	7595	62	3609	186	14339	19	2047
	柏　木	765	11764	626	8074	122	3183	10	397	7	110		
	栎　类	1105	53833	720	25290	296	21229	73	5597	16	1717		
	桦　木	245	11649	173	5997	46	2411	8	839	16	1959	2	443
	胡桃楸	143	7186	91	4151	45	2589			7	446		
	榆　树	365	10202	298	5991	59	3866	6	248	2	97		
北　京	刺　槐	304	11364	161	3507	66	3384	36	1379	17	922	24	2172
	其他硬阔类	954	27431	665	14015	183	8869	36	1855	62	2176	8	516
	椴　树	102	8767	37	1685	37	3820	26	2915	2	347		
	杨　树	562	53412	133	7909	196	18127	80	9034	74	8360	79	9982
	柳　树	118	8906	64	3315	39	2127	5	436	7	2573	3	455
	泡　桐	2	376	2	376								
	其他软阔类	798	15762	699	11283	88	4123	3	270	8	86		
	针叶混	47	902	30	494	16	320	1	88				
	阔叶混	561	27876	332	11191	177	11525	32	2940	18	1974	2	246
	针阔混	216	7330	127	2810	58	2392	20	1361	11	767		

（续）

统计单位	优势树种	合计		幼龄林		中龄林		近熟林		成熟林		过熟林	
		面积	蓄积量	面积	蓄积量	面积	蓄积量	面积	蓄积量	面积	蓄积量	面积	蓄积量
	合　计	1454	50832	959	23850	374	17904	74	5265	36	3537	11	276
	油　松	62	3309	25	821	26	1592	5	373	6	523		
	柏　木	34	1065	31	854	3	211						
	栎　类	33	2237	17	658	11	1295	5	284				
	胡桃楸	2	14	2	14								
	榆　树	60	1257	44	715	10	468			6	74		
	刺　槐	123	1971	78	1220	34	437	5	184		26	6	104
天　津	其他硬阔类	455	4316	272	2433	129	1076	39	140	15	644		23
	椴　树	2	204			2	204						
	杨　树	444	29040	319	13434	103	9670	15	3824	7	2112		
	柳　树	104	3475	60	1502	34	1364	5	460			5	149
	其他软阔类	45	1419	37	913	8	419				87		
	针叶混	3	373	3	114		259						
	阔叶混	83	1753	69	1002	12	680			2	71		
	针阔混	4	399	2	170	2	229						
	合　计	39986	1510110	21812	497529	12152	567562	3422	253065	2021	156654	579	35300
	云　杉	23	1635			23	1635						
	落叶松	3791	207923	1898	75771	1333	70113	369	40061	191	21978		
	樟子松	152	9458	86	691	45	4636	21	4131				
河　北	油　松	4901	246639	1226	21579	1772	90848	1201	74547	658	58109	44	1556
	其他松类	25		25									
	柏　木	534	11231	341	3642	193	7589						
	栎　类	6877	250302	4789	133214	1513	78561	517	36412	58	2115		
	桦　木	3575	228255	1484	69560	1397	100767	481	43789	213	14139		
	胡桃楸	513	13499	329	7084	161	5302	23	1113				

（续）

统计单位	优势树种	合计		幼龄林		中龄林		近熟林		成熟林		过熟林	
		面积	蓄积量	面积	蓄积量	面积	蓄积量	面积	蓄积量	面积	蓄积量	面积	蓄积量
河　北	榆　树	1246	24847	733	5737	331	13905	58	1507	99	3376	25	322
	刺　槐	1785	34626	1137	14704	478	11659	50	2766	75	2652	45	2845
	其他硬阔类	4890	46698	3412	27651	1423	16662	25	2385	30			
	椴　树	377	15284	199	6666	120	5821	38	2011			20	786
	杨　树	6016	268866	2879	87002	1711	89870	396	26187	610	38064	420	27743
	柳　树	314	8545	217	4193	50	1470	22	834			25	2048
	泡　桐	51	358	51	358								
	其他软阔类	3535	42232	2406	15259	1009	19580	96	4163	24	3230		
	针叶混	87	10865	66	6448	21	4417						
	阔叶混	997	54524	407	12064	468	30389	82	6442	40	5629		
	针阔混	297	34323	127	5906	104	14338	43	6717	23	7362		
山　西	合　计	30931	1587761	9848	249308	10896	593567	5435	404061	3000	263697	1752	77128
	云　杉	292	60045	80	9463	194	46677	18	3905				
	落叶松	1331	100482	463	13304	781	68815	34	5355	53	13008		
	樟子松	134	1057	106	933	28	124						
	油　松	7560	422332	1812	29283	3135	158604	1771	131373	738	87948	104	15124
	华山松	59	8306			20	642	17	5381	22	2283		
	其他松类	383	13630	111	2823	219	7516	53	3291				
	柏　木	1228	15184	830	6177	381	8782			17	225		
	栎　类	4823	307509	1452	54140	1201	69421	1556	121516	614	62432		
	桦　木	1209	63319	367	10769	364	18460	221	11607	235	21519	22	964
	榆　树	212	3993	129	2204	55	1470			28	319		
	刺　槐	2871	63078	1058	17271	1321	30382	176	3886	216	6964	100	4575
	其他硬阔类	880	24011	558	9763	219	8339	47	2131	56	3778		
	椴　树	62	2038			17	634	28	904	17	500		
	杨　树	3266	116495	589	17849	545	27644	270	8449	535	15936	1327	46617

（续）

统计单位	优势树种	合计		幼龄林		中龄林		近熟林		成熟林		过熟林	
		面积	蓄积量	面积	蓄积量	面积	蓄积量	面积	蓄积量	面积	蓄积量	面积	蓄积量
山　西	柳　树	236	12263	128	6241	28	1231	28	1290			52	3501
	泡　桐	24	1209	24	1209								
	其他软阔类	47	1618	28	202					19	1416		
	针叶混	537	33033	103	1161	293	13943	101	12766	40	5163		
	阔叶混	3765	205412	1498	50099	1233	72829	724	52163	257	25879	53	4442
	针阔混	2012	132747	512	16417	862	58054	391	40044	153	16327	94	1905
内蒙古	合　计	169589	16442401	25292	853770	60773	5743360	30631	3379123	35849	4393753	17044	2072395
	云　杉	260	26959			193	17800	67	9159				
	落叶松	52241	5796048	4072	192082	28619	3150097	6940	809543	7324	920964	5286	723362
	樟子松	3733	429625	1466	36256	1219	176438	505	80451	340	93941	203	42539
	油　松	2449	140029	659	3534	648	25704	495	41176	580	69615	67	
	其他松类		526				526						
	柏　木	131	1046			131	1046						
	栎　类	19034	1118837	6785	190124	5830	344796	3053	265401	2815	273921	551	44595
	桦　木	51524	5204227	4898	179288	11385	880153	12361	1367128	16348	1973799	6532	803859
	榆　树	2332	40154	417	8210	1155	15600	318	6085	378	9227	64	1032
	刺　槐	68	1364	58	1206	10	158						
	其他硬阔类	736	6333	416	3412	262	2921			58			
	椴　树	131	482	64				67	482				
	杨　树	19472	1222412	4137	149838	4957	324460	3673	282293	3841	277464	2864	188357
	柳　树	757	50063	58	177	229	12491			354	30258	116	7137
	其他软阔类	4840	583468	544	19251	1772	155795	1165	156043	951	174523	408	77856
	针叶混	546	80736	140	1757	203	38683	68	4943	135	35353		
	阔叶混	6452	911371	1238	53503	2278	288744	959	188977	1564	302793	413	77354
	针阔混	4883	828721	340	15132	1882	307948	960	167442	1161	231895	540	106304

（续）

统计单位	优势树种	合计		幼龄林		中龄林		近熟林		成熟林		过熟林	
		面积	蓄积量	面积	蓄积量	面积	蓄积量	面积	蓄积量	面积	蓄积量	面积	蓄积量
	合　计	49621	3607348	23192	973561	12048	1132265	6920	690800	6527	716926	934	93796
	云　杉	40	151	40	151								
	落叶松	5511	491919	3093	172785	1547	190192	594	89601	277	39341		
	红　松	758	71877	601	36921	157	34956						
	樟子松	315	19949	40	425	157	9615	118	9909				
	赤　松	120	5053			120	5053						
	黑　松	40	4097					40	4097				
	油　松	5597	313074	482	10068	1316	50733	1568	81222	2191	165498	40	5553
	柏　木	119	1747	40		79	1747						
	栎　类	11215	749662	7460	290130	1598	190014	874	88207	1169	167826	114	13485
	桦　木	157	10848	40	628	77	5490			40	4730		
辽　宁	水曲柳	240	7744	202	3990	38	3754						
	胡桃楸	1196	44350	879	24491	279	15640	38	4219				
	榆　树	638	9956	560	4176	38	5212	40	568				
	刺　槐	1924	68552	575	7725	460	14157	360	12844	411	22567	118	11259
	其他硬阔类	2089	29620	1731	15852	358	13768						
	椴　树	79	5932	40	722							39	5210
	杨　树	2871	195238	435	14921	1023	69243	832	56982	115	12893	466	41199
	柳　树	70	6346	30	1143	40	5203						
	其他软阔类	439	14739	241	2807	120	4686	38	2921			40	4325
	针叶混	441	40481	119	8170	241	22358			81	9953		
	阔叶混	13760	1377516	5535	317459	3842	449765	2300	328128	1966	269399	117	12765
	针阔混	2002	138497	1049	60997	558	40679	118	12102	277	24719		
	合　计	83770	12258686	17754	1154719	23136	2977273	22455	3907487	15691	3184352	4734	1034855
吉　林	冷　杉	68	11310			46	8626			22	2684		
	云　杉	74	5759	50	914	24	4845						

（续）

统计单位	优势树种	合计		幼龄林		中龄林		近熟林		成熟林		过熟林	
		面积	蓄积量	面积	蓄积量	面积	蓄积量	面积	蓄积量	面积	蓄积量	面积	蓄积量
吉林	落叶松	6535	670809	2417	141849	1760	200714	1077	141620	1235	171330	46	15296
	红　松	1208	123228	878	38570	194	34240	68	24272	46	18211	22	7935
	樟子松	891	84284	364	23622	150	17502	219	20320	158	22840		
	赤　松	227	31774	25	2257	154	22741		1445	48	5331		
	黑　松	308	35243	24	548			74	6601	210	28094		
	油　松	888	94424	578	19326	47	6765	120	26294	95	28361	48	13678
	国外松	27	3288	27	3288								
	栎　类	9448	1352172	1863	126954	2239	268501	3634	620580	1387	261212	325	74925
	桦　木	1515	193905	373	23137	374	50295	371	50493	373	63629	24	6351
	水胡黄	1315	153672	511	42777	306	35927	336	47262	138	25438	24	2268
	榆　树	428	55048	52	1589	75	1464	71	10172	137	21753	93	20070
	刺　槐	188	10188	135	6124	53	4064						
	其他硬阔类	444	57873		359	233	21589	47	7687	141	26951	23	1287
	椴　树	620	113558	50	5948	149	23887	260	46699	93	21000	68	16024
	杨　树	5780	524595	1797	52150	1614	124961	482	83578	779	124008	1108	139898
	泡　桐	213	13297	114	3346	51	4258	25	808	23	4885		
	其他软阔类	640	47980	333	16924	164	14188	118	15216	25	1652		
	针叶混	2788	500760	617	26752	669	117219	701	143491	589	145565	212	67733
	阔叶混	41998	6604001	6597	549889	12311	1594650	12880	2265603	8023	1681069	2187	512790
	针阔混	8167	1571518	949	68396	2523	420837	1972	395346	2169	530339	554	156600
	合　计	201228	21584719	38832	2232928	82228	8839892	41424	5400510	28788	3832644	9956	1278745
黑龙江	冷　杉	211	24383			66	4661	145	19722				
	云　杉	1255	129139	728	63555	305	43236	159	18711	63	3637		

（续）

统计单位	优势树种	合计		幼龄林		中龄林		近熟林		成熟林		过熟林	
		面积	蓄积量	面积	蓄积量	面积	蓄积量	面积	蓄积量	面积	蓄积量	面积	蓄积量
黑龙江	落叶松	31174	3153355	5437	366348	13922	1340085	5338	633166	4426	583483	2051	230273
	红　松	1509	202746	793	65768	580	101332			68	14950	68	20696
	樟子松	2647	309257	368	12603	577	66555	1097	137098	542	73141	63	19860
	赤　松	204	39476			106	19270	68	16492	30	3714		
	栎　类	20221	2114356	2999	122532	5139	489299	4102	528847	5692	717238	2289	256440
	桦　木	28739	2333656	7964	315776	8481	663604	6251	681016	5457	616994	586	56266
	水胡黄	2085	204446	762	56453	909	85579	203	23767	211	38647		
	榆　树	2423	188190	541	31197	866	61785	671	63048	306	31246	39	914
	枫　香	279	25312			165	17402			76	2306	38	5604
	其他硬阔类	814	57901	364	9001	145	12265	100	1819	107	16649	98	18167
	椴　树	2122	234551	192	8875	1390	136788	434	76197	106	12691		
	檫　木	135	8804	135	5640		3164						
	杨　树	11031	1323562	2731	174296	3162	360614	1529	188538	2308	359524	1301	240590
	柳　树	634	27180	359	4775	237	15227	38	5635				1543
	其他软阔类	936	69073	193	5353	607	47597	136	16123				
	针叶混	4091	695358	831	79871	2394	402689	486	98323	342	107441	38	7034
	阔叶混	69815	7792575	11644	715223	32773	3562204	15525	2194370	6917	943844	2956	376934
	针阔混	20903	2651399	2791	195662	10404	1406536	5142	697638	2137	307139	429	44424
上　海	合　计	1041	85722	609	27422	329	40229	66	13140	34	4319	3	612
	国外松	1	25	1	25								
	其他松类	11	1170	3	198	8	424		469		79		
	柳　杉	4	234	4	197		37						

（续）

统计单位	优势树种	合计		幼龄林		中龄林		近熟林		成熟林		过熟林	
		面积	蓄积量	面积	蓄积量	面积	蓄积量	面积	蓄积量	面积	蓄积量	面积	蓄积量
上　海	水　杉	75	13378	37	1828	16	5340	11	4359	11	1851		
	池　杉	28	2504	21	879	5	567	2	1058				
	柏　木	4	568	2	137	2	227		204				
	紫杉（红豆杉）	5	257	2	34	3	223						
	其他杉类	15	1818	11	998	4	820						
	樟　木	249	26703	99	8553	120	14734	24	3292	6	124		
	榆　树	26	845	19	516	6	190			1	139		
	枫　香	6	296	3	103	3	193						
	其他硬阔类	277	10656	232	6536	36	3793	7	306	2	21		
	杨　树	36	4683	4	270	23	2873	7	790	2	750		
	柳　树	18	1689	4	67	6	598	6	919	2	105		
	其他软阔类	57	3813	41	1199	12	1210		428	1	364	3	612
	针叶混	5	837	4	100		558			1	179		
	阔叶混	176	12334	97	4337	65	6418	9	1005	5	574		
	针阔混	48	3912	25	1445	20	2024		310	3	133		
江　苏	合　计	7166	516284	3522	120613	2008	191594	1135	126267	457	71506	44	6304
	赤　松	8	160	8	160								
	黑　松	8	170	8	170								
	马尾松	62	9210			11	3665	8	371	43	5174		
	湿地松	71	9506	39	2426	8	1284			24	5796		
	其他松类	67	3324	24	489	26	858	17	1977				
	杉　木	81	10584			27	5559			32	3002	22	2023
	水　杉	148	9580	89	2545	38	4906	9	613	12	1516		
	池　杉	27	1630	19	1593	8	37						
	柏　木	130	5518	33	265	30	1437	67	3816				
	其他杉类	21	528	21	528								

（续）

统计单位	优势树种	合计		幼龄林		中龄林		近熟林		成熟林		过熟林	
		面积	蓄积量	面积	蓄积量	面积	蓄积量	面积	蓄积量	面积	蓄积量	面积	蓄积量
江苏	栎类	102	13840	50	1826	23	4168	18	5727	11	2119		
	樟木	467	38471	361	23335	106	13564		1572				
	榆树	349	10084	282	6149	67	3935						
	刺槐	27	490	27	490								
	其他硬阔类	917	36387	684	13426	211	11862	22	11099				
	杨树	2308	220301	488	12032	749	73674	849	91747	222	42848		
	柳树	134	2362	102	1829	12	8	20	525				
	泡桐	20	496	8	226			12	270				
	楝树	8	1	8	1								
	其他软阔类	413	8946	254	3349	100	3522	27	890	32	1185		
	针叶混	54	7041	8	812	8	396	20	2327	8	194	10	3312
	阔叶混	1564	111805	957	45035	500	54610	42	3059	65	9101		
	针阔混	180	15850	52	3927	84	8109	24	2274	8	571	12	969
	合计	49607	3778663	21097	1148643	13574	1095912	6329	553885	6587	726488	2020	253735
浙江	黑松		19		19								
	马尾松	3335	214447	304	7602	779	43152	1401	84833	851	78860		
	湿地松	314	27707		37	96	5625	191	19219	27	2826		
	火炬松	28	3600							28	3600		
	黄山松	291	28340	28	1101		258	79	7407	184	19574		
	其他松类		1420				1420						
	杉木	6611	628733	745	22142	1274	86618	661	59509	2547	289248	1384	171216
	柳杉	184	41917	28	2793			81	12967	28	10882	47	15275
	水杉		1137		1137								
	柏木	295	36120			53	2829	242	33291				
	栎类	2678	185454	2516	157326	135	25417	27	2711				
	樟木	169	6754	93	5142	76	1612						
	楠木	28	133	28	133								

（续）

统计单位	优势树种	合计		幼龄林		中龄林		近熟林		成熟林		过熟林	
		面积	蓄积量	面积	蓄积量	面积	蓄积量	面积	蓄积量	面积	蓄积量	面积	蓄积量
浙江	榆树	138	8325			138	5167		3158				
	木荷	2373	214963	304	11057	1908	181579	135	19034	26	3293		
	枫香	191	15249	28	1512	136	9895	27	3842				
	其他硬阔类	2461	84658	1673	34602	301	12173	82	2851	271	21971	134	13061
	相思	27	716					27	716				
	其他软阔类	218	8930	83	3352		1265	28	669	79	1943	28	1701
	针叶混	3688	360498	304	16406	853	56259	959	90390	1338	167317	234	30126
	阔叶混	18132	1273045	13120	807891	4519	400040	347	48344	119	14174	27	2596
	针阔混	8446	636498	1843	76391	3306	262603	2042	164944	1089	112800	166	19760
	合计	35044	2566944	12456	453285	12248	1034350	5100	488578	4485	482331	755	108400
安徽	黑松	14	387							14	387		
	马尾松	3694	266377	469	14946	1437	86798	1304	107889	470	55050	14	1694
	国外松	934	46978	389	12517	324	18700	221	15761				
	湿地松	204	16221	119	8247	85	7974						
	火炬松	30	454	14	18	16	436						
	黄山松	374	26520	30	1251	105	5491	102	7359	44	3688	93	8731
	杉木	5116	498179	1439	53470	1355	126608	986	123152	1056	140496	280	54453
	水杉	36	1612			25	1230			11	382		
	池杉	15	1149							15	1149		
	柏木	132	6655	29	62	60	3410	14	332	29	2851		
	栎类	2397	128339	1521	43378	679	59926	133	12027	45	9437	19	3571
	桦木	15	37			15	37						
	樟木	131	4304	101	2973	30	1331						
	榆树	209	6802	148	3757	61	3045						
	刺槐	63	2583	34	926	29	1657						
	木荷	15	1176	15	1176								
	枫香	364	14928	293	7895	71	7033						

（续）

统计单位	优势树种	合计		幼龄林		中龄林		近熟林		成熟林		过熟林	
		面积	蓄积量	面积	蓄积量	面积	蓄积量	面积	蓄积量	面积	蓄积量	面积	蓄积量
安徽	其他硬阔类	1021	39818	708	9844	217	20132	53	7169	29	2161	14	512
	檫木	30	3745	15	902					15	2843		
	杨树	2590	188702	161	3444	290	18792	458	28908	1551	119542	130	18016
	柳树	15	39	15	39								
	泡桐	101	1998	43	144	43	987	15	867				
	楝树	29	530	15	267	14	263						
	其他软阔类	341	11758	240	4736	43	988	28	2073	15	1925	15	2036
	针叶混	1670	152911	209	6980	637	66402	517	45411	293	31309	14	2809
	阔叶混	11483	810653	5302	226589	4831	435248	709	71988	465	60250	176	16578
	针阔混	4021	334089	1147	49724	1881	167862	560	65642	433	50861		
	合计	66353	8071330	11633	569298	26696	2961431	11150	1616388	14053	2401875	2821	522338
福建	铁杉	27	1174							27	1174		
	马尾松	7132	727002	764	18559	2420	199452	1958	227386	1776	247820	214	33785
	湿地松	605	28560	318	6919	182	16093	105	5548				
	火炬松	129	18088	25	462	26	267	26	3025	26	8112	26	6222
	黄山松	383	42885			137	17601	136	11030	83	9968	27	4286
	杉木	13974	1786647	3335	142994	4578	556984	1367	225855	3554	652419	1140	208395
	柳杉	26	1174			26	1174						
	栎类	1364	226433	192	23487	818	130277	136	28776	218	43893		
	樟木	26	2037	26	2037								
	楠木	27	639			27	639						
	刺槐	26		26									
	木荷	460	49600	134	6789	240	30360	59	9799	27	2652		
	枫香	79	4239	53	1165	26	3074						
	其他硬阔类	2546	345009	423	24711	1061	110674	384	64556	577	125930	101	19138
	桉树	2058	148187	633	25460	521	31475	259	24008	463	46030	182	21214
	相思	288	25619	103	3769	185	21850						

（续）

统计单位	优势树种	合计		幼龄林		中龄林		近熟林		成熟林		过熟林	
		面积	蓄积量	面积	蓄积量	面积	蓄积量	面积	蓄积量	面积	蓄积量	面积	蓄积量
	木麻黄	52	10906							26	3169	26	7737
	其他软阔类	82	11011	28	1843					54	9168		
福　建	针叶混	6499	782795	707	29376	1948	189770	1693	228741	1770	275927	331	58981
	阔叶混	20933	2714451	3516	225614	10437	1223089	3283	540222	3186	611669	511	113857
	针阔混	9637	1144874	1350	56113	4064	428652	1744	247442	2266	363944	213	48723
	合　计	80952	6632890	34854	2039053	33877	3164637	6902	715086	4922	645665	397	68449
	马尾松	6330	383074	1794	55200	3696	247774	784	74430	56	5670		
	湿地松	3786	215623	1874	42741	765	79662	818	53941	329	39279		
	火炬松	55	12690				6961	55	5729				
	黄山松	52	15185							52	15185		
	杉　木	16545	1794505	8207	719049	5057	566420	1296	193622	1875	293459	110	21955
	水　杉	56	159	56	159								
	栎　类	2549	320107	1302	116208	1071	168027	119	27256	57	8616		
	桦　木	274	11303	107	1107		1982	111	3719	56	4495		
	樟　木	225	31964	112	8670	113	23294						
江　西	楠　木	55		55									
	刺　槐	56	694	56	694								
	木　荷	834	79304	506	11577	163	26263	108	26397	57	15067		
	枫　香	112	2543	112	2543								
	其他硬阔类	14549	109152	5937	51989	6688	39908	1100	10911	709		115	6344
	杨　树	108	9100			108	9100						
	柳　树	54	1278					54	1278				
	泡　桐	163	4060	109	1673	54	2387						
	桉　树	55	566	55	566								
	其他软阔类	283	14367	173	799		1551	54	2605	56	9412		
	针叶混	5464	461194	1784	76042	2389	230992	788	101576	503	52584		

（续）

统计单位	优势树种	合计		幼龄林		中龄林		近熟林		成熟林		过熟林	
		面积	蓄积量	面积	蓄积量	面积	蓄积量	面积	蓄积量	面积	蓄积量	面积	蓄积量
江 西	阔叶混	20959	2417899	9278	773399	9779	1362952	1060	130312	727	120832	115	30404
	针阔混	8388	748123	3337	176637	3994	397364	555	83310	445	81066	57	9746
山 东	合 计	20594	767241	10920	296841	5326	246813	1366	57583	2148	112681	834	53323
	落叶松	26	980					26	980				
	赤 松	1543	34464	830	16583	229	5439	232	3040	252	9402		
	黑 松	1264	32191	434	4967	279	6439	104	3411	447	17374		
	油 松	25	602							25	602		
	火炬松	25	421	25	421								
	其他松类	75	1911	50	149	25	1762						
	柏 木	2143	47770	967	10941	1100	35414	51	1267	25	148		
	栎 类	840	33568	509	10276	231	13020	50	1404	50	8868		
	榆 树	51	1028	51	464		476		88				
	刺 槐	1951	74561	480	7618	229	9677	201	4734	433	15700	608	36832
	其他硬阔类	901	20053	558	8422	187	3647	55	4793	76	2646	25	545
	杨 树	8435	410930	5182	197537	2264	133339	435	29090	453	39323	101	11641
	柳 树	170	2848	147	1925	12	192	11	731				
	泡 桐	176	6914	100	2649	26	2031	25	812	25	1422		
	其他软阔类	671	14611	519	7220	152	7391						
	针叶混	235	9630	25	233	52	1733	51	1881	107	5783		
	阔叶混	1155	44032	500	12220	375	19215	100	4932	80	3360	100	4305
	针阔混	908	30727	543	15216	165	7038	25	420	175	8053		
河 南	合 计	34573	1773181	20154	771322	8031	542191	4031	278993	2043	155939	314	24736
	落叶松	16	700			16	700						
	黑 松	44	1567					44	1567				
	油 松	884	40242	206	3741	354	12906	262	16544	62	7051		
	马尾松	1218	64395	214	7313	542	28578	329	19320	133	9184		
	湿地松	22	90	22	90								

（续）

统计单位	优势树种	合计		幼龄林		中龄林		近熟林		成熟林		过熟林	
		面积	蓄积量	面积	蓄积量	面积	蓄积量	面积	蓄积量	面积	蓄积量	面积	蓄积量
河　南	火炬松	154	7723	44	439	92	4696	18	2588				
	黄山松	18	1920							18	1920		
	其他松类	80	1249	40	404	18	488			22	357		
	杉　木	259	16494	118	5099	101	6972	40	4423				
	柏　木	1280	25727	806	10031	346	8903	128	6793				
	栎　类	8698	486039	6902	306759	1283	113219	307	42401	190	20023	16	3637
	桦　木	40	1021	22	50	18	971						
	樟　木	22	295	22	295								
	榆　树	116	1031	116	1031								
	刺　槐	1099	36326	197	1583	208	4080	263	6677	255	13404	176	10582
	枫　香	18	796			18	796						
	其他硬阔类	1865	56186	1183	29274	574	25445	16	871	92	596		
	杨　树	4189	295160	648	26207	863	63845	1602	113449	970	82072	106	9587
	柳　树	92	3138	45	1322	24	893	23	923				
	泡　桐	714	24062	271	3298	266	11368	155	7403	22	1993		
	楝　树	22	255			22	255						
	其他软阔类	699	20319	523	7753	131	6365	44	6148	1	53		
	针叶混	391	19285	161	6028	184	12050	46	1207				
	阔叶混	11325	597830	7879	334625	2618	212802	608	37564	204	11909	16	930
	针阔混	1308	71331	735	25980	353	26859	146	11115	74	7377		
湖　北	合　计	76309	4833609	47019	2130816	18712	1566543	6747	635899	3336	395202	495	105149
	冷　杉	152	21828	43	1460			36	11290	73	9078		
	落叶松	529	53577	328	13545	201	40032						
	油　松	43	1786					43	1786				
	华山松	79	3917				635	36	1806	43	1476		
	马尾松	10891	761810	2019	58521	4275	291499	2905	256282	1653	146382	39	9126
	国外松	118	1184	79	550	39	634						

（续）

统计单位	优势树种	合计		幼龄林		中龄林		近熟林		成熟林		过熟林	
		面积	蓄积量	面积	蓄积量	面积	蓄积量	面积	蓄积量	面积	蓄积量	面积	蓄积量
湖北	湿地松	765	30516	402	6365	162	8983	82	4576	119	10592		
	黄山松	128	19593					43	6627	85	12966		
	其他松类	86	8807					43	2848			43	5959
	杉　木	3584	247191	1763	58304	1241	97018	290	29013	290	62856		
	柳　杉	280	70965	76	2710	40	7261	40	8057	40	12175	84	40762
	水　杉	39	8318					39	8318				
	池　杉	40	7357					40	7357				
	柏　木	1125	33429	792	15853	294	16525	39	1051				
	栎　类	7407	402517	6375	266478	746	94053	164	30064	80	6747	42	5175
	桦　木	279	18050	121	887	39	3002	43	1452	40	1943	36	10766
	樟　木	207	10453	207	10453								
	榆　树	43	1117	43	1117								
	刺　槐	371	13157	125	5789			204	6950	42	418		
	枫　香	281	9488	201	6816	40	1013	40	1659				
	其他硬阔类	1188	53822	872	35652	201	10624	79	1098	36	6448		
	椴　树	43	4338	43	4338								
	杨　树	1705	57941	614	11064	478	14716	450	18322	40	2033	123	11806
	柳　树		2580						2580				
	泡　桐	119	3526	119	2765		761						
	其他软阔类	1203	24807	834	15255	286	7349			40	1323	43	880
	针叶混	5192	474254	1658	85948	2489	239349	668	70591	335	67694	42	10672
	阔叶混	30387	1807629	24955	1273741	4451	416427	764	97862	217	19599		
	针阔混	10025	679652	5350	253205	3730	316662	699	66310	203	33472	43	10003
	合　计	92484	5803793	43450	1470000	32106	2405663	9645	944811	5950	694886	1333	288433
湖南	铁　杉	41	1948			41	1948						
	落叶松	41	846			41	846						
	马尾松	9767	570164	2413	68249	4692	286358	2037	149703	625	65854		

（续）

统计单位	优势树种	合计		幼龄林		中龄林		近熟林		成熟林		过熟林	
		面积	蓄积量	面积	蓄积量	面积	蓄积量	面积	蓄积量	面积	蓄积量	面积	蓄积量
湖南	国外松	40				40							
	湿地松	2272	95238	1413	28079	655	44118	122	15197	82	7844		
	黄山松	33	3940							33	3940		
	杉木	24245	1752404	10520	315439	7543	650402	2506	284555	2727	295542	949	206466
	柳杉	115	13759	41	262	33	9724			41	3773		
	水杉	1	85			1	85						
	柏木	607	21096	362	10977	204	8435	41	1684				
	紫杉（红豆杉）	33	338	33	338								
	栎类	954	72983	672	28642	179	16306	103	28035				
	樟木	683	36735	489	18871	153	13664			41	4200		
	榆树	78	2117	41	1201	37	916						
	木荷	394	18158	200	3266	76	4837	82	4446		3035	36	2574
	枫香	415	10245	305	5529	110	4716						
	其他硬阔类	1753	90100	1015	27990	471	27277	194	15439	73	19394		
	檫木	76	5853			41	3015					35	2838
	杨树	121	14699	43	2426	41	8954	2	127	35	3192		
	泡桐		3062				3062						
	桉树	199	2724			158	2355	41	369				
	其他软阔类	1416	51813	680	14085	384	20168	352	17560				
	针叶混	7219	515428	1898	48891	2809	205830	1303	106698	1050	120427	159	33582
	阔叶混	25871	1523957	17172	696869	7240	609195	1132	157421	327	60472		
	针阔混	16075	995383	6118	198168	7157	483452	1730	163577	916	107213	154	42973
广东	合计	88954	5781171	45173	1939565	27902	2350799	9976	904345	4224	411945	1679	174517
	马尾松	3988	294781	1157	42941	1349	107317	785	72109	647	65741	50	6673
	湿地松	2604	144058	1027	44899	408	23310	505	31054	357	19852	307	24943
	其他松类	151	6301	100	5227	51	1074						
	杉木	7989	563454	5516	261471	1926	204943	295	64849	201	25767	51	6424

（续）

统计单位	优势树种	合计		幼龄林		中龄林		近熟林		成熟林		过熟林	
		面积	蓄积量	面积	蓄积量	面积	蓄积量	面积	蓄积量	面积	蓄积量	面积	蓄积量
	柏　木	44	16570			44	16570						
	栎　类	1790	193692	721	58957	674	85535	247	32875	50	4694	98	11631
	樟　木	57	684	57	684								
	楠　木	2026	147404	1146	60914	389	29616	299	41749	192	15125		
	枫　香	50	494	50	494								
	橡　胶	405	46624			67	5789	50	1626	70	21488	218	17721
	其他硬阔类	10798	189209	5068	89639	3889	65193	1187	16872	508	9032	146	8473
广　东	桉　树	18548	627577	11524	255448	4395	232502	2027	103610	452	29194	150	6823
	相　思	1204	78728	466	8721	370	21972	151	11315			217	36720
	木麻黄	57	1001			57	1001						
	其他软阔类	1429	151006	800	51664	529	62785	100	28520		8037		
	针叶混	3243	288883	545	26357	1306	107904	1044	123204	300	25856	48	5562
	阔叶混	24306	2222112	12967	815250	8541	1045239	1762	237024	686	80318	350	44281
	针阔混	10265	808593	4029	216899	3907	340049	1524	139538	761	106841	44	5266
	合　计	111722	8595326	49759	2184937	41017	3943373	11126	1294919	7936	968229	1884	203868
	马尾松	9405	976880	3321	214688	3515	410625	1734	223545	835	128022		
	云南松	106	7835			53	2985	53	4850				
	湿地松	1148	78606	364	6873	260	18139	105	18924	263	27586	156	7084
	杉　木	17653	1863562	11004	773028	4512	777769	1200	197870	832	104285	105	10610
	柳　杉	103	8916	53	2878	50	6038						
广　西	其他杉类	50		50									
	栎　类	2434	219628	1000	66431	798	106916	424	25566	106	14011	106	6704
	桦　木	53	4452	53	4452								
	樟　木	53	437	53	437								
	楠　木	53	477	53	477								
	木　荷	262	14788	103	4018	105	7702			54	3068		
	枫　香	423	22631	211	4745	212	17886						

（续）

统计单位	优势树种	合计		幼龄林		中龄林		近熟林		成熟林		过熟林	
		面积	蓄积量	面积	蓄积量	面积	蓄积量	面积	蓄积量	面积	蓄积量	面积	蓄积量
	橡　胶		5195				1502				3693		
	其他硬阔类	6163	392945	2274	72338	2673	192009	686	56235	316	50842	214	21521
	泡　桐	52	2110	52	2110								
	桉　树	28143	1448695	11452	230335	9757	622469	3189	281998	2757	231367	988	82526
广　西	相　思	209	8343	53	116					53	618	103	7609
	其他软阔类	4128	308544	2170	78477	1431	120552	211	30602	263	56642	53	22271
	针叶混	1209	102438	526	35723	314	32433	210	19755	159	14527		
	阔叶混	33390	2538601	14490	579091	14075	1307328	2838	381648	1880	259004	107	11530
	针阔混	6685	590243	2477	108720	3262	319020	476	53926	418	74564	52	34013
	合　计	16724	1549333	4155	151234	5311	394216	3050	364615	2851	415368	1357	223900
	国外松	187	19502	34	1491	17	702	1	300	135	17009		
	其他松类	170	27010	17	533	17	662	30	6558	46	7544	60	11713
	杉　木	15	1975							15	1975		
	栎　类	47	3853	17	1111	15	1663			15	1079		
	樟　木	17	17	17	17								
	楠　木	15	2033					15	2033				
海　南	橡　胶	7156	604990	1660	55215	2378	165716	1307	129009	979	119777	832	135273
	其他硬阔类	805	49429	236	3703	298	16387	98	3847	140	15486	33	10006
	桉　树	1389	47809	486	3962	439	16107	197	11387	168	6283	99	10070
	相　思	493	46694	44	1024	17	777	136	8862	183	24576	113	11455
	木麻黄	135	7192	17	703	101	4415				782	17	1292
	其他软阔类	459	40462	234	8852	145	11528	15	2544	15	6080	50	11458
	阔叶混	5732	686344	1376	73933	1841	171350	1222	195835	1140	212593	153	32633
	针阔混	104	12023	17	690	43	4909	29	4240	15	2184		
	合　计	32292	2184589	8436	323506	12107	791992	6664	553974	4375	405722	710	109395
重　庆	落叶松	113	11506	70	5890	43	5616						
	油　松	138	8320			43	2814	24	2052	71	3454		

（续）

统计单位	优势树种	合计		幼龄林		中龄林		近熟林		成熟林		过熟林	
		面积	蓄积量	面积	蓄积量	面积	蓄积量	面积	蓄积量	面积	蓄积量	面积	蓄积量
重庆	华山松	220	14086	23	428	46	482	43	3997	108	9179		
	马尾松	7430	629657	786	39933	2257	184109	2749	255766	1581	141926	57	7923
	云南松	23	1646				425			23	1221		
	杉木	1979	150200	114	2011	730	40803	416	30775	557	56330	162	20281
	柳杉	327	35536	48	2934	140	10816	69	6686	70	15100		
	水杉	17	1579	17	1579								
	柏木	1981	84949	1383	46713	505	33793	46	2607	24	666	23	1170
	紫杉（红豆杉）	23	70	23	70								
	栎类	1451	108075	382	11705	549	28693	185	16127	311	28036	24	23514
	桦木	120	12896	24	541	48	2676	24	819			24	8860
	樟木	48	2079	48	2079								
	楠木	24	3824			24	3824						
	刺槐	93	1846			70	1591	23	255				
	枫香	96	7543			96	7543						
	其他硬阔类	1200	61477	352	9828	448	20814	186	16834	142	4145	72	9856
	杨树	117	2845		23	70	1537	23	960	24	325		
	泡桐	18	3943			18	3943						
	桉树	401	15309	134	2971	201	8118	23	959	43	3261		
	其他软阔类	1193	57057	516	18994	435	21029	129	3393	46	5355	67	8286
	针叶混	3989	345394	757	37761	1445	123928	1075	105666	669	66671	43	11368
	阔叶混	4711	224969	1541	46574	2050	102313	727	41643	275	28778	118	5661
	针阔混	6580	399783	2218	93472	2889	187125	922	65435	431	41275	120	12476
四川	合计	166504	18949802	28087	1280277	46642	3725662	23782	2237009	33542	4601246	34451	7105608
	冷杉	22755	5483124	611	92939	3116	473891	1949	345329	5734	1261021	11345	3309944
	云杉	13525	2279788	1721	96917	3593	287806	1593	231053	3292	697559	3326	966453
	铁杉	1824	322734			67	2284	138	9770	521	89209	1098	221471
	油杉	478	27257			137	9840	341	17417				

（续）

统计单位	优势树种	合计		幼龄林		中龄林		近熟林		成熟林		过熟林	
		面积	蓄积量	面积	蓄积量	面积	蓄积量	面积	蓄积量	面积	蓄积量	面积	蓄积量
四川	落叶松	3047	309025	386	13657	453	35750	598	58884	599	60033	1011	140701
	油松	795	84792	139	2140	204	10813	279	43867	67	2576	106	25396
	华山松	1849	144352	131	3069	661	26780	405	37080	580	65499	72	11924
	马尾松	7309	585714	874	38263	1667	117043	2958	237834	1745	186017	65	6557
	云南松	9962	783000	727	14185	3161	187156	1760	153961	3111	291726	1203	135972
	高山松	5698	739722	320	17861	2552	336360	1008	124255	740	88816	1078	172430
	湿地松	118	4598					53	1123	65	3475		
	杉木	4782	299185	1105	38044	1583	97974	782	67049	1260	87153	52	8965
	柳杉	4885	539339	2688	179370	1642	254700	202	15536	248	61545	105	28188
	水杉	450	25393	260	7839	70	1482	67	3270	53	12802		
	柏木	18347	1168253	4994	205265	10403	661206	1613	125503	682	65985	655	110294
	栎类	19066	1848509	3423	163436	4639	343956	3067	280392	5049	578096	2888	482629
	桦木	6477	554125	1341	49217	1716	138974	211	10218	1091	100574	2118	255142
	樟木	1180	45427	725	21267	325	14300	130	9860				
	楠木	610	41101	72	4610	202	9357	67	8515	202	11199	67	7420
	榆树	65	1693							65	1693		
	刺槐	353	10805	72			1373	144	4049	137	5383		
	木荷	471	23138				252	72	2871	195	7795	204	12220
	枫香	313	12919	183	6430	65	982	65	5507				
	其他硬阔类	7464	377102	2762	67607	1921	90367	1629	69267	597	79930	555	69931
	椴树	139	36481					72	3702			67	32779
	檫木	130	5175			65	882	65	4293				
	杨树	2305	175468	398	18580	321	9241	544	32453	454	65728	588	49466
	柳树	356	15996	144	6980	68	2678			144	6338		
	泡桐	5	302			5	302						
	桉树	1567	70713	326	5603	586	29168	195	7410	395	23161	65	5371

（续）

统计单位	优势树种	合计		幼龄林		中龄林		近熟林		成熟林		过熟林	
		面积	蓄积量	面积	蓄积量	面积	蓄积量	面积	蓄积量	面积	蓄积量	面积	蓄积量
四　川	其他软阔类	12953	912708	2108	70994	2648	123983	1114	61159	2371	180903	4712	475669
	针叶混	2214	447033	314	34228	539	59891	322	48532	520	174666	519	129716
	阔叶混	8508	812299	1473	81079	2255	192450	1072	80032	2177	240932	1531	217806
	针阔混	6504	762532	790	40697	1978	204421	1267	136818	1448	151432	1021	229164
贵　州	合　计	73837	4908110	37466	1308566	21381	1753614	8578	916254	5436	763196	976	166480
	油　杉	40	5043	40	5043								
	华山松	1104	56052	211	960	226	7953	500	33635	167	13504		
	马尾松	10670	864370	3475	147456	3920	319575	2509	285070	734	104973	32	7296
	云南松	1047	65206	302	10829	319	18959	301	18332	125	17086		
	湿地松	386	5233	251	1212	90	2287	45	1734				
	其他松类	45	4486					45	4486				
	杉　木	14443	1298521	4542	124822	4337	430283	2461	306540	2491	329139	612	107737
	柳　杉	1912	102165	1201	35818	620	57451	45	2783	46	6113		
	水　杉	90	4046	45	892	45	3154						
	柏　木	2176	71850	1696	31157	345	24517	90	4431	45	11745		
	紫杉(红豆杉)	41	82	41	82								
	栎　类	2506	135035	1969	66316	412	40377	45	5702	80	22640		
	桦　木	675	17907	629	17089	46	818						
	樟　木	40	443	40	443								
	楠　木	80	3241	40	128	40	3113						
	刺　槐	221	9838			176	7596	45	2242				
	木　荷	166	3419	80	1503	86	1916						
	枫　香	432	18347	251	5377	181	12970						
	其他硬阔类	1584	57022	1241	31610	172	4480	85	12114	86	8818		
	杨　树	849	21577	425	5405	217	8541	121	2476	46	3648	40	1507
	桉　树	321	9854	167	2311	154	7543						
	其他软阔类	1096	39313	801	13779	165	7130	85	3590	45	14814		

（续）

统计单位	优势树种	合计		幼龄林		中龄林		近熟林		成熟林		过熟林	
		面积	蓄积量	面积	蓄积量	面积	蓄积量	面积	蓄积量	面积	蓄积量	面积	蓄积量
	针叶混	4982	418896	1497	74938	1910	149920	811	92366	692	92058	72	9614
贵　州	阔叶混	21872	1277977	14774	585442	5503	464231	761	76258	749	131947	85	20099
	针阔混	7059	418187	3748	145954	2417	180800	629	64495	130	6711	135	20227
	合　计	206588	21444760	71272	3988319	60801	5637140	34733	4210693	25341	3963130	14441	3645478
	冷　杉	4250	1240395	179	29548	237	24257	415	41257	518	127319	2931	1018014
	云　杉	646	123918			112	2956	60	7198	237	48922	237	64842
	铁　杉	416	159889							120	38681	296	121208
	油　杉	1860	121911	418	7005	690	37544	399	42547	353	34815		
	落叶松	59	12275									59	12275
	华山松	3207	361850	173	9073	814	51984	1200	135911	855	129073	155	35809
	云南松	31658	2889032	4771	211770	11642	871263	8193	796385	5637	707640	1415	301974
	思茅松	6369	697305	1313	91335	2097	184929	1532	209364	1069	169407	358	42270
	高山松	2429	312625	113	2563	297	32258	539	58204	771	98823	709	120777
	其他松类	60	5372							60	5372		
云　南	杉　木	6148	415175	3993	177150	1273	130026	498	71030	280	25832	104	11137
	柳　杉	173	15689	60	6206					113	9483		
	柏　木	608	49726	332	15624	217	12110					59	21992
	栎　类	22441	2483017	11715	733844	3928	468791	3183	526071	2248	425079	1367	329232
	桦　木	942	101666	446	23042	437	64149					59	14475
	樟　木	60	41	60	41								
	楠　木	417	72018	119	8552	120	21515	118	17852			60	24099
	榆　树	166	9173	53		53	173					60	9000
	木　荷	477	74342	358	13799					60	25751	59	34792
	枫　香	59	3465	59	3465								
	橡　胶	6936	496529	1518	62757	2673	137833	1593	122954	817	119588	335	53397
	其他硬阔类	4661	237118	2144	43234	962	38187	709	17754	787	132435	59	5508

（续）

统计单位	优势树种	合计		幼龄林		中龄林		近熟林		成熟林		过熟林	
		面积	蓄积量	面积	蓄积量	面积	蓄积量	面积	蓄积量	面积	蓄积量	面积	蓄积量
	杨　树	299	11804	120	2880	119	4943					60	3981
	桉　树	4255	277174	1665	40899	980	42790	645	52500	325	16685	640	124300
	楝　树	53	1401	53	473		928						
云　南	其他软阔类	6717	530342	1945	68961	2045	116503	966	92395	631	75295	1130	177188
	针叶混	6750	807298	1612	80537	2293	214431	1365	137072	950	133621	530	241637
	阔叶混	71430	7584028	31916	1993199	21131	2387344	8840	1368092	6584	1188178	2959	647215
	针阔混	23042	2350182	6137	362362	8681	792226	4478	514107	2926	451131	820	230356
	合　计	97524	22426418	6231	191481	12329	1382506	28652	5171768	36593	9697883	13719	5982780
	冷　杉	11211	5530844	92	9134	1211	270612	2005	679073	4166	1987535	3737	2584490
	云　杉	18936	4260426	1215	43848	2158	241185	4567	798825	8238	2078659	2758	1097909
	铁　杉	45	49919									45	49919
	落叶松	229	52798			46	2875	45	14125	46	10424	92	25374
	华山松	251	115488			11	1630	56	16757	92	21439	92	75662
	云南松	5929	1491243	189	14195	703	140335	2105	471506	2278	651219	654	213988
	高山松	9962	2203583	54	3199	733	86937	1992	336502	6393	1508682	790	268263
	乔　松	410	82541			92	12372	91	16359	181	48780	46	5030
西　藏	柏　木	5994	351549	1539	6186	1238	21351	1108	40198	1055	103113	1054	180701
	紫杉（红豆杉）	46	118545					46	118545				
	栎　类	5779	661832	1252	31861	1247	93681	1005	113656	1734	259351	541	163283
	桦　木	1708	197104	335	2829	777	72919	320	40036	92	28710	184	52610
	榆　树	4		4									
	其他硬阔类	22	196	22	196								
	杨　树	369	31179	186	257		1198	91	5491	46	3798	46	20435
	柳　树	227	18973	136	109		705		1309	45	7003	46	9847
	其他软阔类	377	69751	150	4013	46	5760	46	17389	45	18371	90	24218
	针叶混	2135	505636	228	7588	1080	114722	233	74605	228	87812	366	220909

（续）

统计单位	优势树种	合计		幼龄林		中龄林		近熟林		成熟林		过熟林	
		面积	蓄积量	面积	蓄积量	面积	蓄积量	面积	蓄积量	面积	蓄积量	面积	蓄积量
西　藏	阔叶混	31475	6061121	463	25060	2403	244310	14621	2367062	11312	2635450	2676	789239
	针阔混	2415	623690	366	43006	584	71914	321	60330	642	247537	502	200903
陕　西	合　计	83914	5695380	22525	614694	30116	1865412	11167	1120667	10244	1042175	9862	1052432
	冷　杉	385	63818			35	3219			210	29343	140	31256
	云　杉	70	2806	35		35	2806						
	铁　杉	70	11638					35	7710			35	3928
	落叶松	78	16840			43	3599					35	13241
	樟子松	92	411	92	411								
	油　松	5576	309802	1460	18457	2985	147749	451	41034	397	42588	283	59974
	华山松	840	64032	85	2694	524	38479	117	6097	114	16762		
	马尾松	1619	118514	211	4324	1315	108469	93	5721				
	其他松类	81	4385					46	2778			35	1607
	杉　木	603	39981	246	13353	248	15582					109	11046
	柏　木	1081	36665	562	10060	232	15171	112	5213	140	4450	35	1771
	栎　类	18783	1333776	5404	149147	4231	275326	2579	266314	2719	258027	3850	384962
	桦　木	931	92408	39	1499	199	13920	109	14378	264	16026	320	46585
	水胡黄	143	12969					70	6078	35	3497	38	3394
	榆　树	302	6340	83	1514	176	3898					43	928
	刺　槐	5845	119863	1875	31598	2786	47109	353	15388	461	12339	370	13429
	枫　香	46	211	46	211								
	其他硬阔类	5419	267285	1839	24672	1789	87643	340	26153	620	62426	831	66391
	椴　树	150	18292			77	12525	38	4412	35	1355		
	杨　树	2006	106841	556	11496	413	19660	78	7886	151	11519	808	56280
	柳　树	47	1763					47	1763				
	泡　桐	14	431			14	431						
	楝　树	46	1451			46	1451						

（续）

统计单位	优势树种	合计		幼龄林		中龄林		近熟林		成熟林		过熟林	
		面积	蓄积量	面积	蓄积量	面积	蓄积量	面积	蓄积量	面积	蓄积量	面积	蓄积量
陕　西	其他软阔类	1560	119836	438	17198	315	16009	347	22045	204	36027	256	28557
	针叶混	782	42446	116	1292	593	33675	38	5916	35	1563		
	阔叶混	30636	2443624	7746	272173	11084	844650	5426	571341	4139	476538	2241	278922
	针阔混	6709	458952	1692	54595	2976	174041	888	110440	720	69715	433	50161
甘　肃	合　计	38764	2640688	14443	425985	11000	757299	5925	542932	4852	519919	2544	394553
	冷　杉	2172	392372	113	6515	257	31093	269	41286	877	157698	656	155780
	云　杉	3157	426219	520	25260	741	99218	1012	125827	465	80315	419	95599
	铁　杉	9	3205							9	3205		
	落叶松	771	23650	692	18786	59	3656	10	654	10	554		
	油　松	1176	65916	432	3527	479	27529	86	7511	124	18332	55	9017
	华山松	1216	45295	589	18580	482	17143	44	3232	61	4025	40	2315
	其他松类	13	293			13	293						
	柏　木	557	29575	217	3408	121	8959	83	4548	66	3190	70	9470
	栎　类	4941	304447	1310	45516	1776	112101	1233	99981	603	46363	19	486
	桦　木	2632	120700	708	12494	906	37835	219	13552	496	27805	303	29014
	榆　树	122	5807	73	116	6	813			21	1207	22	3671
	刺　槐	5367	136885	4089	85316	1037	40499	241	11070				
	其他硬阔类	3348	133382	1345	20699	1215	50656	497	40868	281	20821	10	338
	椴　树	10	269			10	269						
	杨　树	1826	122517	443	12156	188	19333	336	16468	386	27199	473	47361
	柳　树	134	10176	9	173			11	245	57	3262	57	6496
	其他软阔类	728	39865	225	7533	110	3964	134	8012	185	16007	74	4349
	针叶混	455	48099	41	1127	226	20437	31	2311	136	20173	21	4051
	阔叶混	8309	606022	2845	132740	2788	236767	1491	144567	879	67344	306	24604
	针阔混	1821	125994	792	32039	586	46734	228	22800	196	22419	19	2002

（续）

统计单位	优势树种	合计		幼龄林		中龄林		近熟林		成熟林		过熟林	
		面积	蓄积量	面积	蓄积量	面积	蓄积量	面积	蓄积量	面积	蓄积量	面积	蓄积量
青海	合计	4869	444191	972	34635	1413	124197	656	72279	1072	101858	756	111222
	云杉	1392	194590	403	16616	362	53245	204	36144	142	24742	281	63843
	落叶松	22	1093	6	130	10	584	6	379				
	油松	61	4980	16	403	10	602	25	3152	10	823		
	柏木	1662	117283	273	11067	667	43538	187	13413	389	36253	146	13012
	栎类	5	353			5	353						
	桦木	691	41006	83	2372	132	7313	123	7538	210	12168	143	11615
	榆树	30	255	30	255								
	杨树	518	37138	69	1424	115	6468	70	6612	192	14527	72	8107
	针叶混	107	14326	15	290	30	2475	10	2238	26	3052	26	6271
	阔叶混	127	10525	16	337	32	3630			36	3179	43	3379
	针阔混	254	22642	61	1741	50	5989	31	2803	67	7114	45	4995
宁夏	合计	2080	80715	975	14018	670	37814	274	21326	144	7121	17	436
	云杉	70	9729	10	347	26	3720	31	4645	3	1017		
	落叶松	284	10606	140	1865	129	7348	15	1393				
	樟子松	6		6									
	油松	56	6447			20	1310	25	3280	11	1857		
	华山松	3	532					3	532				
	柏木	16	503	8	117	3	59	5	327				
	栎类	76	6230	31	1204	43	4649	2	377				
	桦木	36	2836	6	214	8	840	17	1167	5	615		
	榆树	136	2257	45	368	53	1212	22	460	16	217		
	刺槐	106	1864	88	1470	18	394						
	其他硬阔类	630	1471	443	792	143	244	28	186	11		5	249
	椴树	3	250	3	250								

（续）

统计单位	优势树种	合计		幼龄林		中龄林		近熟林		成熟林		过熟林	
		面积	蓄积量	面积	蓄积量	面积	蓄积量	面积	蓄积量	面积	蓄积量	面积	蓄积量
宁 夏	杨 树	312	18711	52	2417	104	10229	62	3647	82	2231	12	187
	柳 树	83	3168	45	1508	27	895	8	637	3	128		
	其他软阔类	42	1133	30	846	6	252	6	35				
	针叶混	15	1112			5	370	4	309	6	433		
	阔叶混	159	12554	40	2308	69	5553	43	4070	7	623		
	针阔混	47	1312	28	312	16	739	3	261				
新 疆	合 计	27076	3040494	3074	129661	6178	556118	5019	569963	7590	1022992	5215	761760
	冷 杉	108	24042			18	3205			72	19502	18	1335
	云 杉	10220	1618527	691	42092	2337	297405	2282	346803	3600	637427	1310	294800
	落叶松	4291	678949		268	468	55573	591	100199	1438	194531	1794	328378
	红 松	18	985							18	985		
	樟子松	113	1305			113	1305						
	桦 木	327	28378	36	3678	75	5317	138	9214	60	5314	18	4855
	榆 树	595	27162	381	6156	173	8013	41	9800		3193		
	其他硬阔类	514	17107	263	4141	203	9718	30	2619	18	629		
	杨 树	3002	257228	1143	63911	1147	88112	297	35489	269	58047	146	11669
	柳 树	346	14226	41	210	41	1116	113	2424			151	10476
	其他软阔类	5995	169758	406	2221	1066	28496	1312	30152	1703	47654	1508	61235
	针叶混	952	146949	36	3643	324	47151	179	28780	233	35571	180	31804
	阔叶混	290	22800	41	1127	177	9502			18	2618	54	9553
	针阔混	305	33078	36	2214	36	1205	36	4483	161	17521	36	7655

附表10 天然林面积蓄积量按权属统计

百公顷、百立方米

统计单位	土地所有权	合计		乔木林		竹林面积	特灌林面积
		面积	蓄积量	面积	蓄积量		
全国	合计	1408129	143770318	1230158	143770318	37582	140389
	国有	781493	95582824	672026	95582824	3108	106359
	集体	626636	48187494	558132	48187494	34474	34030
北京	合计	2843	124283	2842	124283		1
	国有	222	16344	222	16344		
	集体	2621	107939	2620	107939		1
天津	合计	40	1754	40	1754		
	国有	18	1318	18	1318		
	集体	22	436	22	436		
河北	合计	21928	743016	19719	743016		2209
	国有	3222	187044	3099	187044		123
	集体	18706	555972	16620	555972		2086
山西	合计	15862	1116381	15700	1116381		162
	国有	7741	646024	7700	646024		41
	集体	8121	470357	8000	470357		121
内蒙古	合计	174925	15073991	141952	15073991		32973
	国有	142580	14883790	136181	14883790		6399
	集体	32345	190201	5771	190201		26574
辽宁	合计	26787	2263954	25297	2263954		1490
	国有	2226	303398	2185	303398		41
	集体	24561	1960556	23112	1960556		1449
吉林	合计	64184	10684379	64179	10684379		5
	国有	52914	9410741	52909	9410741		5
	集体	11270	1273638	11270	1273638		

（续）

统计单位	土地所有权	合计		乔木林		竹林面积	特灌林面积
		面积	蓄积量	面积	蓄积量		
黑龙江	合 计	174121	19035178	174121	19035178		
	国 有	172633	18855099	172633	18855099		
	集 体	1488	180079	1488	180079		
浙 江	合 计	32983	2219160	29796	2219160	3186	1
	国 有	1561	131479	1516	131479	45	
	集 体	31422	2087681	28280	2087681	3141	1
安 徽	合 计	9824	703568	9606	703568	197	21
	国 有	858	61463	848	61463	9	1
	集 体	8966	642105	8758	642105	188	20
福 建	合 计	39548	3930295	29961	3930295	9582	5
	国 有	2411	328371	2134	328371	276	1
	集 体	37137	3601924	27827	3601924	9306	4
江 西	合 计	61209	3906854	47705	3906854	11712	1792
	国 有	6989	583159	5344	583159	1598	47
	集 体	54220	3323695	42361	3323695	10114	1745
山 东	合 计	84	6586	84	6586		
	国 有	33	4174	33	4174		
	集 体	51	2412	51	2412		
河 南	合 计	16307	1029395	16234	1029395	35	38
	国 有	1602	178703	1601	178703	1	
	集 体	14705	850692	14633	850692	34	38
湖 北	合 计	49225	3161777	49130	3161777	90	5
	国 有	3300	335342	3297	335342	3	
	集 体	45925	2826435	45833	2826435	87	5
湖 南	合 计	40069	2063910	30974	2063910	9049	46
	国 有	2599	195158	2188	195158	399	12
	集 体	37470	1868752	28786	1868752	8650	34

（续）

统计单位	土地所有权	合计		乔木林		竹林面积	特灌林面积
		面积	蓄积量	面积	蓄积量		
广东	合计	23796	2206928	22891	2206928	886	19
	国有	3338	396309	3303	396309	22	13
	集体	20458	1810619	19588	1810619	864	6
广西	合计	31194	2365175	30904	2365175	226	64
	国有	3660	332146	3564	332146	34	62
	集体	27534	2033029	27340	2033029	192	2
海南	合计	5900	766489	5860	766489		40
	国有	4448	586899	4415	586899		33
	集体	1452	179590	1445	179590		7
重庆	合计	22357	1649429	21215	1649429	1136	6
	国有	1397	139479	1244	139479	153	
	集体	20960	1509950	19971	1509950	983	6
四川	合计	100759	16085174	100444	16085174	314	1
	国有	63598	11191377	63543	11191377	54	1
	集体	37161	4893797	36901	4893797	260	
贵州	合计	28191	2702962	27901	2702962	266	24
	国有	1107	144560	1094	144560	13	
	集体	27084	2558402	26807	2558402	253	24
云南	合计	152227	19031161	151382	19031161	827	18
	国有	38838	6826701	38353	6826701	478	7
	集体	113389	12204460	113029	12204460	349	11
西藏	合计	117253	22414854	96828	22414854	3	20422
	国有	116897	22408625	96569	22408625	3	20325
	集体	356	6229	259	6229		97

（续）

统计单位	土地所有权	合计		乔木林		竹林面积	特灌林面积
		面积	蓄积量	面积	蓄积量		
陕西	合计	64006	5135527	62571	5135527	73	1362
	国有	22806	2388031	22452	2388031	20	334
	集体	41200	2747496	40119	2747496	53	1028
甘肃	合计	33357	2161220	25555	2161220		7802
	国有	26142	1875179	18469	1875179		7673
	集体	7215	286041	7086	286041		129
青海	合计	13454	405837	4083	405837		9371
	国有	12919	394424	3997	394424		8922
	集体	535	11413	86	11413		449
宁夏	合计	1063	40349	486	40349		577
	国有	1000	38154	463	38154		537
	集体	63	2195	23	2195		40
新疆	合计	84633	2740732	22698	2740732		61935
	国有	84434	2739333	22652	2739333		61782
	集体	199	1399	46	1399		153

附表11 天然乔木林各龄组面积蓄积量按优势树种统计

百公顷、百立方米

统计单位	优势树种	合计		幼龄林		中龄林		近熟林		成熟林		过熟林	
		面积	蓄积量	面积	蓄积量	面积	蓄积量	面积	蓄积量	面积	蓄积量	面积	蓄积量
全国	合计	1230158	143770318	325752	17273836	387642	39899655	212062	29387560	199516	33895708	105186	23313559
	冷杉	39644	12765819	1024	139440	4643	806707	4592	1133237	11207	3585616	18178	7100819
	云杉	46305	8934539	4347	223734	8840	994173	9592	1563761	15657	3569425	7869	2583446
	铁杉	2274	548559			67	2284	173	17480	625	132269	1409	396526
	油杉	1759	154211	458	12048	550	47384	451	59964	300	34815		
	落叶松	81121	8645175	6625	245103	40920	4241340	11259	1210191	11993	1460107	10324	1488434
	红松	942	99929	547		128	21160	45	15992	132	34146	90	28631
	樟子松	3749	511897	491	31768	1705	212265	757	95132	530	110333	266	62399
	赤松	404	59676	68	1372	244	41812	68	16492	24			
	油松	10847	804330	1967	44464	4638	208341	2091	243723	1628	185874	523	121928
	华山松	3319	334877	690	25431	1106	50775	749	78890	511	89880	263	89901
	马尾松	29298	2970044	6401	354052	12062	1109191	6777	970953	3922	511192	136	24656
	云南松	34313	4918742	4499	234401	10973	1139884	8278	1391407	7633	1524625	2930	628425
	思茅松	4425	560514	418	28300	1258	115148	1375	209364	1016	165432	358	42270
	高山松	17756	3255521	382	23214	3525	455555	3539	518961	7851	1696321	2459	561470
	国外松	29	160	14	160					15			
	湿地松	1180	57905	654	22868	99	7235	156	11906	223	12907	48	2989
	火炬松	18						18					
	黄山松	713	76743			126	13674	125	9681	342	40371	120	13017
	乔松	410	82541			92	12372	91	16359	181	48780	46	5030
	其他松类	649	48697	128	2969	228	10404	96	13403	74	5372	123	16549
	杉木	24691	1634335	7913	266732	7944	542861	3296	294337	4246	382753	1292	147652
	柳杉	1922	27963	1252	4966	392	12874	171	10123	107			
	水杉	123	159	56	159			67					
	柏木	17954	1338502	5976	259663	5379	406928	2414	124755	2317	209916	1868	337240

（续）

统计单位	优势树种	合计		幼龄林		中龄林		近熟林		成熟林		过熟林	
		面积	蓄积量	面积	蓄积量	面积	蓄积量	面积	蓄积量	面积	蓄积量	面积	蓄积量
全国	紫杉（红豆杉）	120	118883	74	338			46	118545				
	栎类	152465	14418407	57595	2867920	35054	3406444	24109	3159115	23807	3190602	11900	1794326
	桦木	95922	9155262	16555	696010	24367	2010410	20511	2254561	24273	2892476	10216	1301805
	水胡黄	4784	426025	2227	133798	1525	136125	604	82439	366	68001	62	5662
	樟木	523	38844	410	17050	113	15941		5853				
	楠木	1646	179755	614	37851	493	53121	248	38268	164	18996	127	31519
	榆树	5567	336199	1587	53442	1897	104736	1089	82338	716	60068	278	35615
	刺槐	2518	16811	1238	11754	561	2037	448	2318	265	418	6	284
	木荷	3458	345323	1059	36026	1734	181291	207	21905	224	56515	234	49586
	枫香	1405	106385	594	19239	670	69887	27	9349	76	2306	38	5604
	橡胶	401		194		87		105		15			
	其他硬阔类	37513	1991525	17146	410501	11633	580282	3499	265881	3321	505561	1914	229300
	椴树	3631	440446	558	28484	1691	183948	935	137322	253	35893	194	54799
	檫木	150	9706	150	6542		3164						
	杨树	18033	1735244	4202	217343	5010	458242	3320	338694	3137	414023	2364	306942
	柳树	1309	83762	396	14160	317	24066	165	7232	273	19429	158	18875
	泡桐	132	12815	60	2864	24	4258	25	808	23	4885		
	桉树	1856	25896	824	6562	518	9531	193	3000	190	6073	131	730
	相思	161	13812	14	963	102	12849			45			
	楝树	15	2766	15	387		2379						
	其他软阔类	35108	2829835	9600	361623	9270	568378	4683	455342	4641	576692	6914	867800
	针叶混	32223	4488920	6617	373215	12725	1552507	6012	866675	4806	956106	2063	740417
	阔叶混	405373	47267465	135447	8646490	133791	15408407	71270	11049661	49280	9025383	15585	3137524
	针阔混	102000	11895394	24666	1410430	41141	4659285	18386	2482143	13107	2262147	4700	1081389
北京	合计	2842	124283	1939	63381	647	42771	161	11200	69	6204	26	727
	落叶松	16				7		6				3	

（续）

统计单位	优势树种	合计		幼龄林		中龄林		近熟林		成熟林		过熟林	
		面积	蓄积量	面积	蓄积量	面积	蓄积量	面积	蓄积量	面积	蓄积量	面积	蓄积量
北京	油松	106	2230	51	351	31	561	10	428	9	890	5	
	其他松类		161				161						
	柏木	164	989	126	639	36	350	2					
	栎类	882	51377	561	25094	245	19612	62	5340	14	1331		
	桦木	198	11143	133	5997	39	2106	8	638	16	1959	2	443
	胡桃楸	120	6403	72	4151	44	1833			4	419		
	榆树	154	6044	119	3390	31	2510	4	144				
	刺槐	29	955	14	622	3		6	49			6	284
	其他硬阔类	259	4306	200	2352	40	1389	15	259	2	306	2	
	椴树	92	8767	32	1685	32	3820	26	2915	2	347		
	杨树	67	3934	26	1813	25	2121			8		8	
	其他软阔类	473	11976	426	9138	40	2592	2	218	5	28		
	阔叶混	266	15131	174	7629	71	5369	12	1209	9	924		
	针阔混	16	867	5	520	3	347	8					
天津	合计	40	1754	18	328	20	1122			2	304		
	油松	9	497			7	193			2	304		
	柏木	3	12	3	12								
	栎类	13	998	7	273	6	725						
	胡桃楸	2	14	2	14								
	其他硬阔类	6		3		3							
	椴树	2	204			2	204						
	阔叶混	5	29	3	29	2							
河北	合计	19719	743016	11496	289318	6137	298889	1573	121140	454	31564	59	2105

（续）

统计单位	优势树种	合 计		幼龄林		中龄林		近熟林		成熟林		过熟林	
		面积	蓄积量	面积	蓄积量	面积	蓄积量	面积	蓄积量	面积	蓄积量	面积	蓄积量
河 北	云 杉	23	1635			23	1635						
	落叶松	415	10392	207	4837	184	2513	24	3042				
	油 松	1264	41730	353	8073	489	12783	304	15766	99	5108	19	
	柏 木	194	2490	116	818	78	1672						
	栎 类	6340	250131	4392	133043	1443	78561	447	36412	58	2115		
	桦 木	3245	225652	1339	69560	1257	98164	456	43789	193	14139		
	胡桃楸	511	13283	327	6868	161	5302	23	1113				
	榆 树	670	18311	428	4832	204	12167	38	1312				
	刺 槐	351	1857	274	1857	77							
	其他硬阔类	2435	36237	1754	19331	658	14521	23	2385				
	椴 树	352	15284	174	6666	120	5821	38	2011			20	786
	杨 树	279	12293	59	724	143	7290	19	1617	38	1343	20	1319
	柳 树	20	533	20	533								
	其他软阔类	2668	41736	1639	14763	909	19580	96	4163	24	3230		
	针叶混		5340		5340								
	阔叶混	781	51275	332	9912	348	29292	82	6442	19	5629		
	针阔混	171	14837	82	2161	43	9588	23	3088	23			
山 西	合 计	15700	1116381	4699	176707	5462	365173	3659	337966	1773	219288	107	17247
	云 杉	242	51093	58	5598	166	41590	18	3905				
	落叶松	530	28244	223	3706	220	8143	34	5355	53	11040		
	油 松	3450	270694	562	19044	1380	81744	942	85771	512	70272	54	13863
	华山松	37	642			20	642	17					
	其他松类	361	13630	111	2823	197	7516	53	3291				
	柏 木	466	11392	202	3620	247	7547			17	225		
	栎 类	4133	306880	1273	53511	935	69421	1429	121516	496	62432		

（续）

统计单位	优势树种	合计		幼龄林		中龄林		近熟林		成熟林		过熟林	
		面积	蓄积量	面积	蓄积量	面积	蓄积量	面积	蓄积量	面积	蓄积量	面积	蓄积量
	桦　木	721	63319	295	10769	175	18460	92	11607	159	21519		964
	榆　树		1875		1273		602						
	刺　槐	286	1114	59	1114	114		37		76			
	其他硬阔类	504	21432	284	8333	145	7683	19	2131	56	3285		
	椴　树	34	2038			17	634		904	17	500		
山　西	杨　树	387	21058	109	1809	186	10621	58	4537	34	4091		
	柳　树	17	5337	17	4047				1290				
	其他软阔类	19	1416							19	1416		
	针叶混	338	23264	75	804	194	6990	51	11644	18	3826		
	阔叶混	2846	186000	1069	47640	955	61462	540	48599	229	25879	53	2420
	针阔混	1329	106953	362	12616	511	42118	369	37416	87	14803		
	合　计	141952	15073991	17633	696997	53385	5442966	26190	3013129	30282	3981366	14462	1939533
	云　杉	202	24713			135	15554	67	9159				
	落叶松	46490	5337038	2244	115512	26557	3024078	5865	636037	6538	838049	5286	723362
	樟子松	2303	371073	403	28432	1020	160144	337	46017	340	93941	203	42539
	油　松	329	37645	64	41			63	20363	135	17241	67	
	其他松类		526				526						
	柏　木	131	1046			131	1046						
内蒙古	栎　类	18796	1111387	6594	190124	5783	337346	3053	265401	2815	273921	551	44595
	桦　木	50081	5204227	4331	179288	11110	880153	12219	1367128	15948	1973799	6473	803859
	榆　树	1435	29007	127	5303	704	14947	278	3556	262	4169	64	1032
	刺　槐	10				10							
	其他硬阔类	331	2921	268		63	2921						
	椴　树	131	482	64				67	482				
	杨　树	5497	564503	1494	90064	2032	212619	1089	147581	349	47211	533	67028

（续）

统计单位	优势树种	合计		幼龄林		中龄林		近熟林		成熟林		过熟林	
		面积	蓄积量	面积	蓄积量	面积	蓄积量	面积	蓄积量	面积	蓄积量	面积	蓄积量
内蒙古	柳　树	152	11927			68	5551			84	6376		
	其他软阔类	4703	583468	544	19251	1635	155795	1165	156043	951	174523	408	77856
	针叶混	488	61421	82	347	203	38683	68	4943	135	17448		
	阔叶混	6141	906389	1144	53503	2137	285655	959	188977	1564	302793	337	75461
	针阔混	4732	826218	274	15132	1797	307948	960	167442	1161	231895	540	103801
辽　宁	合　计	25297	2263954	12275	631899	6179	709054	3125	440056	3368	447160	350	35785
	落叶松	1108		794		234				80			
	红　松	160		160									
	赤　松	40	4191			40	4191						
	油　松	751	43303	39	4067	479	27690	79	11546	154			
	柏　木	39				39							
	栎　类	8789	710772	5528	258046	1302	183208	753	88207	1092	167826	114	13485
	桦　木	157	10848	40	628	77	5490			40	4730		
	水曲柳	80	7737	80	3983		3754						
	胡桃楸	955	44350	676	24491	279	15640		4219				
	榆　树	239	9505	199	4176		4761	40	568				
	刺　槐	239	446	120	317		129	79		40			
	其他硬阔类	674	22140	554	10623	120	11517						
	椴　树	39	5932		722							39	5210
	杨　树	364				166		119		39		40	
	柳　树		190				190						
	其他软阔类	200	13290	80	1358	80	4686		2921			40	4325
	针叶混	79	2303		2303	79							
	阔叶混	10590	1332327	3689	295775	3044	436923	1937	323012	1803	263852	117	12765
	针阔混	794	56620	316	25410	240	10875	118	9583	120	10752		
吉　林	合　计	64179	10684379	9285	791865	17977	2527933	19991	3624030	13213	2822720	3713	917831
	冷　杉	68	11310			46	8626			22	2684		

（续）

统计单位	优势树种	合计		幼龄林		中龄林		近熟林		成熟林		过熟林	
		面积	蓄积量	面积	蓄积量	面积	蓄积量	面积	蓄积量	面积	蓄积量	面积	蓄积量
吉林	云杉	47	4845	23		24	4845						
	落叶松	1432	95870	440	434	491	30328	213	24988	242	24824	46	15296
	红松	254	42138	119		22		45	15992	46	18211	22	7935
	樟子松	76		25		25				26			
	赤松	147	18351	25		98	18351			24			
	油松	347	72595	37		47	6765	120	23791	95	28361	48	13678
	栎类	9127	1351608	1707	126390	2230	268501	3505	620580	1360	261212	325	74925
	桦木	1331	192545	301	21777	283	50295	350	50493	373	63629	24	6351
	水胡黄	1118	146135	415	40811	255	30356	308		116	25438	24	2268
	榆树	350	54925	25	1466	24	1464	71	10172	137	21753	93	20070
	刺槐	26				26							
	其他硬阔类	422	57873		359	211	21589	47	7687	141	26951	23	1287
	椴树	620	113558	50	5948	149	23887	260	46699	93	21000	68	16024
	杨树	624	144743	74	4373	69	10972	186	46768	181	55077	114	27553
	泡桐	132	12276	60	2325	24	4258	25	808	23	4885		
	其他软阔类	542	47980	235	16924	164	14188	118	15216	25	1652		
	针叶混	1810	407059	119	3280	543	102072	562	120892	401	117761	185	63054
	阔叶混	39284	6565234	5308	532287	11373	1591345	12518	2261226	7898	1667586	2187	512790
	针阔混	6422	1345334	322	35491	1873	340091	1663	331456	2010	481696	554	156600
	合计	174121	19035178	29188	1688786	73646	8156782	37062	4806756	25088	3253289	9137	1129565
黑龙江	冷杉	211	24383			66	4661	145	19722				
	云杉	690	61781	280	16000	188	23433	159	18711	63	3637		
	落叶松	23247	2109554	2147	108305	12142	1084262	3920	366528	2987	320652	2051	229807

（续）

统计单位	优势树种	合计		幼龄林		中龄林		近熟林		成熟林		过熟林	
		面积	蓄积量	面积	蓄积量	面积	蓄积量	面积	蓄积量	面积	蓄积量	面积	蓄积量
黑龙江	红　松	510	56806	268		106	21160			68	14950	68	20696
	樟子松	1257	139519	63	3336	547	50816	420	49115	164	16392	63	19860
	赤　松	174	35762			106	19270	68	16492				
	栎　类	19197	2114356	2600	122532	4887	489299	3979	528847	5472	717238	2259	256440
	桦　木	27614	2327886	7368	310006	8080	663604	6153	681016	5427	616994	586	56266
	水胡黄	1855	195134	655	53480	786	79240	203	23767	211	38647		
	榆　树	2220	187757	458	30764	776	61785	641	63048	306	31246	39	914
	枫　香	249	25312			135	17402			76	2306	38	5604
	其他硬阔类	659	57901	332	9001	145	12265	38	1819	77	16649	67	18167
	椴　树	2016	234551	192	8875	1284	136788	434	76197	106	12691		
	檫　木	135	8804	135	5640		3164						
	杨　树	5580	645199	1232	75804	1458	185744	841	87753	1450	198492	599	97406
	柳　树	408	18075	193	2296	177	15227	38	552				
	其他软阔类	936	69073	193	5353	607	47597	136	16123				
	针叶混	3294	595655	542	55878	2250	402689	297	54240	167	75814	38	7034
	阔叶混	65644	7774206	10357	715223	30614	3554792	15139	2194370	6634	936874	2900	372947
	针阔混	18225	2353464	2173	166293	9292	1283584	4451	608456	1880	250707	429	44424
浙　江	合　计	29796	2219160	13916	792520	8583	728392	3628	309478	2932	304988	737	83782
	马尾松	2229	146380	81	3254	601	28289	1029	66079	518	48758		
	湿地松	82	10367		37			55	7504	27	2826		
	黄山松	135	14371					27	1847	108	12524		
	其他松类		1420				1420						

（续）

统计单位	优势树种	合计		幼龄林		中龄林		近熟林		成熟林		过熟林	
		面积	蓄积量	面积	蓄积量	面积	蓄积量	面积	蓄积量	面积	蓄积量	面积	蓄积量
浙江	杉木	1962	165015	136	3394	302	15876	165	14607	869	78542	490	52596
	柳杉	53	6722					53	6722				
	柏木	108	12762			26	1375	82	11387				
	栎类	2069	150590	1907	122462	135	25417	27	2711				
	樟木	27	2010	27	2010								
	榆树	54	5256			54	2098		3158				
	木荷	1908	184163	192	8876	1555	152960	135	19034	26	3293		
	枫香	163	13737			136	9895	27	3842				
	其他硬阔类	1388	42584	1143	20820	54	5444	82	2851	54	4594	55	8875
	其他软阔类	27	1262		263					27	999		
	针叶混	1446	140131	110	7519	329	17005	325	26762	600	75860	82	12985
	阔叶混	13095	948735	9258	579401	3515	318050	268	39005	27	9683	27	2596
	针阔混	5050	373655	1062	44484	1876	150563	1353	103969	676	67909	83	6730
安徽	合计	9606	703568	3995	157649	3804	351177	879	96310	666	73260	262	25172
	马尾松	509	31753	110	2790	249	15699	87	8600	63	4664		
	国外松	14	160	14	160								
	黄山松	137	10452			15	646	14	102	15	973	93	8731
	杉木	698	54699	205	9551	195	11245	132	16112	166	17791		
	柏木	15	497							15	497		
	栎类	1108	69021	691	22254	280	29335	88	8717	30	5144	19	3571
	桦木	15	37			15	37						
	榆树	15		15									
	刺槐	19	362	19	362								
	枫香	63	2883	48	829	15	2054						
	其他硬阔类	346	25238	136	1815	128	14921	53	7169	15	821	14	512
	檫木	15	902	15	902								
	杨树	15	584							15	584		

（续）

统计单位	优势树种	合计		幼龄林		中龄林		近熟林		成熟林		过熟林	
		面积	蓄积量	面积	蓄积量	面积	蓄积量	面积	蓄积量	面积	蓄积量	面积	蓄积量
安徽	楝树	15	267	15	267								
	其他软阔类	44	2895	15	211	14	648					15	2036
	针叶混	166	13761	30	2096	29	1450	64	7585	43	2630		
	阔叶混	5289	393364	2373	102460	2355	231318	258	23900	182	25364	121	10322
	针阔混	1123	96693	309	13952	509	43824	183	24125	122	14792		
福建	合计	29961	3930295	3319	186379	13204	1519319	5354	812298	6805	1170101	1279	242198
	铁杉	27	1174							27	1174		
	马尾松	2149	211887	165	5751	747	54442	444	51237	657	77976	136	22481
	湿地松	55	1132	55	1132								
	黄山松	305	35014			111	13028	84	7732	83	9968	27	4286
	杉木	2229	255497	361	10985	739	73191	138	18763	605	91286	386	61272
	栎类	1129	185057	140	22319	688	106956	110	16274	191	39508		
	木荷	165	14374	55	2019	83	10756			27	1599		
	枫香	27	467	27	467								
	其他硬阔类	1953	289497	231	18388	797	91000	384	63910	440	97061	101	19138
	桉树	54	4451			27	2994	27	1457				
	相思	55	8448			55	8448						
	其他软阔类	55	9233	28	1843					27	7390		
	针叶混	2096	259108	82	1958	634	64827	440	53051	802	118673	138	20599
	阔叶混	15041	2064666	1789	107656	7293	865271	2819	477619	2758	518907	382	95213
	针阔混	4621	590290	386	13861	2030	228406	908	122255	1188	206559	109	19209
江西	合计	47705	3906854	19873	1089222	21591	2099626	3628	402011	2383	288324	230	27671
	马尾松	4011	248368	1128	40635	2261	145750	566	56313	56	5670		
	湿地松	401	19203	287	10682	57	5529	57	2992				
	杉木	6234	437745	2265	80010	2269	178632	798	85974	902	93129		
	水杉	56	159	56	159								
	栎类	2278	281533	1138	95883	964	149778	119	27256	57	8616		

（续）

统计单位	优势树种	合计		幼龄林		中龄林		近熟林		成熟林		过熟林	
		面积	蓄积量	面积	蓄积量	面积	蓄积量	面积	蓄积量	面积	蓄积量	面积	蓄积量
江西	桦木	112	7993				1982	56	1516	56	4495		
	樟木	225	22709	112	6768	113	15941						
	刺槐	56	694	56	694								
	木荷	451	39927	338	9453	56	15407			57	15067		
	枫香	57		57									
	其他硬阔类	8394	100452	4190	50840	3471	32357	450	10911	170		113	6344
	其他软阔类	112	10025	56	613					56	9412		
	针叶混	2942	266526	960	44206	1131	110921	510	70768	341	40631		
	阔叶混	17039	2038069	7253	647207	8477	1188345	734	102933	515	88003	60	11581
	针阔混	5337	433451	1977	102072	2792	254984	338	43348	173	23301	57	9746
山东	合计	84	6586	51	2553	21	2977			12	1056		
	赤松	43	1372	43	1372								
	柏木	21	2442			21	2442						
	刺槐		535				535						
	杨树	12	1056							12	1056		
	阔叶混		495		495								
	针阔混	8	686	8	686								
河南	合计	16234	1029395	11107	591714	3894	347456	704	67881	481	17777	48	4567
	落叶松	16				16							
	油松	240	1567	72	132	89	1083	61	352	18			
	马尾松	395	34152	36	7147	251	25060	108	1945				
	火炬松	18						18					
	黄山松	18								18			
	其他松类	35	634	17	146	18	488						
	杉木	125		72		35		18					
	柏木	195	6688	141	4901	36	1787	18					
	栎类	6191	412777	4794	257532	994	97459	219	36372	168	17777	16	3637

（续）

统计单位	优势树种	合计		幼龄林		中龄林		近熟林		成熟林		过熟林	
		面积	蓄积量	面积	蓄积量	面积	蓄积量	面积	蓄积量	面积	蓄积量	面积	蓄积量
河南	桦木	18	1021		50	18	971						
	榆树	72	578	72	578								
	刺槐	124	1168	18	1168	53		18		35			
	枫香	18	796			18	796						
	其他硬阔类	776	27304	425	13670	266	12790	16	844	69			
	杨树	302		18		142		54		72		16	
	泡桐		539		539								
	其他软阔类	90	11020	72	3699	18	2376		4945				
	针叶混	191	8345	51	1213	140	7132						
	阔叶混	6811	490992	4983	284848	1625	183468	138	21746	49		16	930
	针阔混	599	31814	336	16091	175	14046	36	1677	52			
湖北	合计	49130	3161777	31855	1516772	12075	1064308	3352	355997	1641	191917	207	32783
	冷杉	152	21828	43	1460			36	11290	73	9078		
	落叶松	243	15496	164	7035	79	8461						
	油松	43	1786					43	1786				
	华山松	79	3917				635	36	1806	43	1476		
	马尾松	5342	394299	1027	34513	2477	175543	1110	109991	728	74252		
	湿地松	85	1792	43	86	42	1706						
	黄山松	85	12966							85	12966		
	其他松类	86	8807					43	2848			43	5959
	杉木	1783	122104	726	22830	721	60745	250	22560	86	15969		
	柳杉	36	5182	36	2032		3150						
	柏木	601	14120	429	7678	172	6442						
	栎类	4737	294660	3864	168047	587	84627	164	30064	80	6747	42	5175
	桦木	121	12691	42	473			43	1452			36	10766
	樟木	86	6898	86	6898								
	榆树	43	1117	43	1117								

（续）

统计单位	优势树种	合 计		幼龄林		中龄林		近熟林		成熟林		过熟林	
		面积	蓄积量	面积	蓄积量	面积	蓄积量	面积	蓄积量	面积	蓄积量	面积	蓄积量
湖 北	刺 槐	213	6865	85	4178			86	2269	42	418		
	枫 香	42	928	42	928								
	其他硬阔类	790	43647	633	30043	121	7156			36	6448		
	椴 树	43	4338	43	4338								
	杨 树	300	8884	172	4734			128	4150				
	柳 树		2580						2580				
	其他软阔类	802	16975	594	11574	165	4521					43	880
	针叶混	3027	290988	984	53010	1444	154165	470	49499	129	34314		
	阔叶混	23803	1444498	19047	981520	3975	365069	564	78310	217	19599		
	针阔混	6588	424411	3752	174278	2292	192088	379	37392	122	10650	43	10003
湖 南	合 计	30974	2063910	15345	634143	10265	803335	3370	372957	1743	201736	251	51739
	马尾松	2413	148485	693	24902	1066	60492	399	33600	255	29491		
	湿地松	109	4734	109	4734								
	黄山松	33	3940							33	3940		
	杉 木	3715	252914	1236	49261	1138	75027	760	77777	474	42558	107	8291
	柳 杉	33	9724			33	9724						
	柏 木	36	1021	36	1021								
	紫杉(红豆杉)	33	338	33	338								
	栎 类	831	66694	549	22353	179	16306	103	28035				
	樟 木	37	931	37	931								
	榆 树	37	916			37	916						
	木 荷	72	3946	36	376						996	36	2574
	枫 香	257	8557	147	4061	110	4496						
	其他硬阔类	621	39352	401	16169	110	3200	37	589	73	19394		
	桉 树	36	50			36	50						
	其他软阔类	474	29263	148	7891	179	10693	147	10679				
	针叶混	2008	158307	548	18397	656	49755	403	39235	365	34238	36	16682

（续）

统计单位	优势树种	合计		幼龄林		中龄林		近熟林		成熟林		过熟林	
		面积	蓄积量	面积	蓄积量	面积	蓄积量	面积	蓄积量	面积	蓄积量	面积	蓄积量
湖南	阔叶混	14429	968029	9296	410759	4194	399973	763	118025	176	39272		
	针阔混	5800	366709	2076	72950	2527	172703	758	65017	367	31847	72	24192
广东	合计	22891	2206928	10096	719308	8899	992563	2629	357077	986	99995	281	37985
	马尾松	1035	61819	190	8551	329	14937	328	21987	188	16344		
	湿地松	234	18533		6197			44	1410	142	7937	48	2989
	杉木	1037	71669	704	30748	190	19736	143	21185				
	柏木	44	16570			44	16570						
	栎类	1035	124184	469	33425	423	64454	95	21287			48	5018
	楠木	707	60885	330	24084	237	19136	48	9868	92	7797		
	其他硬阔类	2504	103444	1038	55360	946	34125	428	9357	47		45	4602
	桉树	334	8082	192	2310	95	4229	47	1543				
	相思	47	4401			47	4401						
	其他软阔类	710	79517	332	25258	378	43553		10706				
	针叶混	854	80431	94	4213	380	26817	284	41311	48	2528	48	5562
	阔叶混	11286	1296129	5613	471137	4500	618016	748	140366	377	52062	48	14548
	针阔混	3064	281264	1134	58025	1330	126589	464	78057	92	13327	44	5266
广西	合计	30904	2365175	13241	530652	12274	1173081	3121	362879	1941	251941	327	46622
	马尾松	963	72023	484	22738	266	27028	213	22257				
	云南松	53	2985			53	2985						
	湿地松	54	2144							54	2144		
	杉木	1072	128881	534	49466	324	60382	161	14282	53	4751		
	栎类	1123	86950	371	22083	431	37990	214	15439	53	8064	54	3374
	桦木	53	4452	53	4452								
	楠木	53	477	53	477								
	木荷	54	3068							54	3068		
	枫香	213	15334	53	603	160	14731						
	其他硬阔类	1772	148082	913	32152	535	71096	108	16644	160	19473	56	8717

（续）

统计单位	优势树种	合计		幼龄林		中龄林		近熟林		成熟林		过熟林	
		面积	蓄积量	面积	蓄积量	面积	蓄积量	面积	蓄积量	面积	蓄积量	面积	蓄积量
广 西	桉 树	537	13313	321	4252	53	2258			106	6073	57	730
	其他软阔类	2197	206097	1284	59429	647	57028	106	17986	107	49383	53	22271
	针叶混	107	10012	54	6899	53	3113						
	阔叶混	20559	1511369	8263	298987	8782	799147	2106	252247	1301	149458	107	11530
	针阔混	2094	159988	858	29114	970	97323	213	24024	53	9527		
海 南	合 计	5860	766489	1241	81109	1842	194675	1269	206112	1299	231681	209	52912
	国外松	15								15			
	其他松类	59	8983							14		45	8983
	栎 类	30	3853		1111	15	1663			15	1079		
	楠 木	15	2033					15	2033				
	橡 胶	161		14		87		45		15			
	其他硬阔类	388	46984	59	3072	165	15903	60	3657	89	14718	15	9634
	桉 树	73		14		44						15	
	相 思	59	963	14	963					45			
	其他软阔类	222	33085	117	6935	60	10282	15	2544	15	6080	15	7244
	阔叶混	4823	662697	1023	69028	1471	161918	1119	194896	1091	209804	119	27051
	针阔混	15	7891				4909	15	2982				
重 庆	合 计	21215	1649429	5599	280113	8029	635836	4474	445981	2657	211359	456	76140
	落叶松	48		24		24							
	油 松	96	3013			24	961	24	2052	48			
	华山松	94	802	23		23	482	24		24	320		
	马尾松	4832	499355	671	39909	1649	169986	1578	208936	934	78349		2175
	杉 木	1270	80892	72	1941	551	29014	215	16759	312	25628	120	7550
	柳 杉	212	6335	48	2934	71		46	3401	47			
	柏 木	1077	48643	718	32038	335	13781		2158	24	666		
	栎 类	1342	107622	336	11252	526	28693	168	16127	288	28036	24	23514
	桦 木	120	12896	24	541	48	2676	24	819			24	8860

（续）

统计单位	优势树种	合计		幼龄林		中龄林		近熟林		成熟林		过熟林	
		面积	蓄积量	面积	蓄积量	面积	蓄积量	面积	蓄积量	面积	蓄积量	面积	蓄积量
	樟木	48		48									
	楠木	24				24							
	刺槐	24				24							
	枫香	96	7543			96	7543						
	其他硬阔类	863	55541	241	8408	287	17804	144	16377	119	3096	72	9856
重庆	杨树	48	721			24	721			24			
	桉树	48				24				24			
	其他软阔类	763	52742	309	18499	287	17209	96	3393	23	5355	48	8286
	针叶混	2774	252308	573	35457	1002	102170	839	87745	336	24808	24	2128
	阔叶混	3347	204334	1076	43798	1386	94373	574	35812	239	25356	72	4995
	针阔混	4089	316682	1436	85336	1624	150423	742	52402	215	19745	72	8776
	合计	100444	16085174	12140	878113	21838	2500709	13593	1788970	22716	3960743	30157	6956639
	冷杉	21330	5465382	611	92939	2773	464713	1737	345329	5403	1252457	10806	3309944
	云杉	11539	2215117	1497	94589	2780	225463	1357	231053	2974	697559	2931	966453
	铁杉	1707	322734			67	2284	138	9770	469	89209	1033	221471
	油杉	283	27257			72	9840	211	17417				
	落叶松	2641	289597	138	4872	401	25107	545	58884	599	60033	958	140701
	油松	489	82222	139	2140	139	8243	144	43867	67	2576		25396
	华山松	621	59198	66	3069	206	7477	210	26991	67	9737	72	11924
四川	马尾松	1515	389747	289	38163	432	88116	432	157566	362	105902		
	云南松	5906	653983	478	13202	2142	180861	989	137067	1330	205091	967	117762
	高山松	5524	739722	268	17861	2495	336360	1008	124255	740	88816	1013	172430
	杉木	1141	42321	72	6699	360	7240	216	6318	493	13099		8965
	柳杉	859		499		288		72					
	水杉	67						67					
	柏木	5421	627845	1479	153582	1948	254936	827	47511	617	61522	550	110294
	栎类	14470	1822059	2187	154358	2918	328547	2150	278429	4446	578096	2769	482629

（续）

统计单位	优势树种	合计		幼龄林		中龄林		近熟林		成熟林		过熟林	
		面积	蓄积量	面积	蓄积量	面积	蓄积量	面积	蓄积量	面积	蓄积量	面积	蓄积量
	桦　木	5561	551177	1040	49217	1238	136026	206	10218	1026	100574	2051	255142
	樟　木		5853						5853				
	楠　木	350	41101	72	4610	72	9357	67	8515	72	11199	67	7420
	榆　树		1693								1693		
	刺　槐	288	1373	72			1373	144		72			
	木　荷	211	22084				252	72	2871		6741	139	12220
	枫　香		8805		3298				5507				
四　川	其他硬阔类	3301	271697	926	31919	698	49149	772	46224	350	74474	555	69931
	椴　树	139	36481					72	3702			67	32779
	杨　树	1586	157134	268	18580	73	6391	479	29493	349	64489	417	38181
	柳　树	355	15836	144	6980	67	2518			144	6338		
	其他软阔类	6549	751418	908	67270	782	50217	489	53319	988	127653	3382	452959
	针叶混	1023	302816	67	19684	144	30282	139	20291	272	124858	401	107701
	阔叶混	4257	650482	638	67199	848	137346	422	35232	1326	198192	1023	212513
	针阔混	3311	530040	282	27882	895	138611	628	83288	550	80435	956	199824
	合　计	27901	2702962	17163	996479	7231	975980	1948	432295	1313	270598	246	27610
	油　杉	40	5043	40	5043								
	华山松		5516						2072		3444		
	马尾松	2896	667511	1410	122899	842	242384	483	232442	161	69786		
	云南松	607	49228	120	7866	242	18959	165	15950	80	6453		
贵　州	湿地松	160		160									
	其他松类		4486						4486				
	杉　木	1455	9940	601	956	487	8984	120		167		80	
	柳　杉	609		609									
	柏　木	562	31198	522	21296	40	9902						
	紫杉(红豆杉)	41		41									

（续）

统计单位	优势树种	合 计		幼龄林		中龄林		近熟林		成熟林		过熟林	
		面积	蓄积量	面积	蓄积量	面积	蓄积量	面积	蓄积量	面积	蓄积量	面积	蓄积量
	栎 类	1737	134075	1245	65356	367	40377	45	5702	80	22640		
	桦 木	404	17907	404	17089		818						
	樟 木	40	443	40	443								
	楠 木	80	3241	40	128	40	3113						
	刺 槐	41				41							
	木 荷	120	3419	80	1503	40	1916						
贵 州	枫 香	161	18347	161	5377		12970						
	其他硬阔类	931	50010	724	28766	81	2824	40	11304	86	7116		
	杨 树	410	11043	243	2943	127	7901		199			40	
	其他软阔类	523	16853	363	12325	120	2547	40	1981				
	针叶混	1526	199727	683	42711	522	73403	240	45063	40	38550	41	
	阔叶混	13109	1227678	8314	571286	3517	439049	534	74635	659	122609	85	20099
	针阔混	2449	247297	1363	90492	765	110833	281	38461	40			7511
	合 计	151382	19031161	51383	3444796	43916	4896623	24211	3700384	19138	3584587	12734	3404771
	冷 杉	4097	1235675	179	29548	237	24257	415	36537	416	127319	2850	1018014
	云 杉	593	120962			59		60	7198	237	48922	237	64842
	铁 杉	416	159889							120	38681	296	121208
	油 杉	1436	121911	418	7005	478	37544	240	42547	300	34815		
	落叶松	59	12275									59	12275
云 南	华山松	777	65657	120	7861	180	3176	299	21943	119	32677	59	
	云南松	21818	2721303	3712	199138	7833	796744	5019	766884	3945	661862	1309	296675
	思茅松	4425	560514	418	28300	1258	115148	1375	209364	1016	165432	358	42270
	高山松	2270	312216	60	2154	297	32258	539	58204	718	98823	656	120777
	其他松类	60	5372							60	5372		
	杉 木	1552		775		478		180		119			
	柳 杉	120		60						60			

（续）

统计单位	优势树种	合　计		幼龄林		中龄林		近熟林		成熟林		过熟林	
		面积	蓄积量	面积	蓄积量	面积	蓄积量	面积	蓄积量	面积	蓄积量	面积	蓄积量
	柏　木	239	27615	120	5623	60						59	21992
	栎　类	20172	2483017	10285	733844	3457	468791	2919	526071	2144	425079	1367	329232
	桦　木	357	29368	179	3123	119	11770					59	14475
	樟　木	60		60									
	楠　木	417	72018	119	8552	120	21515	118	17852			60	24099
	榆　树	60	9000									60	9000
	木　荷	477	74342	358	13799					60	25751	59	34792
	枫　香	59	3465	59	3465								
云　南	橡　胶	240		180				60					
	其他硬阔类	2325	179669	1133	18320	539	26022	178		416	129819	59	5508
	杨　树	299	11238	120	2314	119	4943					60	3981
	桉　树	774		297		239		119		60		59	
	楝　树		1048		120		928						
	其他软阔类	5078	458614	1254	48866	1732	80163	597	78570	418	73827	1077	177188
	针叶混	3996	681146	1135	54159	1075	165183	835	119487	474	100680	477	241637
	阔叶混	62085	7504245	26164	1957243	19071	2359229	8098	1360548	5952	1180010	2800	647215
	针阔混	17121	2180602	4178	321362	6565	748952	3160	455179	2504	435518	714	219591
	合　计	96828	22414854	5763	187227	12239	1380440	28606	5169786	36593	9695399	13627	5982002
	冷　杉	11211	5530844	92	9134	1211	270612	2005	679073	4166	1987535	3737	2584490
	云　杉	18753	4256779	1169	40201	2113	241185	4521	798825	8238	2078659	2712	1097909
	铁　杉	45	49919									45	49919
西　藏	落叶松	229	52798			46	2875	45	14125	46	10424	92	25374
	华山松	251	115488			11	1630	56	16757	92	21439	92	75662
	云南松	5929	1491243	189	14195	703	140335	2105	471506	2278	651219	654	213988
	高山松	9962	2203583	54	3199	733	86937	1992	336502	6393	1508682	790	268263
	乔　松	410	82541			92	12372	91	16359	181	48780	46	5030

（续）

统计单位	优势树种	合计		幼龄林		中龄林		近熟林		成熟林		过熟林	
		面积	蓄积量	面积	蓄积量	面积	蓄积量	面积	蓄积量	面积	蓄积量	面积	蓄积量
	柏　木	5864	351549	1455	6186	1238	21351	1108	40198	1055	103113	1008	180701
	紫杉(红豆杉)	46	118545					46	118545				
	栎　类	5734	661832	1252	31861	1202	93681	1005	113656	1734	259351	541	163283
	桦　木	1708	197104	335	2829	777	72919	320	40036	92	28710	184	52610
	其他硬阔类	14	196	14	196								
西　藏	杨　树	196	26483	13				91	4818	46	1602	46	20063
	柳　树	104	16375	13			219			45	6715	46	9441
	其他软阔类	377	69751	150	4013	46	5760	46	17389	45	18371	90	24218
	针叶混	2135	505636	228	7588	1080	114722	233	74605	228	87812	366	220909
	阔叶混	31445	6060498	433	24819	2403	243928	14621	2367062	11312	2635450	2676	789239
	针阔混	2415	623690	366	43006	584	71914	321	60330	642	247537	502	200903
	合　计	62571	5135527	14620	507426	20763	1512860	9291	1077965	9309	1027693	8588	1009583
	冷　杉	385	60599			35				210	29343	140	31256
	云　杉	70		35		35							
	铁　杉	70	11638					35	7710			35	3928
	落叶松	35	13241									35	13241
	油　松	3005	201720	490	9494	1656	61224	222	28440	354	42588	283	59974
陕　西	华山松	555	46063	39	1611	341	21593	70	6097	105	16762		
	马尾松	1009	64265	117	2800	892	61465						
	其他松类	35	4385						2778			35	1607
	杉　木	418	12658	154	891	155	2789					109	8978
	柏　木	652	34723	225	8118	140	15171	112	5213	140	4450	35	1771
	栎　类	16371	1325944	4413	148047	3311	268594	2268	266314	2627	258027	3752	384962
	桦　木	838	92408	39	1499	152	13920	109	14378	218	16026	320	46585

（续）

统计单位	优势树种	合计		幼龄林		中龄林		近熟林		成熟林		过熟林	
		面积	蓄积量	面积	蓄积量	面积	蓄积量	面积	蓄积量	面积	蓄积量	面积	蓄积量
陕西	水胡黄	143	12969					70	6078	35	3497	38	3394
	榆树	78	4447	39	435	39	3084						928
	刺槐	680	724	411	724	191		78					
	枫香		211		211								
	其他硬阔类	3992	254802	1101	19505	1406	81141	147	26153	611	61612	727	66391
	椴树	150	18292			77	12525	38	4412	35	1355		
	杨树	848	59604	234	9855	186	2745	35	7886	108	10190	285	28928
	楝树		1451				1451						
	其他软阔类	1312	115819	345	17131	272	12059	338	22045	147	36027	210	28557
	针叶混	540	27088	116	1112	351	18497	38	5916	35	1563		
	阔叶混	26464	2382243	5780	250521	9554	812157	4929	564105	4050	476538	2151	278922
	针阔混	4921	390233	1082	35472	1970	124445	802	110440	634	69715	433	50161
甘肃	合计	25555	2161220	6597	255406	7770	605063	4898	471223	4414	481318	1876	348210
	冷杉	2082	391756	99	6359	257	30633	254	41286	845	157698	627	155780
	云杉	2835	386795	426	17039	661	89377	902	107318	448	77462	398	95599
	铁杉	9	3205							9	3205		
	落叶松	280	1208	227		33		10	654	10	554		
	油松	634	35214	155	749	289	6465	29	3129	114	15854	47	9017
	华山松	902	37062	442	12890	325	15140	34	2692	61	4025	40	2315
	其他松类	13	293			13	293						
	柏木	472	29114	133	2947	120	8959	83	4548	66	3190	70	9470
	栎类	4760	304447	1266	45516	1703	112101	1185	99981	587	46363	19	486
	桦木	2253	120700	512	12494	769	37835	202	13552	474	27805	296	29014
	榆树	33	4878							11	1207	22	3671
	刺槐	129	718	107	718	22							
	其他硬阔类	1694	108320	363	11059	620	43293	420	34515	281	19115	10	338

（续）

统计单位	优势树种	合 计		幼龄林		中龄林		近熟林		成熟林		过熟林	
		面积	蓄积量	面积	蓄积量	面积	蓄积量	面积	蓄积量	面积	蓄积量	面积	蓄积量
甘 肃	椴 树	10	269			10	269						
	杨 树	596	28522	94	3248	109	846	148	2836	215	11429	30	10163
	柳 树	20	418	9	173			11	245				
	其他软阔类	690	39865	225	7533	110	3964	105	8012	185	16007	65	4349
	针叶混	319	35806	33	1127	137	13261	21	2311	107	15056	21	4051
	阔叶混	6645	553505	2035	113785	2206	216279	1351	135935	833	65551	220	21955
	针阔混	1179	79125	471	19769	386	26348	143	14209	168	16797	11	2002
青 海	合 计	4083	405837	631	30328	1279	116824	572	65935	920	89484	681	103266
	云 杉	1151	191267	192	13293	341	53245	195	36144	142	24742	281	63843
	落叶松	18	379	6		6		6	379				
	油 松	45	4809	5	373	5	461	25	3152	10	823		
	柏 木	1639	117283	268	11067	665	43538	177	13413	383	36253	146	13012
	栎 类	5	353			5	353						
	桦 木	681	40674	78	2326	127	7027	123	7538	210	12168	143	11615
	榆 树	6	108	6	108								
	杨 树	117	5300	25	924	30	872	5	268	47	2585	10	651
	针叶混	102	14051	15	271	25	2219	10	2238	26	3052	26	6271
	阔叶混	106	9083	16	337	25	3120			35	2747	30	2879
	针阔混	213	22530	20	1629	50	5989	31	2803	67	7114	45	4995
宁 夏	合 计	486	40349	96	4524	185	15964	162	15316	43	4545		
	云 杉	60	9558		336	26	3560	31	4645	3	1017		
	落叶松	23	134	11	134	12							
	油 松	39	5305			3	168	25	3280	11	1857		
	华山松	3	532					3	532				
	柏 木	11	503	3	117	3	59	5	327				
	栎 类	66	6230	26	1204	38	4649	2	377				

（续）

统计单位	优势树种	合计		幼龄林		中龄林		近熟林		成熟林		过熟林	
		面积	蓄积量	面积	蓄积量	面积	蓄积量	面积	蓄积量	面积	蓄积量	面积	蓄积量
宁夏	桦木	31	2836	6	214	8	840	12	1167	5	615		
	榆树	33	782			16	402	17	380				
	刺槐	3		3									
	其他硬阔类	67	108	24		24		8	108	11			
	椴树	3	250	3	250								
	杨树	27	1599	3		12	1260	12	339				
	柳树	8	633		131	5	361	3	141				
	针叶混	10	742					4	309	6	433		
	阔叶混	93	10165	17	2006	32	4086	37	3450	7	623		
	针阔混	9	972		132	6	579	3	261				
新疆	合计	22698	2740732	1188	48122	4487	437757	4612	522428	7275	975311	5136	757114
	冷杉	108	24042			18	3205			72	19502	18	1335
	云杉	10100	1609994	667	36678	2289	294286	2282	346803	3552	637427	1310	294800
	落叶松	4291	678949		268	468	55573	591	100199	1438	194531	1794	328378
	红松	18	985							18	985		
	樟子松	113	1305			113	1305						
	桦木	303	28378	36	3678	75	5317	138	9214	36	5314	18	4855
	榆树	68		56		12							
	其他硬阔类	104	1788	56			172	30	987	18	629		
	杨树	479	31346	18	158	109	3196	56	449	150	15874	146	11669
	柳树	225	11858					113	2424			112	9434
	其他软阔类	5542	156462	283	1483	1025	22920	1187	29089	1579	45339	1468	57631
	针叶混	952	146949	36	3643	324	47151	179	28780	233	35571	180	31804
	阔叶混	90	15598			18	3427			18	2618	54	9553
	针阔混	305	33078	36	2214	36	1205	36	4483	161	17521	36	7655

附表12 人工林面积蓄积量按权属统计

百公顷、百立方米

统计单位	土地所有权	合计		乔木林		竹林面积	特灌林面积
		面积	蓄积量	面积	蓄积量		
全国	合计	875977	46137422	768493	46137422	38045	69439
	国有	136494	9719477	128234	9719477	1482	6778
	集体	739483	36417945	640259	36417945	36563	62661
北京	合计	4263	170966	4259	170966		4
	国有	676	39718	676	39718		
	集体	3587	131248	3583	131248		4
天津	合计	1500	49078	1414	49078		86
	国有	418	17386	417	17386		1
	集体	1082	31692	997	31692		85
河北	合计	24124	767094	20267	767094		3857
	国有	3293	224899	3207	224899		86
	集体	20831	542195	17060	542195		3771
山西	合计	16420	471380	15231	471380	2	1187
	国有	4101	202374	4060	202374		41
	集体	12319	269006	11171	269006	2	1146
内蒙古	合计	55283	1368410	27637	1368410		27646
	国有	12960	568133	10832	568133		2128
	集体	42323	800277	16805	800277		25518
辽宁	合计	25651	1343394	24324	1343394		1327
	国有	3655	258479	3601	258479		54
	集体	21996	1084915	20723	1084915		1273
吉林	合计	19715	1574307	19591	1574307		124
	国有	9921	900455	9836	900455		85
	集体	9794	673852	9755	673852		39

（续）

统计单位	土地所有权	合计		乔木林		竹林面积	特灌林面积
		面积	蓄积量	面积	蓄积量		
黑龙江	合计	27114	2549541	27107	2549541		7
	国有	21511	1933089	21508	1933089		3
	集体	5603	616452	5599	616452		4
上海	合计	1068	85722	1041	85722	27	
	国有	524	45841	521	45841	3	
	集体	544	39881	520	39881	24	
江苏	合计	7683	516284	7166	516284	329	188
	国有	2468	176216	2397	176216	65	6
	集体	5215	340068	4769	340068	264	182
浙江	合计	26908	1559503	19811	1559503	5641	1456
	国有	1781	169811	1642	169811	112	27
	集体	25127	1389692	18169	1389692	5529	1429
安徽	合计	29497	1863376	25438	1863376	3625	434
	国有	2955	190417	2795	190417	145	15
	集体	26542	1672959	22643	1672959	3480	419
福建	合计	41224	4141035	36392	4141035	3713	1119
	国有	2890	317556	2739	317556	120	31
	集体	38334	3823479	33653	3823479	3593	1088
江西	合计	37241	2726036	33247	2726036	571	3423
	国有	4446	762113	4222	762113	55	169
	集体	32795	1963923	29025	1963923	516	3254
山东	合计	22297	760655	20510	760655	10	1777
	国有	2527	112733	2496	112733	1	30
	集体	19770	647922	18014	647922	9	1747
河南	合计	18721	743786	18339	743786	73	309
	国有	2036	100722	2022	100722	7	7
	集体	16685	643064	16317	643064	66	302

（续）

统计单位	土地所有权	合 计		乔木林		竹林面积	特灌林面积
		面积	蓄积量	面积	蓄积量		
湖 北	合 计	29072	1671832	27179	1671832	1034	859
	国 有	2088	218557	2018	218557	56	14
	集 体	26984	1453275	25161	1453275	978	845
湖 南	合 计	72275	3739883	61510	3739883	3120	7645
	国 有	3340	370444	3155	370444	87	98
	集 体	68935	3369439	58355	3369439	3033	7547
广 东	合 计	71533	3574243	66063	3574243	5011	459
	国 有	7529	395484	7142	395484	310	77
	集 体	64004	3178759	58921	3178759	4701	382
广 西	合 计	86936	6230151	80818	6230151	4418	1700
	国 有	7404	629861	7144	629861	176	84
	集 体	79532	5600290	73674	5600290	4242	1616
海 南	合 计	11047	782844	10864	782844	110	73
	国 有	5421	475926	5342	475926	41	38
	集 体	5626	306918	5522	306918	69	35
重 庆	合 计	12491	535160	11077	535160	1187	227
	国 有	1165	93866	1108	93866	53	4
	集 体	11326	441294	9969	441294	1134	223
四 川	合 计	72867	2864628	66060	2864628	6599	208
	国 有	9427	448892	9271	448892	149	7
	集 体	63440	2415736	56789	2415736	6450	201
贵 州	合 计	48965	2205148	45936	2205148	1323	1706
	国 有	1411	122355	1347	122355	35	29
	集 体	47554	2082793	44589	2082793	1288	1677
云 南	合 计	59476	2413599	55206	2413599	1231	3039
	国 有	7562	439600	7435	439600	63	64
	集 体	51914	1973999	47771	1973999	1168	2975

（续）

统计单位	土地所有权	合计		乔木林		竹林面积	特灌林面积
		面积	蓄积量	面积	蓄积量		
西藏	合计	847	11564	696	11564		151
	国有	652	8226	535	8226		117
	集体	195	3338	161	3338		34
陕西	合计	25403	559853	21343	559853	21	4039
	国有	3591	107530	2870	107530	4	717
	集体	21812	452323	18473	452323	17	3322
甘肃	合计	14910	479468	13209	479468		1701
	国有	4660	180973	3823	180973		837
	集体	10250	298495	9386	298495		864
青海	合计	1913	38354	786	38354		1127
	国有	659	12420	230	12420		429
	集体	1254	25934	556	25934		698
宁夏	合计	4066	40366	1594	40366		2472
	国有	1262	29602	720	29602		542
	集体	2804	10764	874	10764		1930
新疆	合计	5467	299762	4378	299762		1089
	国有	4161	165799	3123	165799		1038
	集体	1306	133963	1255	133963		51

附表13　人工乔木林各龄组面积蓄积量按优势树种统计

百公顷、百立方米

统计单位	优势树种	合计		幼龄林		中龄林		近熟林		成熟林		过熟林	
		面积	蓄积量	面积	蓄积量	面积	蓄积量	面积	蓄积量	面积	蓄积量	面积	蓄积量
全国	合计	768493	46137422	314703	10438829	245359	16638920	100786	8096112	81054	8304400	26591	2659161
	冷杉	1668	26297	14	156	343	12857	227	4720	465	8564	619	
	云杉	3658	205209	1148	75439	1264	108408	401	18509	383	2853	462	
	铁杉	158	1948			41	1948			52		65	
	油杉	619				277		289		53			
	落叶松	29021	2952151	12379	771219	8573	936687	4400	686788	3616	556535	53	922
	红松	2551	298907	1725	141259	803	149368	23	8280				
	樟子松	4334	343449	2037	43173	584	63910	1203	156777	510	79589		
	赤松	1698	51251	795	17628	365	10691	232	4485	306	18447		
	黑松	1678	73674	466	5704	279	6439	262	15676	671	45855		
	油松	20105	972372	5376	74833	6567	337223	4326	234097	3593	315802	243	10417
	华山松	5509	479033	522	9373	1678	94953	1672	165538	1531	173360	106	35809
	马尾松	53552	3496351	11400	363943	19813	1325223	14777	1029306	7227	729481	335	48398
	云南松	14412	319220	1490	16578	4905	81239	4134	53627	3541	144267	342	23509
	思茅松	1944	136791	895	63035	839	69781	157		53	3975		
	高山松	333	409	105	409	57				53		118	
	国外松	1278	70817	516	17711	420	20036	222	16061	120	17009		
	湿地松	11115	598051	5175	125020	2612	200240	1870	139410	1043	104343	415	29038
	火炬松	403	42976	108	1340	134	12360	81	11342	54	11712	26	6222
	黄山松	566	61640	58	2352	116	9676	235	22742	157	26870		
	其他松类	615	31666	256	7125	152	4827	138	9004	54	7980	15	2730
	杉木	99336	9732455	44734	2439644	27841	3251100	9502	1363905	13471	1984750	3788	693056
	柳杉	6087	801731	2947	228202	2159	334327	266	35906	479	119071	236	84225
	水杉	789	65128	448	15820	195	16197	59	16560	87	16551		
	池杉	110	12640	40	2472	13	604	42	8415	15	1149		
	柏木	23039	807341	9887	136947	11394	530084	1422	120320	162	18820	174	1170

（续）

统计单位	优势树种	合计		幼龄林		中龄林		近熟林		成熟林		过熟林	
		面积	蓄积量	面积	蓄积量	面积	蓄积量	面积	蓄积量	面积	蓄积量	面积	蓄积量
全国	紫杉(红豆杉)	28	409	25	186	3	223						
	其他杉类	86	2346	82	1526	4	820						
	栎类	26599	698228	15753	359030	6255	243126	2732	53191	1510	32938	349	9943
	桦木	6242	94486	2694	28616	2173	61523	497	2404	723	1943	155	
	水胡黄	853	17855	549	5162	213	12666	66		25	27		
	樟木	3111	168000	2100	88247	810	66558	154	8871	47	4324		
	楠木	1724	91833	934	37681	309	14943	251	31881	230	7328		
	榆树	4567	81484	2556	29021	1462	26872	138	12796	343	12473	68	322
	刺槐	20323	583244	9033	175487	6414	176180	1653	70106	1782	79957	1441	81514
	木荷	1994	133565	641	17159	844	71618	249	40642	195	4146	65	
	枫香	1759	42321	1201	27046	453	13616	105	1659				
	橡胶	14096	1153338	2984	117972	5031	310840	2845	253589	1851	264546	1385	206391
	其他硬阔类	43835	892242	21546	282890	14979	346440	4262	131978	2519	108368	529	22566
	椴树	209		70		111		28					
	檫木	221	13871			106	3897	65	4293	15	2843	35	2838
	杨树	62504	3985200	19350	671585	15811	1060902	9382	714106	10055	901120	7906	637487
	柳树	2600	111252	1208	21348	530	22132	226	14757	339	30238	297	22777
	泡桐	1540	53329	833	15290	453	25272	207	9352	47	3415		
	桉树	55080	2622712	25618	560993	16673	982996	6383	479241	4413	349908	1993	249574
	相思	2060	146288	652	12667	470	31750	314	20893	191	25194	433	55784
	木麻黄	244	19099	17	703	158	5416			26	3951	43	9029
	楝树	143	872	61	354	82	518						
	其他软阔类	18232	556606	8079	113492	4547	245810	1871	69603	2172	94860	1563	32841
	针叶混	33567	2825971	7737	325852	12546	958057	6712	682512	5740	724786	832	134764
	阔叶混	114988	5524174	64337	2072573	36067	2357042	8089	549243	4784	444717	1711	100599
	针阔混	67310	4737190	24122	914567	27431	2021525	8617	823527	6351	820335	789	157236

（续）

统计单位	优势树种	合计		幼龄林		中龄林		近熟林		成熟林		过熟林	
		面积	蓄积量	面积	蓄积量	面积	蓄积量	面积	蓄积量	面积	蓄积量	面积	蓄积量
北京	合计	4259	170966	2545	49448	973	54476	253	20787	374	30665	114	15590
	云杉	3	57	2	10	1	47						
	落叶松	37	3945	2	42	15	1432	10	1019	10	996		456
	油松	635	31778	257	6067	135	7034	52	3181	177	13449	14	2047
	其他松类	17	318	14	271	3	47						
	柏木	601	10775	500	7435	86	2833	8	397	7	110		
	栎类	223	2456	159	196	51	1617	11	257	2	386		
	桦木	47	506	40		7	305		201				
	胡桃楸	23	783	19		1	756			3	27		
	榆树	211	4158	179	2601	28	1356	2	104	2	97		
	刺槐	275	10409	147	2885	63	3384	30	1330	17	922	18	1888
	其他硬阔类	695	23125	465	11663	143	7480	21	1596	60	1870	6	516
	椴树	10		5		5							
	杨树	495	49478	107	6096	171	16006	80	9034	66	8360	71	9982
	柳树	118	8906	64	3315	39	2127	5	436	7	2573	3	455
	泡桐	2	376	2	376								
	其他软阔类	325	3786	273	2145	48	1531	1	52	3	58		
	针叶混	47	902	30	494	16	320	1	88				
	阔叶混	295	12745	158	3562	106	6156	20	1731	9	1050	2	246
	针阔混	200	6463	122	2290	55	2045	12	1361	11	767		
天津	合计	1414	49078	941	23522	354	16782	74	5265	34	3233	11	276
	油松	53	2812	25	821	19	1399	5	373	4	219		
	柏木	31	1053	28	842	3	211						
	栎类	20	1239	10	385	5	570	5	284				
	榆树	60	1257	44	715	10	468			6	74		

（续）

统计单位	优势树种	合计		幼龄林		中龄林		近熟林		成熟林		过熟林	
		面积	蓄积量	面积	蓄积量	面积	蓄积量	面积	蓄积量	面积	蓄积量	面积	蓄积量
	刺　槐	123	1971	78	1220	34	437	5	184		26	6	104
	其他硬阔类	449	4316	269	2433	126	1076	39	140	15	644		23
	杨　树	444	29040	319	13434	103	9670	15	3824	7	2112		
	柳　树	104	3475	60	1502	34	1364	5	460			5	149
天　津	其他软阔类	45	1419	37	913	8	419				87		
	针叶混	3	373	3	114		259						
	阔叶混	78	1724	66	973	10	680			2	71		
	针阔混	4	399	2	170	2	229						
	合　计	20267	767094	10316	208211	6015	268673	1849	131925	1567	125090	520	33195
	落叶松	3376	197531	1691	70934	1149	67600	345	37019	191	21978		
	樟子松	152	9458	86	691	45	4636	21	4131				
	油　松	3637	204909	873	13506	1283	78065	897	58781	559	53001	25	1556
	其他松类	25		25									
	柏　木	340	8741	225	2824	115	5917						
	栎　类	537	171	397	171	70		70					
	桦　木	330	2603	145		140	2603	25		20			
河　北	胡桃楸	2	216	2	216								
	榆　树	576	6536	305	905	127	1738	20	195	99	3376	25	322
	刺　槐	1434	32769	863	12847	401	11659	50	2766	75	2652	45	2845
	其他硬阔类	2455	10461	1658	8320	765	2141	2		30			
	椴　树	25		25									
	杨　树	5737	256573	2820	86278	1568	82580	377	24570	572	36721	400	26424
	柳　树	294	8012	197	3660	50	1470	22	834			25	2048
	泡　桐	51	358	51	358								

（续）

统计单位	优势树种	合 计		幼龄林		中龄林		近熟林		成熟林		过熟林	
		面积	蓄积量	面积	蓄积量	面积	蓄积量	面积	蓄积量	面积	蓄积量	面积	蓄积量
河 北	其他软阔类	867	496	767	496	100							
	针叶混	87	5525	66	1108	21	4417						
	阔叶混	216	3249	75	2152	120	1097			21			
	针阔混	126	19486	45	3745	61	4750	20	3629		7362		
山 西	合 计	15231	471380	5149	72601	5434	228394	1776	66095	1227	44409	1645	59881
	云 杉	50	8952	22	3865	28	5087						
	落叶松	801	72238	240	9598	561	60672				1968		
	樟子松	134	1057	106	933	28	124						
	油 松	4110	151638	1250	10239	1755	76860	829	45602	226	17676	50	1261
	华山松	22	7664						5381	22	2283		
	其他松类	22				22							
	柏 木	762	3792	628	2557	134	1235						
	栎 类	690	629	179	629	266		127		118			
	桦 木	488		72		189		129		76		22	
	榆 树	212	2118	129	931	55	868			28	319		
	刺 槐	2585	61964	999	16157	1207	30382	139	3886	140	6964	100	4575
	其他硬阔类	376	2579	274	1430	74	656	28			493		
	椴 树	28						28					
	杨 树	2879	95437	480	16040	359	17023	212	3912	501	11845	1327	46617
	柳 树	219	6926	111	2194	28	1231	28				52	3501
	泡 桐	24	1209	24	1209								
	其他软阔类	28	202	28	202								
	针叶混	199	9769	28	357	99	6953	50	1122	22	1337		
	阔叶混	919	19412	429	2459	278	11367	184	3564	28			2022
	针阔混	683	25794	150	3801	351	15936	22	2628	66	1524	94	1905

（续）

统计单位	优势树种	合计		幼龄林		中龄林		近熟林		成熟林		过熟林	
		面积	蓄积量	面积	蓄积量	面积	蓄积量	面积	蓄积量	面积	蓄积量	面积	蓄积量
内蒙古	合　计	27637	1368410	7659	156773	7388	300394	4441	365994	5567	412387	2582	132862
	云　杉	58	2246			58	2246						
	落叶松	5751	459010	1828	76570	2062	126019	1075	173506	786	82915		
	樟子松	1430	58552	1063	7824	199	16294	168	34434				
	油　松	2120	102384	595	3493	648	25704	432	20813	445	52374		
	栎　类	238	7450	191		47	7450						
	桦　木	1443		567		275		142		400		59	
	榆　树	897	11147	290	2907	451	653	40	2529	116	5058		
	刺　槐	58	1364	58	1206		158						
	其他硬阔类	405	3412	148	3412	199				58			
	杨　树	13975	657909	2643	59774	2925	111841	2584	134712	3492	230253	2331	121329
	柳　树	605	38136	58	177	161	6940			270	23882	116	7137
	其他软阔类	137				137							
	针叶混	58	19315	58	1410						17905		
	阔叶混	311	4982	94		141	3089					76	1893
	针阔混	151	2503	66		85							2503
辽　宁	合　计	24324	1343394	10917	341662	5869	423211	3795	250744	3159	269766	584	58011
	云　杉	40	151	40	151								
	落叶松	4403	491919	2299	172785	1313	190192	594	89601	197	39341		
	红　松	598	71877	441	36921	157	34956						
	樟子松	315	19949	40	425	157	9615	118	9909				
	赤　松	80	862			80	862						
	黑　松	40	4097					40	4097				
	油　松	4846	269771	443	6001	837	23043	1489	69676	2037	165498	40	5553
	柏　木	80	1747	40		40	1747						

（续）

统计单位	优势树种	合计		幼龄林		中龄林		近熟林		成熟林		过熟林	
		面积	蓄积量	面积	蓄积量	面积	蓄积量	面积	蓄积量	面积	蓄积量	面积	蓄积量
辽 宁	栎 类	2426	38890	1932	32084	296	6806	121		77			
	水曲柳	160	7	122	7	38							
	胡桃楸	241		203				38					
	榆 树	399	451	361		38	451						
	刺 槐	1685	68106	455	7408	460	14028	281	12844	371	22567	118	11259
	其他硬阔类	1415	7480	1177	5229	238	2251						
	椴 树	40		40									
	杨 树	2507	195238	435	14921	857	69243	713	56982	76	12893	426	41199
	柳 树	70	6156	30	1143	40	5013						
	其他软阔类	239	1449	161	1449	40		38					
	针叶混	362	38178	119	5867	162	22358			81	9953		
	阔叶混	3170	45189	1846	21684	798	12842	363	5116	163	5547		
	针阔混	1208	81877	733	35587	318	29804		2519	157	13967		
吉 林	合 计	19591	1574307	8469	362854	5159	449340	2464	283457	2478	361632	1021	117024
	云 杉	27	914	27	914								
	落叶松	5103	574939	1977	141415	1269	170386	864	116632	993	146506		
	红 松	954	81090	759	38570	172	34240	23	8280				
	樟子松	815	84284	339	23622	125	17502	219	20320	132	22840		
	赤 松	80	13423		2257	56	4390		1445	24	5331		
	黑 松	308	35243	24	548			74	6601	210	28094		
	油 松	541	21829	541	19326				2503				
	国外松	27	3288	27	3288								
	栎 类	321	564	156	564	9		129		27			
	桦 木	184	1360	72	1360	91		21					
	水胡黄	197	7537	96	1966	51	5571	28		22			

（续）

统计单位	优势树种	合计		幼龄林		中龄林		近熟林		成熟林		过熟林	
		面积	蓄积量	面积	蓄积量	面积	蓄积量	面积	蓄积量	面积	蓄积量	面积	蓄积量
	榆　树	78	123	27	123	51							
	刺　槐	162	10188	135	6124	27	4064						
	其他硬阔类	22				22							
	杨　树	5156	379852	1723	47777	1545	113989	296	36810	598	68931	994	112345
吉　林	泡　桐	81	1021	54	1021	27							
	其他软阔类	98		98									
	针叶混	978	93701	498	23472	126	15147	139	22599	188	27804	27	4679
	阔叶混	2714	38767	1289	17602	938	3305	362	4377	125	13483		
	针阔混	1745	226184	627	32905	650	80746	309	63890	159	48643		
	合　计	27107	2549541	9644	544142	8582	683110	4362	593754	3700	579355	819	149180
	云　杉	565	67358	448	47555	117	19803						
	落叶松	7927	1043801	3290	258043	1780	255823	1418	266638	1439	262831		466
	红　松	999	145940	525	65768	474	80172						
	樟子松	1390	169738	305	9267	30	15739	677	87983	378	56749		
	赤　松	30	3714							30	3714		
	栎　类	1024		399		252		123		220		30	
	桦　木	1125	5770	596	5770	401		98		30			
黑龙江	水曲柳	93	5506	31	2973	62	2533						
	胡桃楸	137	3806	76		61	3806						
	榆　树	203	433	83	433	90		30					
	枫　香	30				30							
	其他硬阔类	155		32				62		30		31	
	椴　树	106				106							
	杨　树	5451	678363	1499	98492	1704	174870	688	100785	858	161032	702	143184
	柳　树	226	9105	166	2479	60			5083				1543
	针叶混	797	99703	289	23993	144		189	44083	175	31627		

（续）

统计单位	优势树种	合　计		幼龄林		中龄林		近熟林		成熟林		过熟林	
		面积	蓄积量	面积	蓄积量	面积	蓄积量	面积	蓄积量	面积	蓄积量	面积	蓄积量
黑龙江	阔叶混	4171	18369	1287		2159	7412	386		283	6970	56	3987
	针阔混	2678	297935	618	29369	1112	122952	691	89182	257	56432		
	合　计	1041	85722	609	27422	329	40229	66	13140	34	4319	3	612
	国外松	1	25	1	25								
	其他松类	11	1170	3	198	8	424		469		79		
	柳　杉	4	234	4	197		37						
	水　杉	75	13378	37	1828	16	5340	11	4359	11	1851		
	池　杉	28	2504	21	879	5	567	2	1058				
	柏　木	4	568	2	137	2	227		204				
	紫杉（红豆杉）	5	257	2	34	3	223						
	其他杉类	15	1818	11	998	4	820						
上　海	樟　木	249	26703	99	8553	120	14734	24	3292	6	124		
	榆　树	26	845	19	516	6	190			1	139		
	枫　香	6	296	3	103	3	193						
	其他硬阔类	277	10656	232	6536	36	3793	7	306	2	21		
	杨　树	36	4683	4	270	23	2873	7	790	2	750		
	柳　树	18	1689	4	67	6	598	6	919	2	105		
	其他软阔类	57	3813	41	1199	12	1210		428	1	364	3	612
	针叶混	5	837	4	100		558			1	179		
	阔叶混	176	12334	97	4337	65	6418	9	1005	5	574		
	针阔混	48	3912	25	1445	20	2024		310	3	133		
	合　计	7166	516284	3522	120613	2008	191594	1135	126267	457	71506	44	6304
	赤　松	8	160	8	160								
	黑　松	8	170	8	170								
江　苏	马尾松	62	9210			11	3665	8	371	43	5174		
	湿地松	71	9506	39	2426	8	1284			24	5796		
	其他松类	67	3324	24	489	26	858	17	1977				

（续）

统计单位	优势树种	合计		幼龄林		中龄林		近熟林		成熟林		过熟林	
		面积	蓄积量	面积	蓄积量	面积	蓄积量	面积	蓄积量	面积	蓄积量	面积	蓄积量
江苏	杉木	81	10584			27	5559			32	3002	22	2023
	水杉	148	9580	89	2545	38	4906	9	613	12	1516		
	池杉	27	1630	19	1593	8	37						
	柏木	130	5518	33	265	30	1437	67	3816				
	其他杉类	21	528	21	528								
	栎类	102	13840	50	1826	23	4168	18	5727	11	2119		
	樟木	467	38471	361	23335	106	13564		1572				
	榆树	349	10084	282	6149	67	3935						
	刺槐	27	490	27	490								
	其他硬阔类	917	36387	684	13426	211	11862	22	11099				
	杨树	2308	220301	488	12032	749	73674	849	91747	222	42848		
	柳树	134	2362	102	1829	12	8	20	525				
	泡桐	20	496	8	226			12	270				
	楝树	8	1	8	1								
	其他软阔类	413	8946	254	3349	100	3522	27	890	32	1185		
	针叶混	54	7041	8	812	8	396	20	2327	8	194	10	3312
	阔叶混	1564	111805	957	45035	500	54610	42	3059	65	9101		
	针阔混	180	15850	52	3927	84	8109	24	2274	8	571	12	969
	合计	19811	1559503	7181	356123	4991	367520	2701	244407	3655	421500	1283	169953
浙江	黑松		19		19								
	马尾松	1106	68067	223	4348	178	14863	372	18754	333	30102		
	湿地松	232	17340			96	5625	136	11715				
	火炬松	28	3600							28	3600		
	黄山松	156	13969	28	1101		258	52	5560	76	7050		
	杉木	4649	463718	609	18748	972	70742	496	44902	1678	210706	894	118620
	柳杉	131	35195	28	2793			28	6245	28	10882	47	15275

（续）

统计单位	优势树种	合计		幼龄林		中龄林		近熟林		成熟林		过熟林	
		面积	蓄积量	面积	蓄积量	面积	蓄积量	面积	蓄积量	面积	蓄积量	面积	蓄积量
浙江	水 杉		1137		1137								
	柏 木	187	23358			27	1454	160	21904				
	栎 类	609	34864	609	34864								
	樟 木	142	4744	66	3132	76	1612						
	楠 木	28	133	28	133								
	榆 树	84	3069			84	3069						
	木 荷	465	30800	112	2181	353	28619						
	枫 香	28	1512	28	1512								
	其他硬阔类	1073	42074	530	13782	247	6729			217	17377	79	4186
	相 思	27	716					27	716				
	其他软阔类	191	7668	83	3089		1265	28	669	52	944	28	1701
	针叶混	2242	220367	194	8887	524	39254	634	63628	738	91457	152	17141
	阔叶混	5037	324310	3862	228490	1004	81990	79	9339	92	4491		
	针阔混	3396	262843	781	31907	1430	112040	689	60975	413	44891	83	13030
	合 计	25438	1863376	8461	295636	8444	683173	4221	392268	3819	409071	493	83228
安徽	黑 松	14	387							14	387		
	马尾松	3185	234624	359	12156	1188	71099	1217	99289	407	50386	14	1694
	国外松	920	46818	375	12357	324	18700	221	15761				
	湿地松	204	16221	119	8247	85	7974						
	火炬松	30	454	14	18	16	436						
	黄山松	237	16068	30	1251	90	4845	88	7257	29	2715		
	杉 木	4418	443480	1234	43919	1160	115363	854	107040	890	122705	280	54453
	水 杉	36	1612			25	1230			11	382		
	池 杉	15	1149							15	1149		
	柏 木	117	6158	29	62	60	3410	14	332	14	2354		
	栎 类	1289	59318	830	21124	399	30591	45	3310	15	4293		
	樟 木	131	4304	101	2973	30	1331						

（续）

统计单位	优势树种	合计		幼龄林		中龄林		近熟林		成熟林		过熟林	
		面积	蓄积量	面积	蓄积量	面积	蓄积量	面积	蓄积量	面积	蓄积量	面积	蓄积量
安徽	榆树	194	6802	133	3757	61	3045						
	刺槐	44	2221	15	564	29	1657						
	木荷	15	1176	15	1176								
	枫香	301	12045	245	7066	56	4979						
	其他硬阔类	675	14580	572	8029	89	5211			14	1340		
	檫木	15	2843							15	2843		
	杨树	2575	188118	161	3444	290	18792	458	28908	1536	118958	130	18016
	柳树	15	39	15	39								
	泡桐	101	1998	43	144	43	987	15	867				
	楝树	14	263			14	263						
	其他软阔类	297	8863	225	4525	29	340	28	2073	15	1925		
	针叶混	1504	139150	179	4884	608	64952	453	37826	250	28679	14	2809
	阔叶混	6194	417289	2929	124129	2476	203930	451	48088	283	34886	55	6256
	针阔混	2898	237396	838	35772	1372	124038	377	41517	311	36069		
福建	合计	36392	4141035	8314	382919	13492	1442112	5796	804090	7248	1231774	1542	280140
	马尾松	4983	515115	599	12808	1673	145010	1514	176149	1119	169844	78	11304
	湿地松	550	27428	263	5787	182	16093	105	5548				
	火炬松	129	18088	25	462	26	267	26	3025	26	8112	26	6222
	黄山松	78	7871			26	4573	52	3298				
	杉木	11745	1531150	2974	132009	3839	483793	1229	207092	2949	561133	754	147123
	柳杉	26	1174			26	1174						
	栎类	235	41376	52	1168	130	23321	26	12502	27	4385		
	樟木	26	2037	26	2037								
	楠木	27	639			27	639						
	刺槐	26		26									
	木荷	295	35226	79	4770	157	19604	59	9799		1053		
	枫香	52	3772	26	698	26	3074						

（续）

统计单位	优势树种	合 计		幼龄林		中龄林		近熟林		成熟林		过熟林	
		面积	蓄积量	面积	蓄积量	面积	蓄积量	面积	蓄积量	面积	蓄积量	面积	蓄积量
	其他硬阔类	593	55512	192	6323	264	19674		646	137	28869		
	桉 树	2004	143736	633	25460	494	28481	232	22551	463	46030	182	21214
	相 思	233	17171	103	3769	130	13402						
福 建	木麻黄	52	10906							26	3169	26	7737
	其他软阔类	27	1778							27	1778		
	针叶混	4403	523687	625	27418	1314	124943	1253	175690	968	157254	243	38382
	阔叶混	5892	649785	1727	117958	3144	357818	464	62603	428	92762	129	18644
	针阔混	5016	554584	964	42252	2034	200246	836	125187	1078	157385	104	29514
	合 计	33247	2726036	14981	949831	12286	1065011	3274	313075	2539	357341	167	40778
	马尾松	2319	134706	666	14565	1435	102024	218	18117				
	湿地松	3385	196420	1587	32059	708	74133	761	50949	329	39279		
	火炬松	55	12690				6961	55	5729				
	黄山松	52	15185							52	15185		
	杉 木	10311	1356760	5942	639039	2788	387788	498	107648	973	200330	110	21955
	栎 类	271	38574	164	20325	107	18249						
	桦 木	162	3310	107	1107			55	2203				
	樟 木		9255		1902		7353						
江 西	楠 木	55		55									
	木 荷	383	39377	168	2124	107	10856	108	26397				
	枫 香	55	2543	55	2543								
	其他硬阔类	6155	8700	1747	1149	3217	7551	650		539		2	
	杨 树	108	9100			108	9100						
	柳 树	54	1278					54	1278				
	泡 桐	163	4060	109	1673	54	2387						
	桉 树	55	566	55	566								
	其他软阔类	171	4342	117	186		1551	54	2605				
	针叶混	2522	194668	824	31836	1258	120071	278	30808	162	11953		

（续）

统计单位	优势树种	合　计		幼龄林		中龄林		近熟林		成熟林		过熟林	
		面积	蓄积量	面积	蓄积量	面积	蓄积量	面积	蓄积量	面积	蓄积量	面积	蓄积量
江　西	阔叶混	3920	379830	2025	126192	1302	174607	326	27379	212	32829	55	18823
	针阔混	3051	314672	1360	74565	1202	142380	217	39962	272	57765		
山　东	合　计	20510	760655	10869	294288	5305	243836	1366	57583	2136	111625	834	53323
	落叶松	26	980					26	980				
	赤　松	1500	33092	787	15211	229	5439	232	3040	252	9402		
	黑　松	1264	32191	434	4967	279	6439	104	3411	447	17374		
	油　松	25	602							25	602		
	火炬松	25	421	25	421								
	其他松类	75	1911	50	149	25	1762						
	柏　木	2122	45328	967	10941	1079	32972	51	1267	25	148		
	栎　类	840	33568	509	10276	231	13020	50	1404	50	8868		
	榆　树	51	1028	51	464		476		88				
	刺　槐	1951	74026	480	7618	229	9142	201	4734	433	15700	608	36832
	其他硬阔类	901	20053	558	8422	187	3647	55	4793	76	2646	25	545
	杨　树	8423	409874	5182	197537	2264	133339	435	29090	441	38267	101	11641
	柳　树	170	2848	147	1925	12	192	11	731				
	泡　桐	176	6914	100	2649	26	2031	25	812	25	1422		
	其他软阔类	671	14611	519	7220	152	7391						
	针叶混	235	9630	25	233	52	1733	51	1881	107	5783		
	阔叶混	1155	43537	500	11725	375	19215	100	4932	80	3360	100	4305
	针阔混	900	30041	535	14530	165	7038	25	420	175	8053		
河　南	合　计	18339	743786	9047	179608	4137	194735	3327	211112	1562	138162	266	20169
	落叶松		700				700						
	黑　松	44	1567					44	1567				
	油　松	644	38675	134	3609	265	11823	201	16192	44	7051		
	马尾松	823	30243	178	166	291	3518	221	17375	133	9184		
	湿地松	22	90	22	90								

（续）

统计单位	优势树种	合计		幼龄林		中龄林		近熟林		成熟林		过熟林	
		面积	蓄积量	面积	蓄积量	面积	蓄积量	面积	蓄积量	面积	蓄积量	面积	蓄积量
河南	火炬松	136	7723	44	439	92	4696		2588				
	黄山松		1920								1920		
	其他松类	45	615	23	258					22	357		
	杉木	134	16494	46	5099	66	6972	22	4423				
	柏木	1085	19039	665	5130	310	7116	110	6793				
	栎类	2507	73262	2108	49227	289	15760	88	6029	22	2246		
	桦木	22		22									
	樟木	22	295	22	295								
	榆树	44	453	44	453								
	刺槐	975	35158	179	415	155	4080	245	6677	220	13404	176	10582
	其他硬阔类	1089	28882	758	15604	308	12655		27	23	596		
	杨树	3887	295160	630	26207	721	63845	1548	113449	898	82072	90	9587
	柳树	92	3138	45	1322	24	893	23	923				
	泡桐	714	23523	271	2759	266	11368	155	7403	22	1993		
	楝树	22	255			22	255						
	其他软阔类	609	9299	451	4054	113	3989	44	1203	1	53		
	针叶混	200	10940	110	4815	44	4918	46	1207				
	阔叶混	4514	106838	2896	49777	993	29334	470	15818	155	11909		
	针阔混	709	39517	399	9889	178	12813	110	9438	22	7377		
湖北	合计	27179	1671832	15164	614044	6637	502235	3395	279902	1695	203285	288	72366
	落叶松	286	38081	164	6510	122	31571						
	马尾松	5549	367511	992	24008	1798	115956	1795	146291	925	72130	39	9126
	国外松	118	1184	79	550	39	634						
	湿地松	680	28724	359	6279	120	7277	82	4576	119	10592		
	黄山松	43	6627					43	6627				
	杉木	1801	125087	1037	35474	520	36273	40	6453	204	46887		
	柳杉	244	65783	40	678	40	4111	40	8057	40	12175	84	40762

（续）

统计单位	优势树种	合计		幼龄林		中龄林		近熟林		成熟林		过熟林	
		面积	蓄积量	面积	蓄积量	面积	蓄积量	面积	蓄积量	面积	蓄积量	面积	蓄积量
湖　北	水　杉	39	8318					39	8318				
	池　杉	40	7357					40	7357				
	柏　木	524	19309	363	8175	122	10083	39	1051				
	栎　类	2670	107857	2511	98431	159	9426						
	桦　木	158	5359	79	414	39	3002			40	1943		
	樟　木	121	3555	121	3555								
	刺　槐	158	6292	40	1611			118	4681				
	枫　香	239	8560	159	5888	40	1013	40	1659				
	其他硬阔类	398	10175	239	5609	80	3468	79	1098				
	杨　树	1405	49057	442	6330	478	14716	322	14172	40	2033	123	11806
	泡　桐	119	3526	119	2765		761						
	其他软阔类	401	7832	240	3681	121	2828			40	1323		
	针叶混	2165	183266	674	32938	1045	85184	198	21092	206	33380	42	10672
	阔叶混	6584	363131	5908	292221	476	51358	200	19552				
	针阔混	3437	255241	1598	78927	1438	124574	320	28918	81	22822		
湖　南	合　计	61510	3739883	28105	835857	21841	1602328	6275	571854	4207	493150	1082	236694
	铁　杉	41	1948			41	1948						
	落叶松	41	846			41	846						
	马尾松	7354	421679	1720	43347	3626	225866	1638	116103	370	36363		
	国外松	40				40							
	湿地松	2163	90504	1304	23345	655	44118	122	15197	82	7844		
	杉　木	20530	1499490	9284	266178	6405	575375	1746	206778	2253	252984	842	198175
	柳　杉	82	4035	41	262					41	3773		
	水　杉	1	85			1	85						
	柏　木	571	20075	326	9956	204	8435	41	1684				
	栎　类	123	6289	123	6289								
	樟　木	646	35804	452	17940	153	13664			41	4200		

（续）

统计单位	优势树种	合计		幼龄林		中龄林		近熟林		成熟林		过熟林	
		面积	蓄积量	面积	蓄积量	面积	蓄积量	面积	蓄积量	面积	蓄积量	面积	蓄积量
湖南	楠木	35	718	35	718								
	榆树	41	1201	41	1201								
	木荷	322	14212	164	2890	76	4837	82	4446		2039		
	枫香	158	1688	158	1468		220						
	其他硬阔类	1132	50748	614	11821	361	24077	157	14850				
	檫木	76	5853			41	3015					35	2838
	杨树	121	14699	43	2426	41	8954	2	127	35	3192		
	泡桐		3062				3062						
	桉树	163	2674			122	2305	41	369				
	其他软阔类	942	22550	532	6194	205	9475	205	6881				
	针叶混	5211	357121	1350	30494	2153	156075	900	67463	685	86189	123	16900
	阔叶混	11442	555928	7876	286110	3046	209222	369	39396	151	21200		
	针阔混	10275	628674	4042	125218	4630	310749	972	98560	549	75366	82	18781
广东	合计	66063	3574243	35077	1220257	19003	1358236	7347	547268	3238	311950	1398	136532
	马尾松	2953	232962	967	34390	1020	92380	457	50122	459	49397	50	6673
	湿地松	2370	125525	1027	38702	408	23310	461	29644	215	11915	259	21954
	其他松类	151	6301	100	5227	51	1074						
	杉木	6952	491785	4812	230723	1736	185207	152	43664	201	25767	51	6424
	栎类	755	69508	252	25532	251	21081	152	11588	50	4694	50	6613
	樟木	57	684	57	684								
	楠木	1319	86519	816	36830	152	10480	251	31881	100	7328		
	枫香	50	494	50	494								
	橡胶	405	46624			67	5789	50	1626	70	21488	218	17721
	其他硬阔类	8294	85765	4030	34279	2943	31068	759	7515	461	9032	101	3871
	桉树	18214	619495	11332	253138	4300	228273	1980	102067	452	29194	150	6823
	相思	1157	74327	466	8721	323	17571	151	11315			217	36720
	木麻黄	57	1001			57	1001						

（续）

统计单位	优势树种	合计		幼龄林		中龄林		近熟林		成熟林		过熟林	
		面积	蓄积量	面积	蓄积量	面积	蓄积量	面积	蓄积量	面积	蓄积量	面积	蓄积量
广　东	其他软阔类	719	71489	468	26406	151	19232	100	17814		8037		
	针叶混	2389	208452	451	22144	926	81087	760	81893	252	23328		
	阔叶混	13020	925983	7354	344113	4041	427223	1014	96658	309	28256	302	29733
	针阔混	7201	527329	2895	158874	2577	213460	1060	61481	669	93514		
广　西	合计	80818	6230151	36518	1654285	28743	2770292	8005	932040	5995	716288	1557	157246
	马尾松	8442	904857	2837	191950	3249	383597	1521	201288	835	128022		
	云南松	53	4850					53	4850				
	湿地松	1094	76462	364	6873	260	18139	105	18924	209	25442	156	7084
	杉　木	16581	1734681	10470	723562	4188	717387	1039	183588	779	99534	105	10610
	柳　杉	103	8916	53	2878	50	6038						
	其他杉类	50		50									
	栎　类	1311	132678	629	44348	367	68926	210	10127	53	5947	52	3330
	樟　木	53	437	53	437								
	木　荷	208	11720	103	4018	105	7702						
	枫　香	210	7297	158	4142	52	3155						
	橡　胶		5195				1502				3693		
	其他硬阔类	4391	244863	1361	40186	2138	120913	578	39591	156	31369	158	12804
	泡　桐	52	2110	52	2110								
	桉　树	27606	1435382	11131	226083	9704	620211	3189	281998	2651	225294	931	81796
	相　思	209	8343	53	116					53	618	103	7609
	其他软阔类	1931	102447	886	19048	784	63524	105	12616	156	7259		
	针叶混	1102	92426	472	28824	261	29320	210	19755	159	14527		
	阔叶混	12831	1027232	6227	280104	5293	508181	732	129401	579	109546		
	针阔混	4591	430255	1619	79606	2292	221697	263	29902	365	65037	52	34013
海　南	合　计	10864	782844	2914	70125	3469	199541	1781	158503	1552	183687	1148	170988
	国外松	172	19502	34	1491	17	702	1	300	120	17009		
	其他松类	111	18027	17	533	17	662	30	6558	32	7544	15	2730

（续）

统计单位	优势树种	合计		幼龄林		中龄林		近熟林		成熟林		过熟林	
		面积	蓄积量	面积	蓄积量	面积	蓄积量	面积	蓄积量	面积	蓄积量	面积	蓄积量
海南	杉木	15	1975							15	1975		
	栎类	17		17									
	樟木	17	17	17	17								
	橡胶	6995	604990	1646	55215	2291	165716	1262	129009	964	119777	832	135273
	其他硬阔类	417	2445	177	631	133	484	38	190	51	768	18	372
	桉树	1316	47809	472	3962	395	16107	197	11387	168	6283	84	10070
	相思	434	45731	30	61	17	777	136	8862	138	24576	113	11455
	木麻黄	135	7192	17	703	101	4415				782	17	1292
	其他软阔类	237	7377	117	1917	85	1246					35	4214
	阔叶混	909	23647	353	4905	370	9432	103	939	49	2789	34	5582
	针阔混	89	4132	17	690	43		14	1258	15	2184		
重庆	合计	11077	535160	2837	43393	4078	156156	2190	107993	1718	194363	254	33255
	落叶松	65	11506	46	5890	19	5616						
	油松	42	5307			19	1853			23	3454		
	华山松	126	13284		428	23		19	3997	84	8859		
	马尾松	2598	130302	115	24	608	14123	1171	46830	647	63577	57	5748
	云南松	23	1646				425			23	1221		
	杉木	709	69308	42	70	179	11789	201	14016	245	30702	42	12731
	柳杉	115	29201			69	10816	23	3285	23	15100		
	水杉	17	1579	17	1579								
	柏木	904	36306	665	14675	170	20012	46	449			23	1170
	紫杉（红豆杉）	23	70	23	70								
	栎类	109	453	46	453	23		17		23			
	樟木		2079		2079								
	楠木		3824				3824						
	刺槐	69	1846			46	1591	23	255				
	其他硬阔类	337	5936	111	1420	161	3010	42	457	23	1049		

（续）

统计单位	优势树种	合计		幼龄林		中龄林		近熟林		成熟林		过熟林	
		面积	蓄积量	面积	蓄积量	面积	蓄积量	面积	蓄积量	面积	蓄积量	面积	蓄积量
重 庆	杨 树	69	2124		23	46	816	23	960		325		
	泡 桐	18	3943			18	3943						
	桉 树	353	15309	134	2971	177	8118	23	959	19	3261		
	其他软阔类	430	4315	207	495	148	3820	33		23		19	
	针叶混	1215	93086	184	2304	443	21758	236	17921	333	41863	19	9240
	阔叶混	1364	20635	465	2776	664	7940	153	5831	36	3422	46	666
	针阔混	2491	83101	782	8136	1265	36702	180	13033	216	21530	48	3700
四 川	合 计	66060	2864628	15947	402164	24804	1224953	10189	448039	10826	640503	4294	148969
	冷 杉	1425	17742			343	9178	212		331	8564	539	
	云 杉	1986	64671	224	2328	813	62343	236		318		395	
	铁 杉	117								52		65	
	油 杉	195				65		130					
	落叶松	406	19428	248	8785	52	10643	53				53	
	油 松	306	2570			65	2570	135				106	
	华山松	1228	85154	65		455	19303	195	10089	513	55762		
	马尾松	5794	195967	585	100	1235	28927	2526	80268	1383	80115	65	6557
	云南松	4056	129017	249	983	1019	6295	771	16894	1781	86635	236	18210
	高山松	174		52		57						65	
	湿地松	118	4598					53	1123	65	3475		
	杉 木	3641	256864	1033	31345	1223	90734	566	60731	767	74054	52	
	柳 杉	4026	539339	2189	179370	1354	254700	130	15536	248	61545	105	28188
	水 杉	383	25393	260	7839	70	1482		3270	53	12802		
	柏 木	12926	540408	3515	51683	8455	406270	786	77992	65	4463	105	
	栎 类	4596	26450	1236	9078	1721	15409	917	1963	603		119	
	桦 木	916	2948	301		478	2948	5		65		67	
	樟 木	1180	39574	725	21267	325	14300	130	4007				
	楠 木	260				130				130			

（续）

统计单位	优势树种	合计		幼龄林		中龄林		近熟林		成熟林		过熟林	
		面积	蓄积量	面积	蓄积量	面积	蓄积量	面积	蓄积量	面积	蓄积量	面积	蓄积量
四川	榆树	65								65			
	刺槐	65	9432						4049	65	5383		
	木荷	260	1054							195	1054	65	
	枫香	313	4114	183	3132	65	982	65					
	其他硬阔类	4163	105405	1836	35688	1223	41218	857	23043	247	5456		
	檫木	130	5175			65	882	65	4293				
	杨树	719	18334	130		248	2850	65	2960	105	1239	171	11285
	柳树	1	160			1	160						
	泡桐	5	302			5	302						
	桉树	1567	70713	326	5603	586	29168	195	7410	395	23161	65	5371
	其他软阔类	6404	161290	1200	3724	1866	73766	625	7840	1383	53250	1330	22710
	针叶混	1191	144217	247	14544	395	29609	183	28241	248	49808	118	22015
	阔叶混	4251	161817	835	13880	1407	55104	650	44800	851	42740	508	5293
	针阔混	3193	232492	508	12815	1083	65810	639	53530	898	70997	65	29340
贵州	合计	45936	2205148	20303	312087	14150	777634	6630	483959	4123	492598	730	138870
	华山松	1104	50536	211	960	226	7953	500	31563	167	10060		
	马尾松	7774	196859	2065	24557	3078	77191	2026	52628	573	35187	32	7296
	云南松	440	15978	182	2963	77		136	2382	45	10633		
	湿地松	226	5233	91	1212	90	2287	45	1734				
	其他松类	45						45					
	杉木	12988	1288581	3941	123866	3850	421299	2341	306540	2324	329139	532	107737
	柳杉	1303	102165	592	35818	620	57451	45	2783	46	6113		
	水杉	90	4046	45	892	45	3154						
	柏木	1614	40652	1174	9861	305	14615	90	4431	45	11745		
	紫杉(红豆杉)		82		82								
	栎类	769	960	724	960	45							
	桦木	271		225		46							

（续）

统计单位	优势树种	合计		幼龄林		中龄林		近熟林		成熟林		过熟林	
		面积	蓄积量	面积	蓄积量	面积	蓄积量	面积	蓄积量	面积	蓄积量	面积	蓄积量
贵州	刺槐	180	9838			135	7596	45	2242				
	木荷	46				46							
	枫香	271		90		181							
	其他硬阔类	653	7012	517	2844	91	1656	45	810		1702		
	杨树	439	10534	182	2462	90	640	121	2277	46	3648		1507
	桉树	321	9854	167	2311	154	7543						
	其他软阔类	573	22460	438	1454	45	4583	45	1609	45	14814		
	针叶混	3456	219169	814	32227	1388	76517	571	47303	652	53508	31	9614
	阔叶混	8763	50299	6460	14156	1986	25182	227	1623	90	9338		
	针阔混	4610	170890	2385	55462	1652	69967	348	26034	90	6711	135	12716
云南	合计	55206	2413599	19889	543523	16885	740517	10522	510309	6203	378543	1707	240707
	冷杉	153	4720						4720	102		51	
	云杉	53	2956			53	2956						
	油杉	424				212		159		53			
	华山松	2430	296193	53	1212	634	48808	901	113968	736	96396	106	35809
	云南松	9840	167729	1059	12632	3809	74519	3174	29501	1692	45778	106	5299
	思茅松	1944	136791	895	63035	839	69781	157		53	3975		
	高山松	159	409	53	409					53		53	
	杉木	4596	415175	3218	177150	795	130026	318	71030	161	25832	104	11137
	柳杉	53	15689		6206					53	9483		
	柏木	369	22111	212	10001	157	12110						
	栎类	2269		1430		471		264		104			
	桦木	585	72298	267	19919	318	52379						
	樟木		41		41								
	榆树	106	173	53		53	173						
	橡胶	6696	496529	1338	62757	2673	137833	1533	122954	817	119588	335	53397

（续）

统计单位	优势树种	合计		幼龄林		中龄林		近熟林		成熟林		过熟林	
		面积	蓄积量	面积	蓄积量	面积	蓄积量	面积	蓄积量	面积	蓄积量	面积	蓄积量
云 南	其他硬阔类	2336	57449	1011	24914	423	12165	531	17754	371	2616		
	杨 树		566		566								
	桉 树	3481	277174	1368	40899	741	42790	526	52500	265	16685	581	124300
	楝 树	53	353	53	353								
	其他软阔类	1639	71728	691	20095	313	36340	369	13825	213	1468	53	
	针叶混	2754	126152	477	26378	1218	49248	530	17585	476	32941	53	
	阔叶混	9345	79783	5752	35956	2060	28115	742	7544	632	8168	159	
	针阔混	5921	169580	1959	41000	2116	43274	1318	58928	422	15613	106	10765
西 藏	合 计	696	11564	468	4254	90	2066	46	1982		2484	92	778
	云 杉	183	3647	46	3647	45		46				46	
	柏 木	130		84								46	
	栎 类	45				45							
	榆 树	4		4									
	其他硬阔类	8		8									
	杨 树	173	4696	173	257		1198		673		2196		372
	柳 树	123	2598	123	109		486		1309		288		406
	阔叶混	30	623	30	241		382						
陕 西	合 计	21343	559853	7905	107268	9353	352552	1876	42702	935	14482	1274	42849
	冷 杉		3219				3219						
	云 杉		2806				2806						
	落叶松	43	3599			43	3599						
	樟子松	92	411	92	411								
	油 松	2571	108082	970	8963	1329	86525	229	12594	43			
	华山松	285	17969	46	1083	183	16886	47		9			
	马尾松	610	54249	94	1524	423	47004	93	5721				
	其他松类	46						46					
	杉 木	185	27323	92	12462	93	12793						2068

（续）

统计单位	优势树种	合计		幼龄林		中龄林		近熟林		成熟林		过熟林	
		面积	蓄积量	面积	蓄积量	面积	蓄积量	面积	蓄积量	面积	蓄积量	面积	蓄积量
	柏　木	429	1942	337	1942	92							
	栎　类	2412	7832	991	1100	920	6732	311		92		98	
	桦　木	93				47				46			
	榆　树	224	1893	44	1079	137	814					43	
	刺　槐	5165	119139	1464	30874	2595	47109	275	15388	461	12339	370	13429
	枫　香	46		46									
	其他硬阔类	1427	12483	738	5167	383	6502	193		9	814	104	
陕　西	杨　树	1158	47237	322	1641	227	16915	43		43	1329	523	27352
	柳　树	47	1763					47	1763				
	泡　桐	14	431			14	431						
	楝　树	46				46							
	其他软阔类	248	4017	93	67	43	3950	9		57		46	
	针叶混	242	15358		180	242	15178						
	阔叶混	4172	61381	1966	21652	1530	32493	497	7236	89		90	
	针阔混	1788	68719	610	19123	1006	49596	86		86			
	合　计	13209	479468	7846	170579	3230	152236	1027	71709	438	38601	668	46343
	冷　杉	90	616	14	156		460	15		32		29	
	云　杉	322	39424	94	8221	80	9841	110	18509	17	2853	21	
	落叶松	491	22442	465	18786	26	3656						
	油　松	542	30702	277	2778	190	21064	57	4382	10	2478	8	
甘　肃	华山松	314	8233	147	5690	157	2003	10	540				
	柏　木	85	461	84	461	1							
	栎　类	181		44		73		48		16			
	桦　木	379		196		137		17		22		7	
	榆　树	89	929	73	116	6	813			10			
	刺　槐	5238	136167	3982	84598	1015	40499	241	11070				

（续）

统计单位	优势树种	合计		幼龄林		中龄林		近熟林		成熟林		过熟林	
		面积	蓄积量	面积	蓄积量	面积	蓄积量	面积	蓄积量	面积	蓄积量	面积	蓄积量
甘肃	其他硬阔类	1654	25062	982	9640	595	7363	77	6353		1706		
	杨树	1230	93995	349	8908	79	18487	188	13632	171	15770	443	37198
	柳树	114	9758							57	3262	57	6496
	其他软阔类	38						29				9	
	针叶混	136	12293	8		89	7176	10		29	5117		
	阔叶混	1664	52517	810	18955	582	20488	140	8632	46	1793	86	2649
	针阔混	642	46869	321	12270	200	20386	85	8591	28	5622	8	
青海	合计	786	38354	341	4307	134	7373	84	6344	152	12374	75	7956
	云杉	241	3323	211	3323	21		9					
	落叶松	4	714		130	4	584						
	油松	16	171	11	30	5	141						
	柏木	23		5		2		10		6			
	桦木	10	332	5	46	5	286						
	榆树	24	147	24	147								
	杨树	401	31838	44	500	85	5596	65	6344	145	11942	62	7456
	针叶混	5	275		19	5	256						
	阔叶混	21	1442			7	510			1	432	13	500
	针阔混	41	112	41	112								
宁夏	合计	1594	40366	879	9494	485	21850	112	6010	101	2576	17	436
	云杉	10	171	10	11		160						
	落叶松	261	10472	129	1731	117	7348	15	1393				
	樟子松	6		6									
	油松	17	1142			17	1142						
	柏木	5		5									
	栎类	10		5		5							
	桦木	5						5					

（续）

统计单位	优势树种	合计		幼龄林		中龄林		近熟林		成熟林		过熟林	
		面积	蓄积量	面积	蓄积量	面积	蓄积量	面积	蓄积量	面积	蓄积量	面积	蓄积量
宁　夏	榆　树	103	1475	45	368	37	810	5	80	16	217		
	刺　槐	103	1864	85	1470	18	394						
	其他硬阔类	563	1363	419	792	119	244	20	78			5	249
	杨　树	285	17112	49	2417	92	8969	50	3308	82	2231	12	187
	柳　树	75	2535	45	1377	22	534	5	496	3	128		
	其他软阔类	42	1133	30	846	6	252	6	35				
	针叶混	5	370			5	370						
	阔叶混	66	2389	23	302	37	1467	6	620				
	针阔混	38	340	28	180	10	160						
新　疆	合　计	4378	299762	1886	81539	1691	118361	407	47535	315	47681	79	4646
	云　杉	120	8533	24	5414	48	3119			48			
	桦　木	24								24			
	榆　树	527	27162	325	6156	161	8013	41	9800		3193		
	其他硬阔类	410	15319	207	4141	203	9546		1632				
	杨　树	2523	225882	1125	63753	1038	84916	241	35040	119	42173		
	柳　树	121	2368	41	210	41	1116					39	1042
	其他软阔类	453	13296	123	738	41	5576	125	1063	124	2315	40	3604
	阔叶混	200	7202	41	1127	159	6075						

附表14　草地面积分草原类统计

百公顷

统计单位	合　计	温性草甸草原类	温性典型草原类	温性荒漠草原类	高寒草甸草原类	高寒典型草原类	高寒荒漠草原类	高寒草甸类	低地草甸类	山地草甸类	温性荒漠	温性草原化荒漠	高寒荒漠	暖性草丛	暖性灌草丛	热性草丛	热性灌草丛	温性稀树草原	干热稀树草原	人工草地
全　国	2645301	95616	351688	183649	64881	470128	71655	675224	117140	87346	320184	91371	41795	25741	16724	13143	12445		1059	5512
北　京	145									3				49	2					91
天　津	150								114					30						6
河　北	19473		4195						489	400				7946	6266					177
山　西	31051		11236					73	1051	6201				9868	2622					
内蒙古	541719	70043	217596	95912					36012	2789	85579	33788								
辽　宁	4872	30	981						300	1264				627	1670					
吉　林	6747							25	6071	12				218	421					
黑龙江	11857	3150							7447	818										442
上　海	132															132				
江　苏	936																936			
浙　江	635															635				
安　徽	479								44					227	119	89				
福　建	749								7	67				18	12	448	174			23
江　西	887								446					6	24	145	265			1
山　东	2352								1015					655	682					
河　南	2570		2											1625	370	573				
湖　北	894								15	15				21	10	728	105			
湖　南	1405								69	18					15	810	492			1
广　东	2385								13	2				2		2325	43			
广　西	2762													1	1	588	2168			4

（续）

统计单位	合　计	温性草甸草原类	温性典型草原类	温性荒漠草原类	高寒草甸草原类	高寒典型草原类	高寒荒漠草原类	高寒草甸类	低地草甸类	山地草甸类	温性荒漠	温性草原化荒漠	高寒荒漠	暖性草丛	暖性灌草丛	热性草丛	热性灌草丛	温性稀树草原	干热稀树草原	人工草地
海　南	171														3	87	58			23
重　庆	236								4	54				1	6	35	136			
四　川	96878							69558	23	21928				23		1043	4137		166	
贵　州	1883								5	218				45	464	80	980			91
云　南	13229				7			1536	3	3274				158	475	3951	2837		893	95
西　藏	800651	1309	11912	5415	29706	342682	66228	302375	2013	6964	6469	2111	21231	147	511	1474	104			
陕　西	22103	3182	12057	1857					119	93				3076	1479		10			230
甘　肃	143071	6112	26842	12014		3746	4584	17129	3186	12146	38059	10773	5910	998	1572					
青　海	394709	93	19332	2001	35168	56913	682	221178	22809	2776	20837	1840	10187							893
宁　夏	20310	651	3285	13024					143	8	857	2342								
新　疆	519860	11046	44250	53426		66787	161	63350	35742	28296	168383	40517	4467							3435

附表15 草地鲜草产量分草原类统计

百吨

统计单位	合计	温性草甸草原类	温性典型草原类	温性荒漠草原类	高寒草甸草原类	高寒典型草原类	高寒荒漠草原类	高寒草甸类	低地草甸类	山地草甸类	温性荒漠	温性草原化荒漠	高寒荒漠	暖性草丛	暖性灌草丛	热性草丛	热性灌草丛	温性稀树草原	干热稀树草原	人工草地
全 国	5954287	373783	984554	268484	141306	578535	55313	2000219	288468	382557	303945	102481	47197	120439	89111	97143	95776		6223	18753
北 京	1620								5	31				546	23					1015
天 津	1622								1229					329						64
河 北	101117		18091						1825	2245				42732	35481					743
山 西	109692		41763					298	3521	22519				32865	8726					
内蒙古	1277584	281712	639097	142783					110427	16091	51625	35849								
辽 宁	24708	149	4946						1466	6468				3116	8563					
吉 林	31503							135	27754	66				1195	2353					
黑龙江	95858	26273							58806	7053										3726
上 海	1077															1077				
江 苏	7247																7247			
浙 江	5486															5486				
安 徽	3709								324					1686	976	723				
福 建	8589								79	622				149	107	3950	3485			197
江 西	8152								4089					56	222	1332	2444			9
山 东	14560								6245					4058	4255					2
河 南	16192		9						1					9337	2366	4479				
湖 北	7255								121	119				169	81	5919	846			
湖 南	12602								610	135				4	109	7365	4374			5
广 东	20224								108	16				13	3	19707	373			4

（续）

统计单位	合　计	温性草甸草原类	温性典型草原类	温性荒漠草原类	高寒草甸草原类	高寒典型草原类	高寒荒漠草原类	高寒草甸类	低地草甸类	山地草甸类	温性荒漠	温性草原化荒漠	高寒荒漠	暖性草丛	暖性灌草丛	热性草丛	热性灌草丛	温性稀树草原	干热稀树草原	人工草地
广　西	24254													6	10	5089	19110			39
海　南	1744														33	881	586			244
重　庆	1635								32	383				8	42	235	935			
四　川	703292							504556	176	160587				151		7447	29281		1094	
贵　州	16721								42	2000				398	4142	718	8619			802
云　南	80311				33			7577	17	19416				856	2633	25990	18025		5129	635
西　藏	1116653	3558	21968	4532	47178	360708	47747	571608	2625	26080	3451	1421	16565	553	1538	6745	376			
陕　西	90667	12966	44455	5461					520	658				16795	8755		75			982
甘　肃	345146	20934	77638	36639		5027	5936	38775	7640	26314	77438	25197	9498	5417	8693					
青　海	1135266	395	53866	3932	94095	137744	1407	754852	22568	12114	32451	1207	17138							3497
宁　夏	34266	2955	9158	17842					448	11	1042	2810								
新　疆	655535	24841	73563	57295		75056	223	122418	37790	79629	137938	35997	3996							6789

附表16　草地干草产量分草原类统计

百吨

统计单位	合 计	温性草甸草原类	温性典型草原类	温性荒漠草原类	高寒草甸草原类	高寒典型草原类	高寒荒漠草原类	高寒草甸类	低地草甸类	山地草甸类	温性荒漠	温性草原化荒漠	高寒荒漠	暖性草丛	暖性灌草丛	热性草丛	热性灌草丛	温性稀树草原	干热稀树草原	人工草地
全 国	1919591	117191	324858	94506	44674	189635	20487	629296	87697	113854	104441	36398	16896	38971	29104	31935	31705		2047	5896
北 京	515								1	9				180	8					317
天 津	499								376					103						20
河 北	33176		6030						549	641				14054	11670					232
山 西	34004		12947					92	1091	6981				10188	2705					
内蒙古	427797	88012	213025	52881					33207	4597	21736	14339								
辽 宁	7825	46	1648						441	1848				1025	2817					
吉 林	9574							42	8346	19				393	774					
黑龙江	28646	8151							17329	2007										1159
上 海	354															354				
江 苏	2383																2383			
浙 江	1832															1832				
安 徽	1210								97					554	321	238				
福 建	3125								25	178				49	35	1298	1479			61
江 西	2567								1230					18	73	439	804			3
山 东	4600								1882					1330	1388					
河 南	5325		3											3071	778	1473				
湖 北	2377								36	34				56	27	1946	278			
湖 南	4088								184	42				1	34	2403	1422			2
广 东	6646								32	5				4	1	6480	123			1

（续）

统计单位	合　计	温性草甸草原类	温性典型草原类	温性荒漠草原类	高寒草甸草原类	高寒典型草原类	高寒荒漠草原类	高寒草甸类	低地草甸类	山地草甸类	温性荒漠	温性草原化荒漠	高寒荒漠	暖性草丛	暖性灌草丛	热性草丛	热性灌草丛	温性稀树草原	干热稀树草原	人工草地
广　西	7925													2	3	1667	6241			12
海　南	570														11	290	193			76
重　庆	481								9	109				2	13	70	278			
四　川	214775							156427	53	45831				50		2445	9609		360	
贵　州	5385								13	571				131	1362	236	2821			251
云　南	25436				10			2368	5	5550				282	865	8546	5925		1687	198
西　藏	361305	1112	7322	1678	14742	120234	17684	178617	789	7451	1453	568	6626	182	505	2218	124			
陕　西	29966	4051	14815	2022					156	188				5523	2879		25			307
甘　肃	116755	6920	25639	11962		1880	2286	13023	2592	8775	26905	8608	3557	1773	2835					
青　海	361015	126	17130	1250	29922	43803	447	240043	7177	3852	10319	384	5450							1112
宁　夏	12285	923	3053	6608					135	3	439	1124								
新　疆	207150	7850	23246	18105		23718	70	38684	11942	25163	43589	11375	1263							2145

附　图

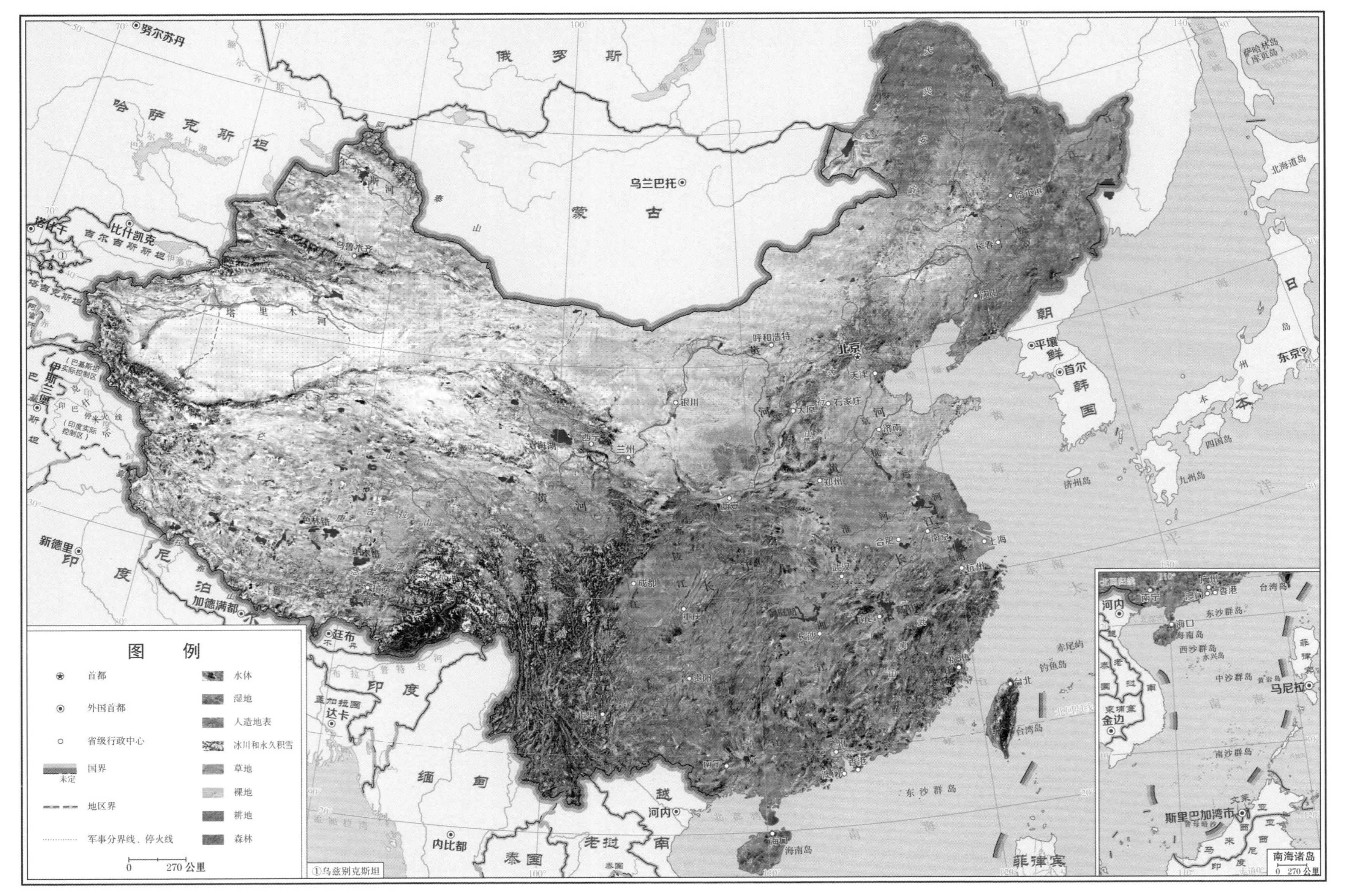
图例
首都
外国首都
省级行政中心
国界
未定
地区界
军事分界线、停火线
水体
湿地
人造地表
冰川和永久积雪
草地
裸地
耕地
森林
0 270公里
①乌兹别克斯坦
南海诸岛
0 270公里
俄罗斯
蒙古
乌兰巴托
哈萨克斯坦
努尔苏丹
比什凯克
吉尔吉斯斯坦
塔吉克斯坦
北京
天津
石家庄
太原
呼和浩特
银川
西宁
兰州
济南
郑州
西安
合肥
南京
上海
杭州
武汉
成都
长沙
贵阳
南宁
长春
哈尔滨
乌鲁木齐
台北
台湾岛
钓鱼岛
赤尾屿
海口
海南岛
香港
东沙群岛
西沙群岛
中沙群岛
南沙群岛
朝鲜
平壤
韩国
首尔
日本
东京
北海道
本州
四国岛
九州岛
济州岛
萨哈林岛（库页岛）
菲律宾
马尼拉
越南
河内
老挝
泰国
缅甸
内比都
印度
新德里
尼泊尔
加德满都
廷布
孟加拉国
达卡
柬埔寨
金边
斯里巴加湾市
文莱
马来西亚
印度尼西亚

附图1　中国遥感影像

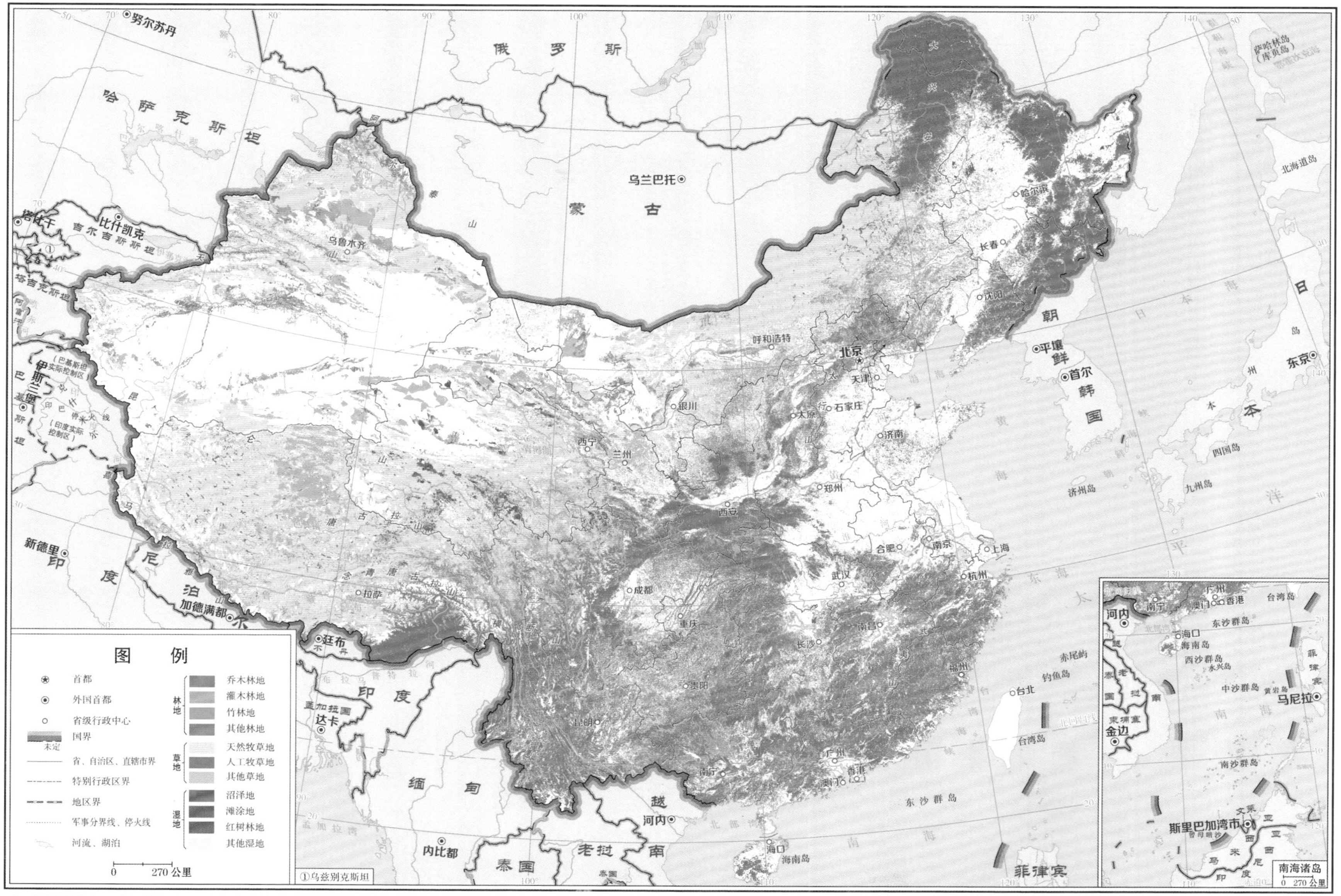

图例

- 首都
- 外国首都
- 省级行政中心
- 国界
- 未定
- 省、自治区、直辖市界
- 特别行政区界
- 地区界
- 军事分界线、停火线
- 河流、湖泊

林地：乔木林地、灌木林地、竹林地、其他林地

草地：天然牧草地、人工牧草地、其他草地

湿地：沼泽地、滩涂地、红树林地、其他湿地

0 270公里

附图2 中国林草资源分布

注 香港特别行政区、澳门特别行政区及台湾省林草资源数据，资料暂缺。

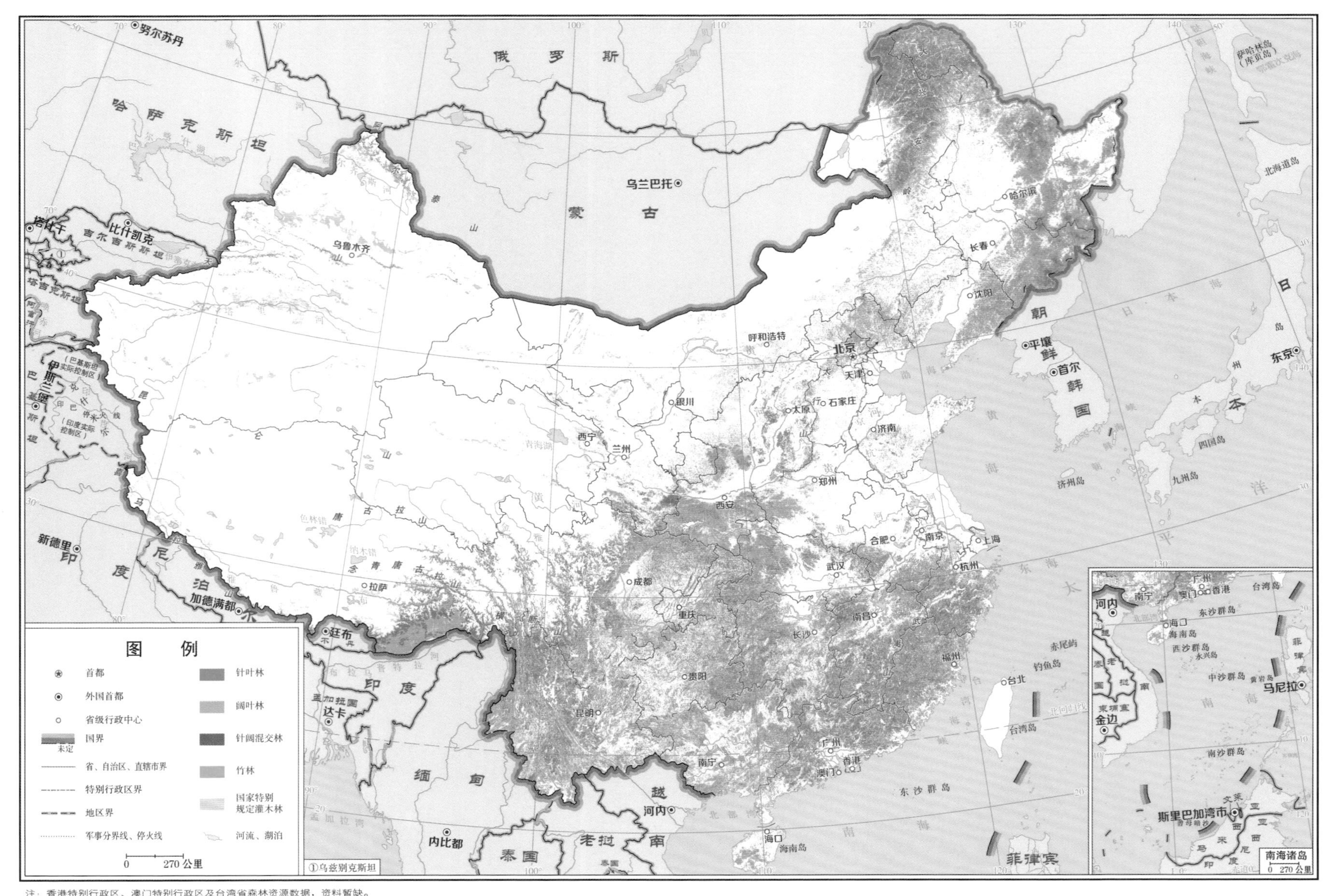

附图3 中国森林分布

注：香港特别行政区、澳门特别行政区及台湾省森林资源数据，资料暂缺。

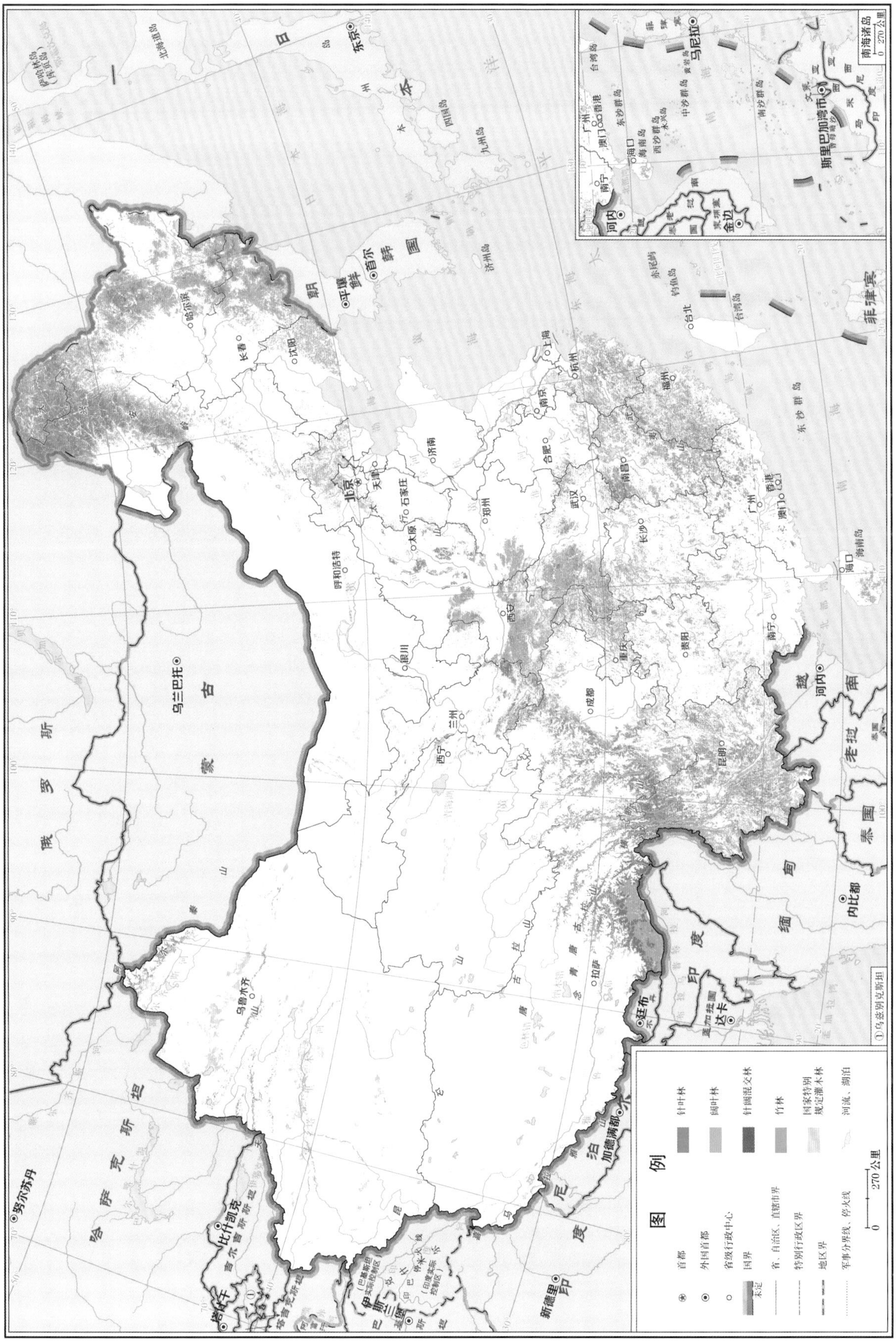

图 例

- 首都
- 外国首都
- 省级行政中心
- 国界（未定）
- 省、自治区、直辖市界
- 特别行政区界
- 地区界
- 军事分界线、停火线
- 针叶林
- 阔叶林
- 针阔混交林
- 竹林
- 国家特别规定灌木林
- 河流、湖泊

0 270公里

①乌兹别克斯坦

注：香港特别行政区、澳门特别行政区及台湾省森林资源数据，资料暂缺。

附图4 中国天然林分布

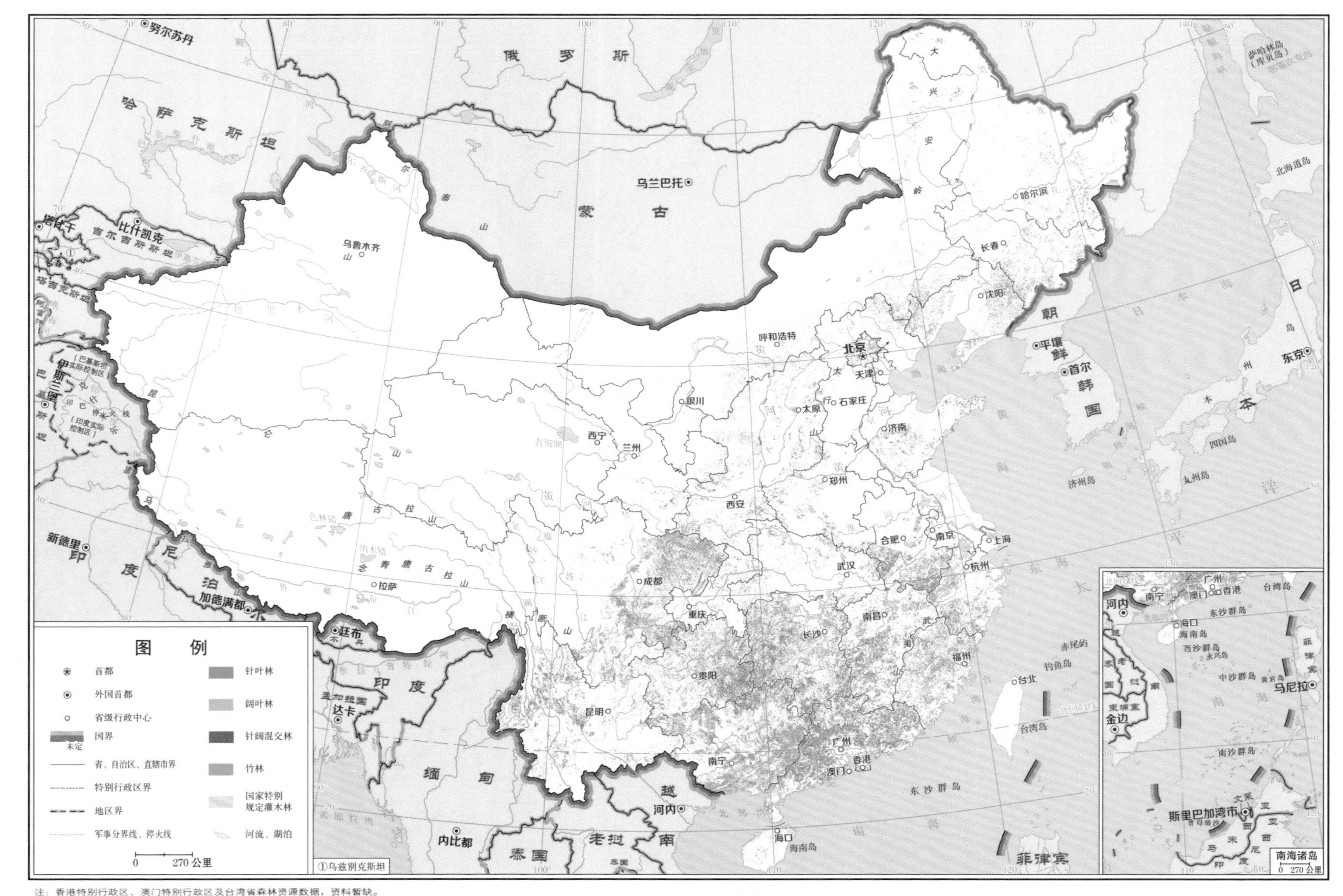

注：香港特别行政区、澳门特别行政区及台湾省森林资源数据，资料暂缺。

附图5 中国人工林分布

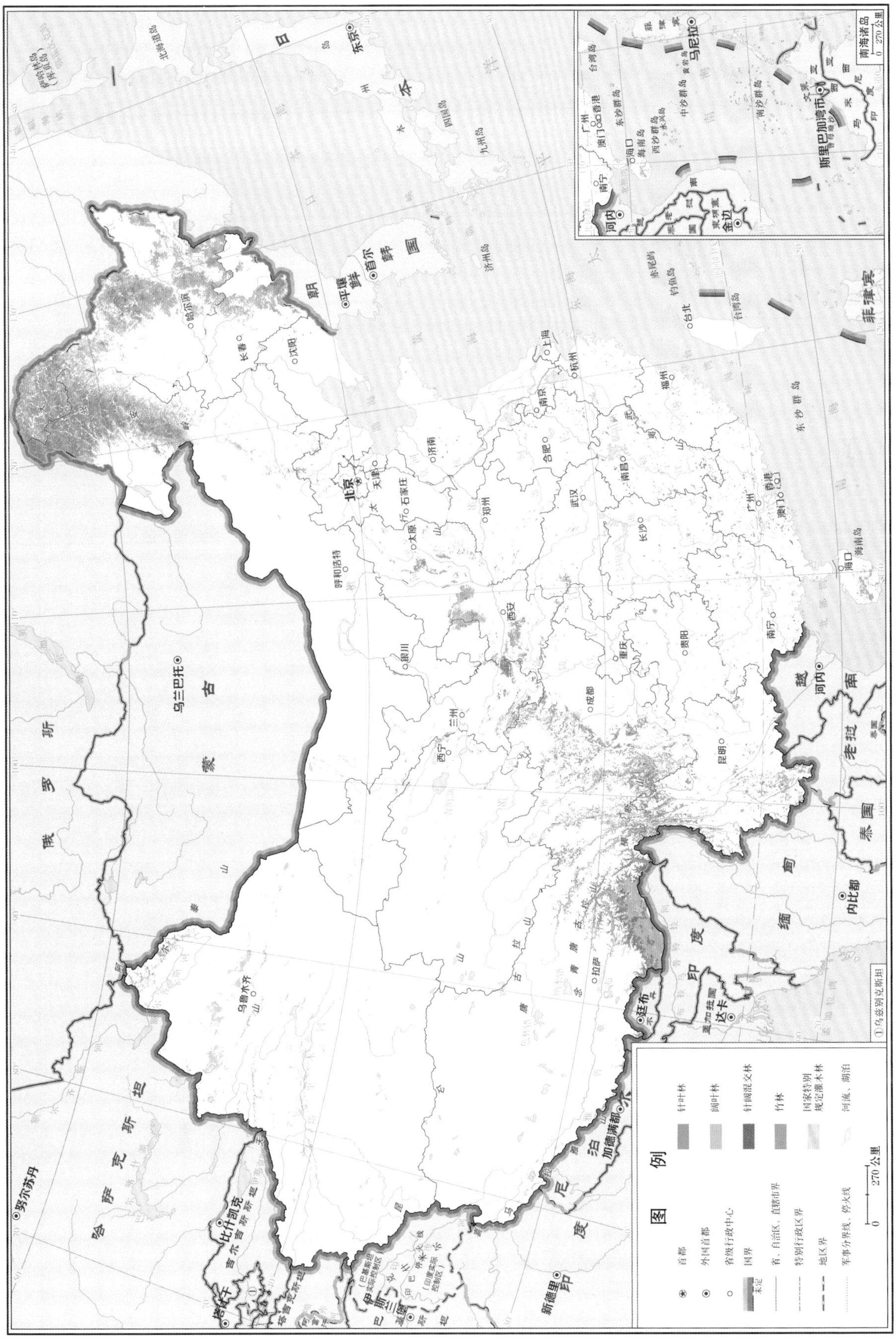

附图6 中国国有林分布

注：香港特别行政区、澳门特别行政区及台湾省森林资源数据，资料暂缺。

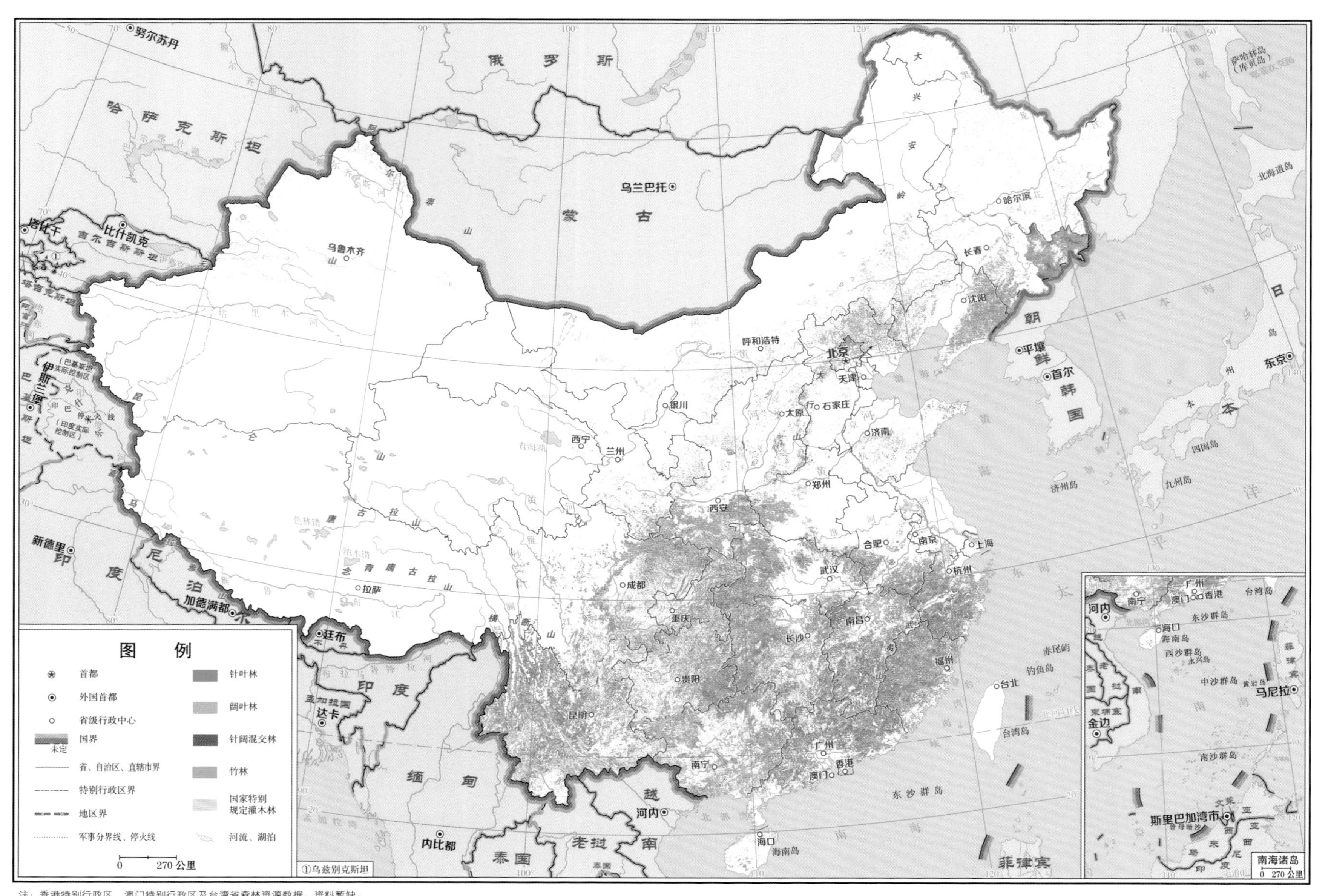

注：香港特别行政区、澳门特别行政区及台湾省森林资源数据，资料暂缺。

附图7 中国集体林分布

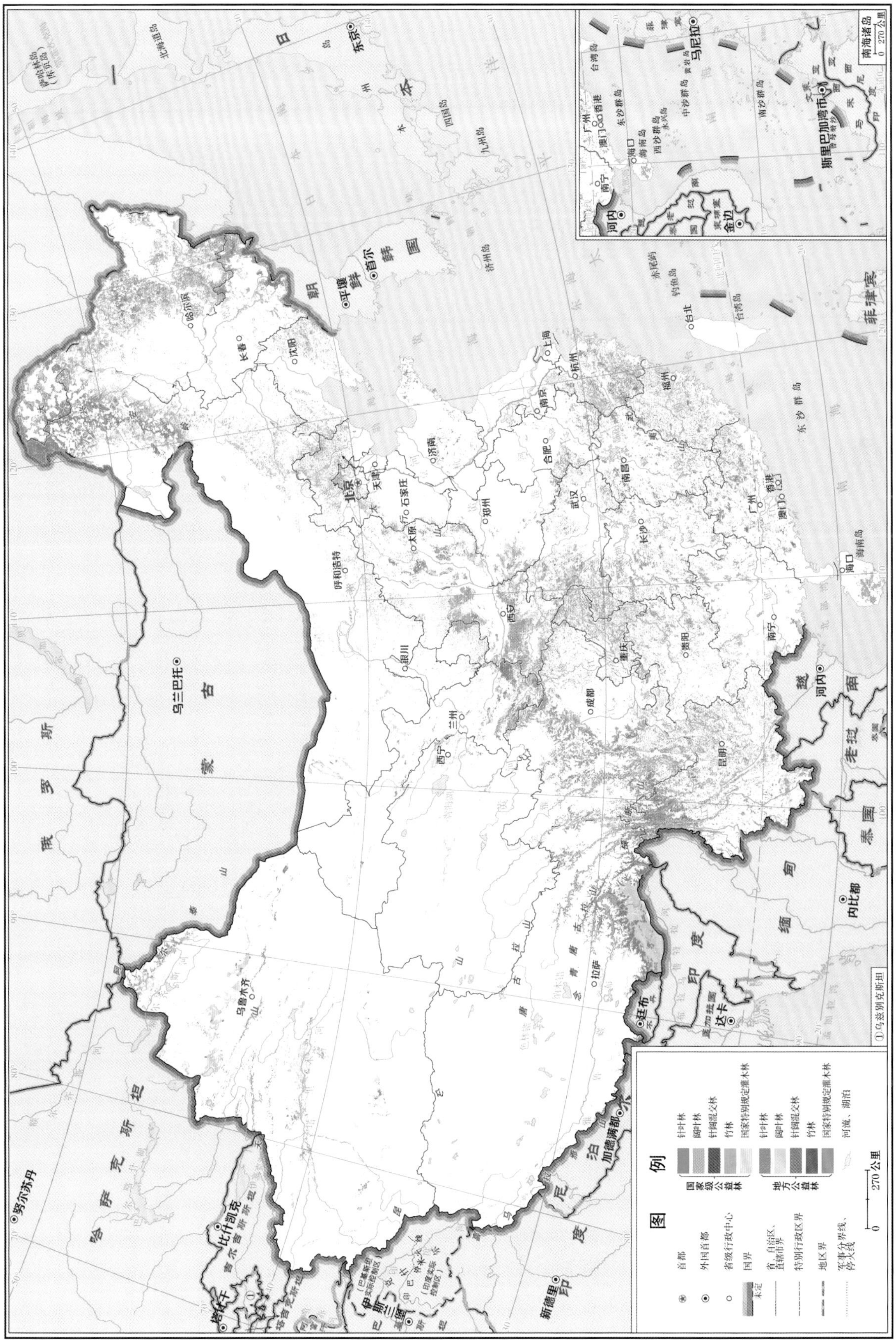
图 例
首都
外国首都
省级行政中心
国界
未定
省、自治区、直辖市界
特别行政区界
地区界
军事分界线、停火线
国家级公益林
针叶林
阔叶林
针阔混交林
竹林
国家特别规定灌木林
地方公益林
针叶林
阔叶林
针阔混交林
竹林
国家特别规定灌木林
河流、湖泊
0 270公里
南海诸岛
①乌兹别克斯坦

注：香港特别行政区、澳门特别行政区及台湾省森林资源数据，资料暂缺。

附图8 中国公益林分布

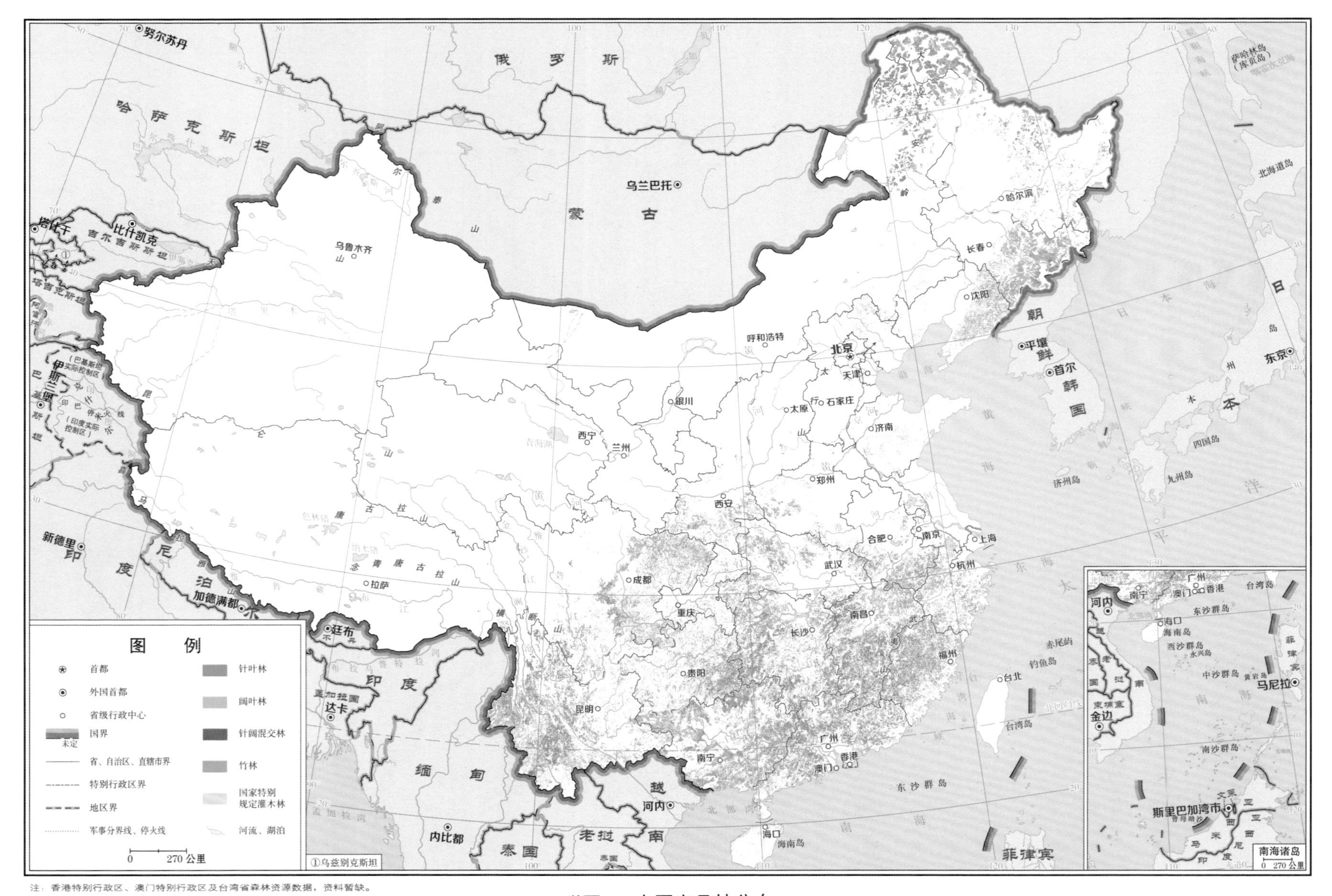

注：香港特别行政区、澳门特别行政区及台湾省森林资源数据，资料暂缺。

附图9　中国商品林分布

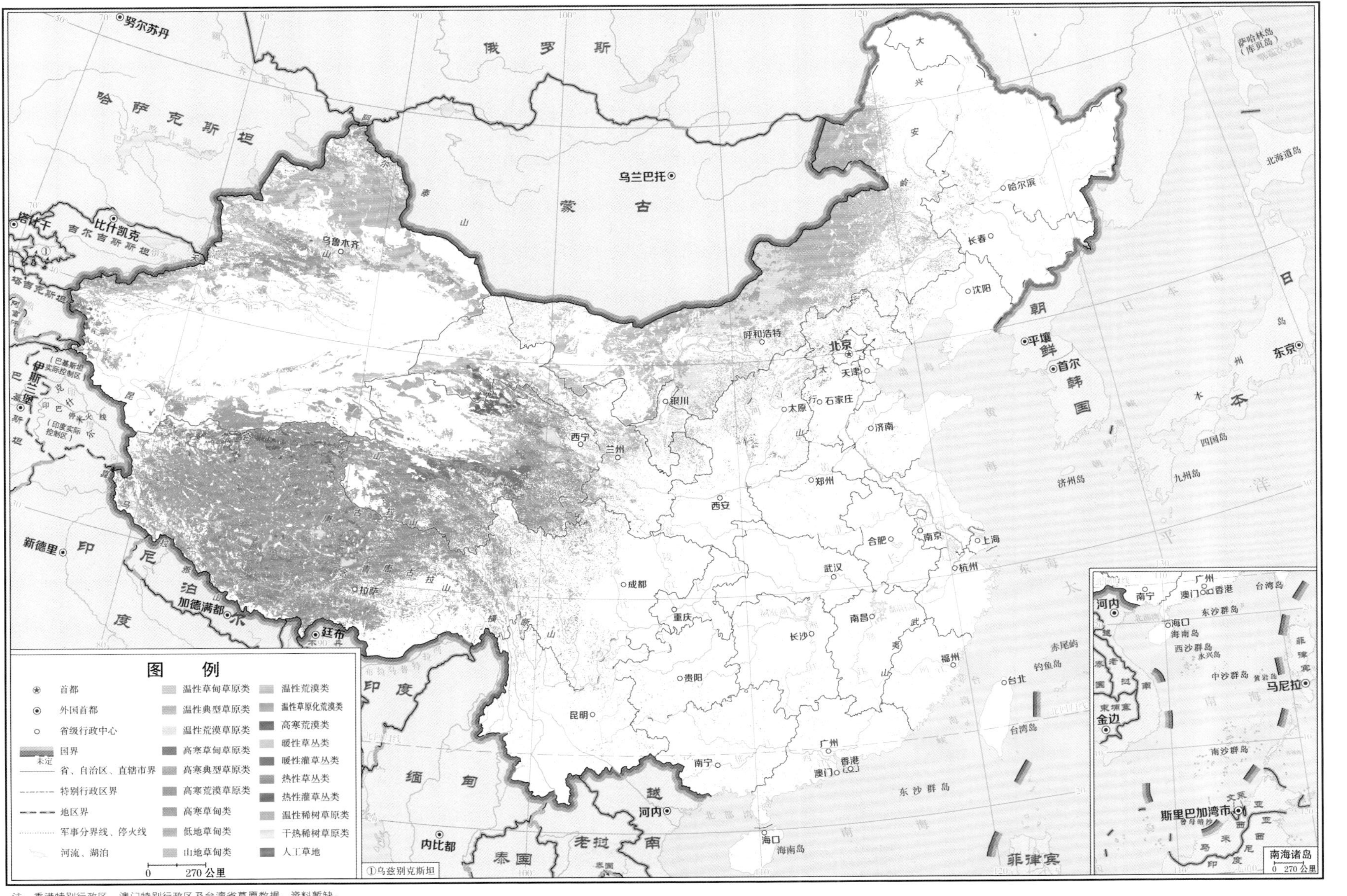

注：香港特别行政区、澳门特别行政区及台湾省草原数据，资料暂缺。

附图10 中国草原分布

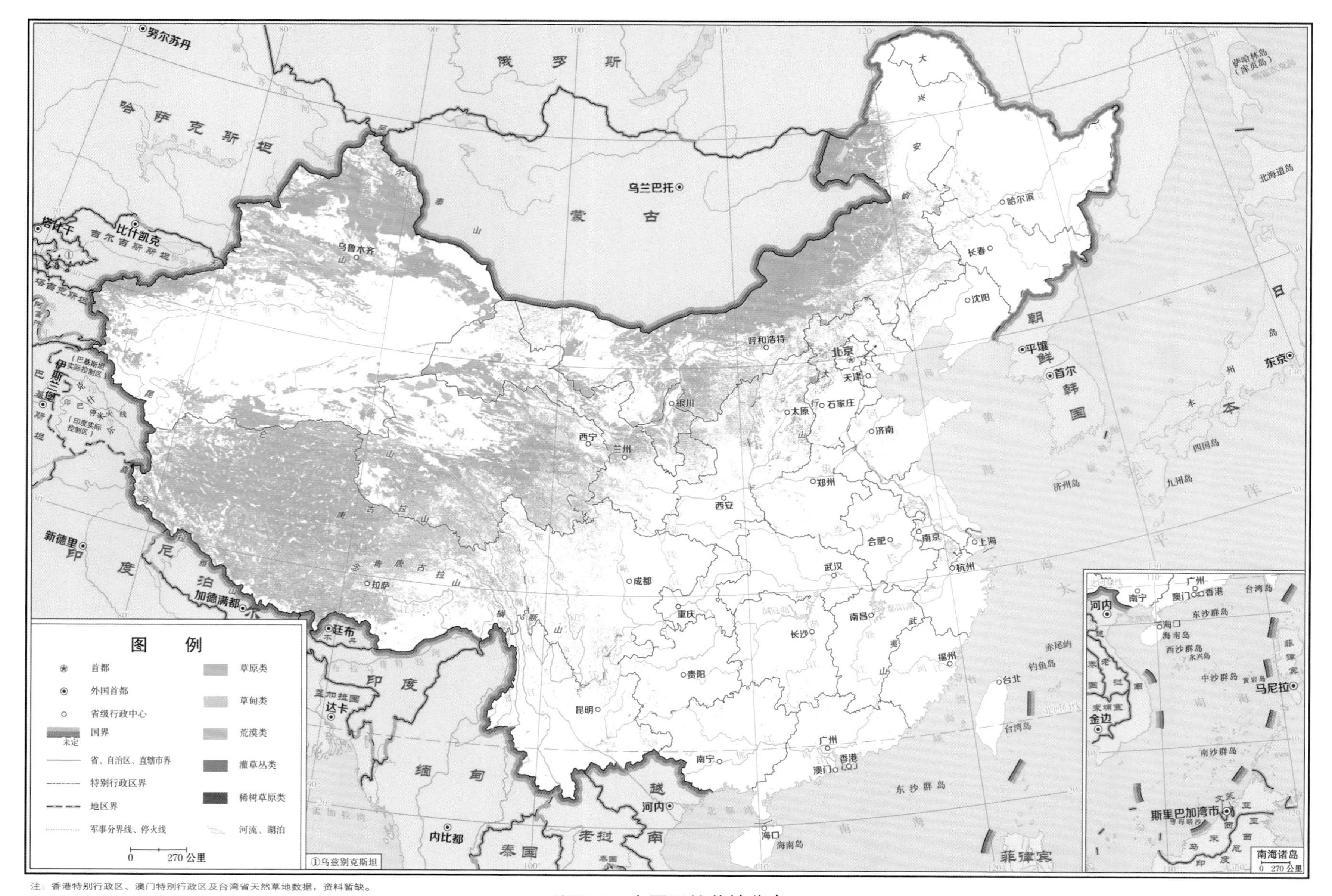

附图11　中国天然草地分布

注：香港特别行政区、澳门特别行政区及台湾省天然草地数据，资料暂缺。

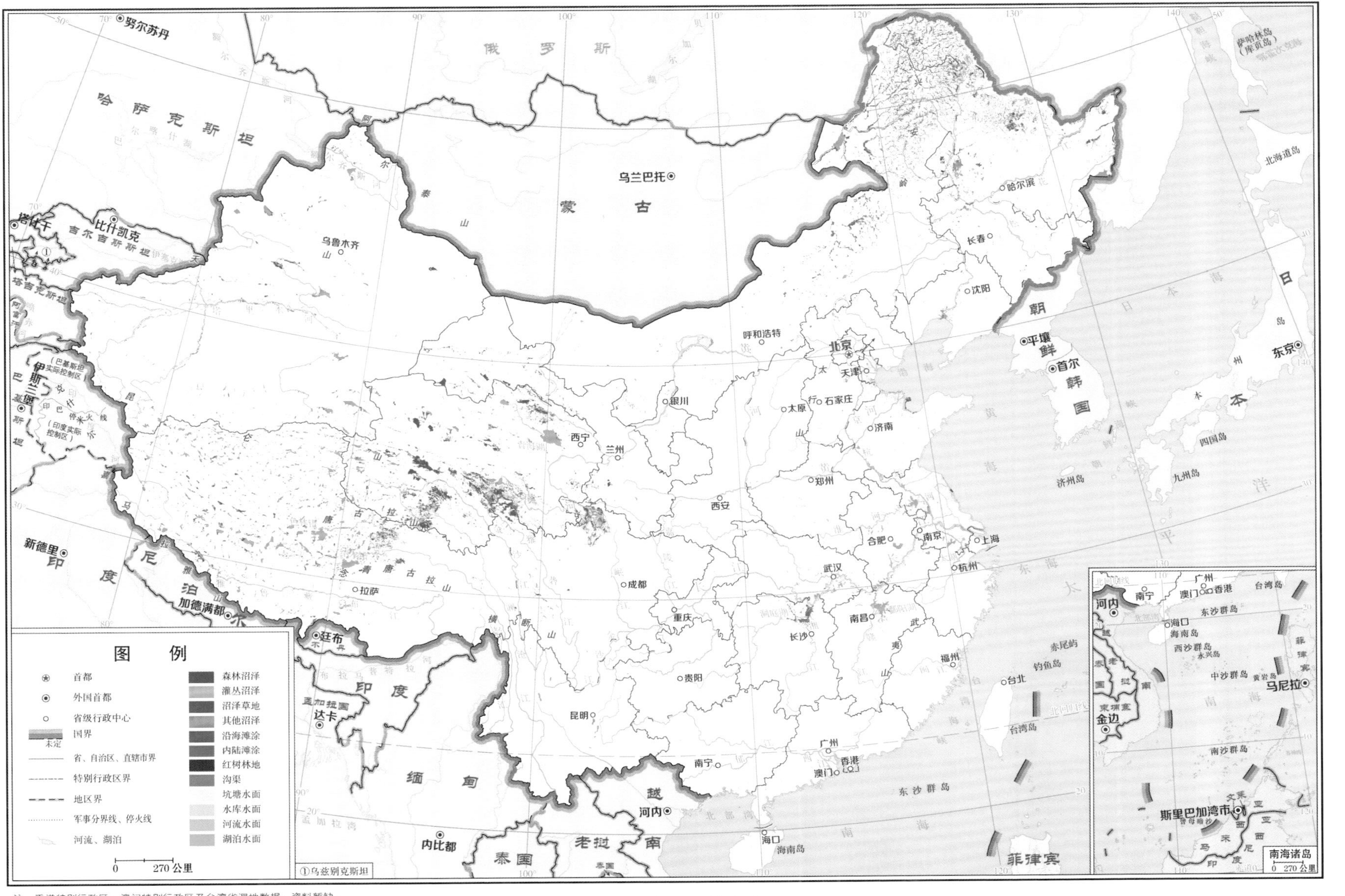

注：香港特别行政区、澳门特别行政区及台湾省湿地数据，资料暂缺。

附图12 中国湿地分布

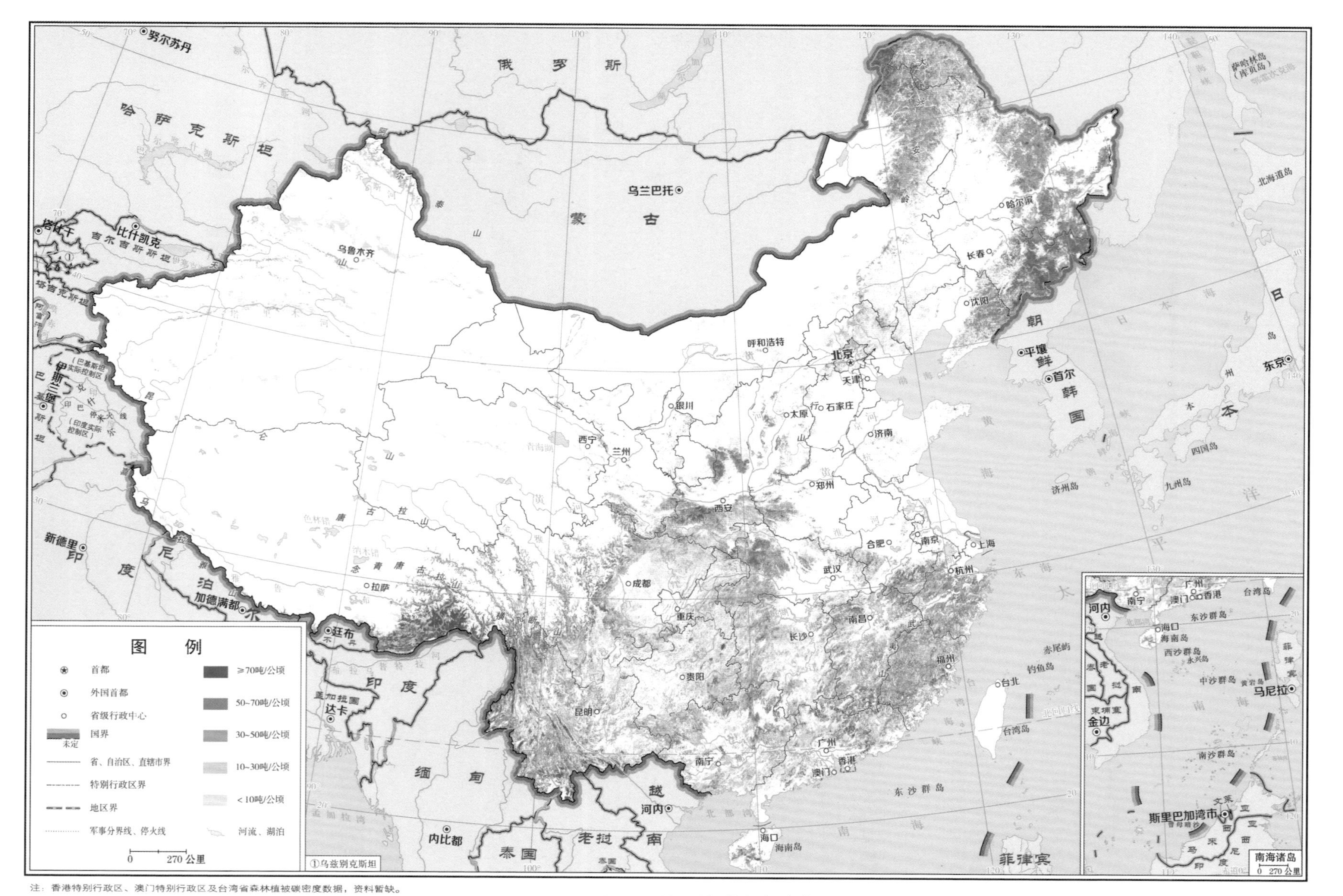

附图13 中国森林植被碳密度分布

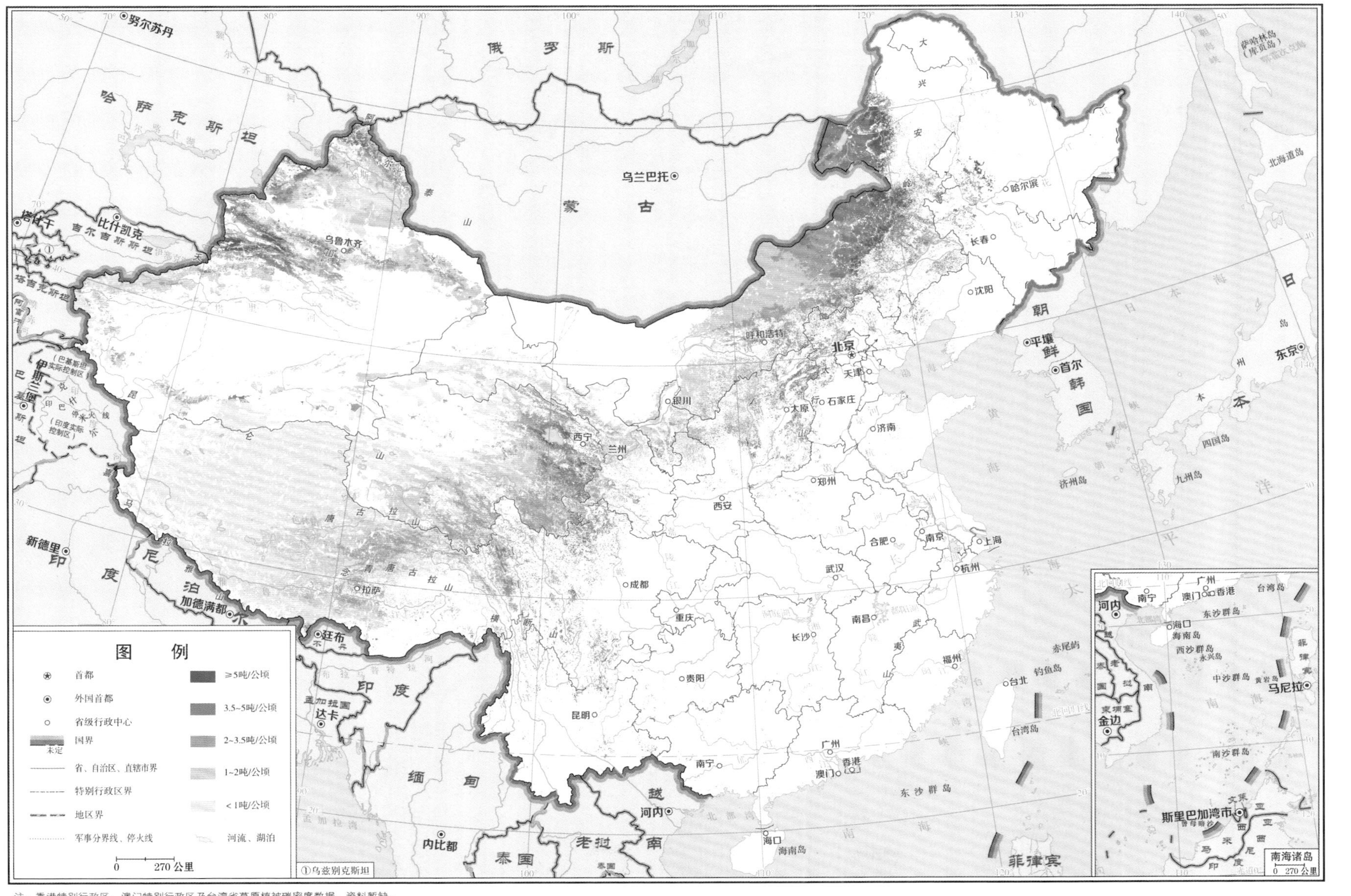

注：香港特别行政区、澳门特别行政区及台湾省草原植被碳密度数据，资料暂缺。

附图14　中国草原植被碳密度分布

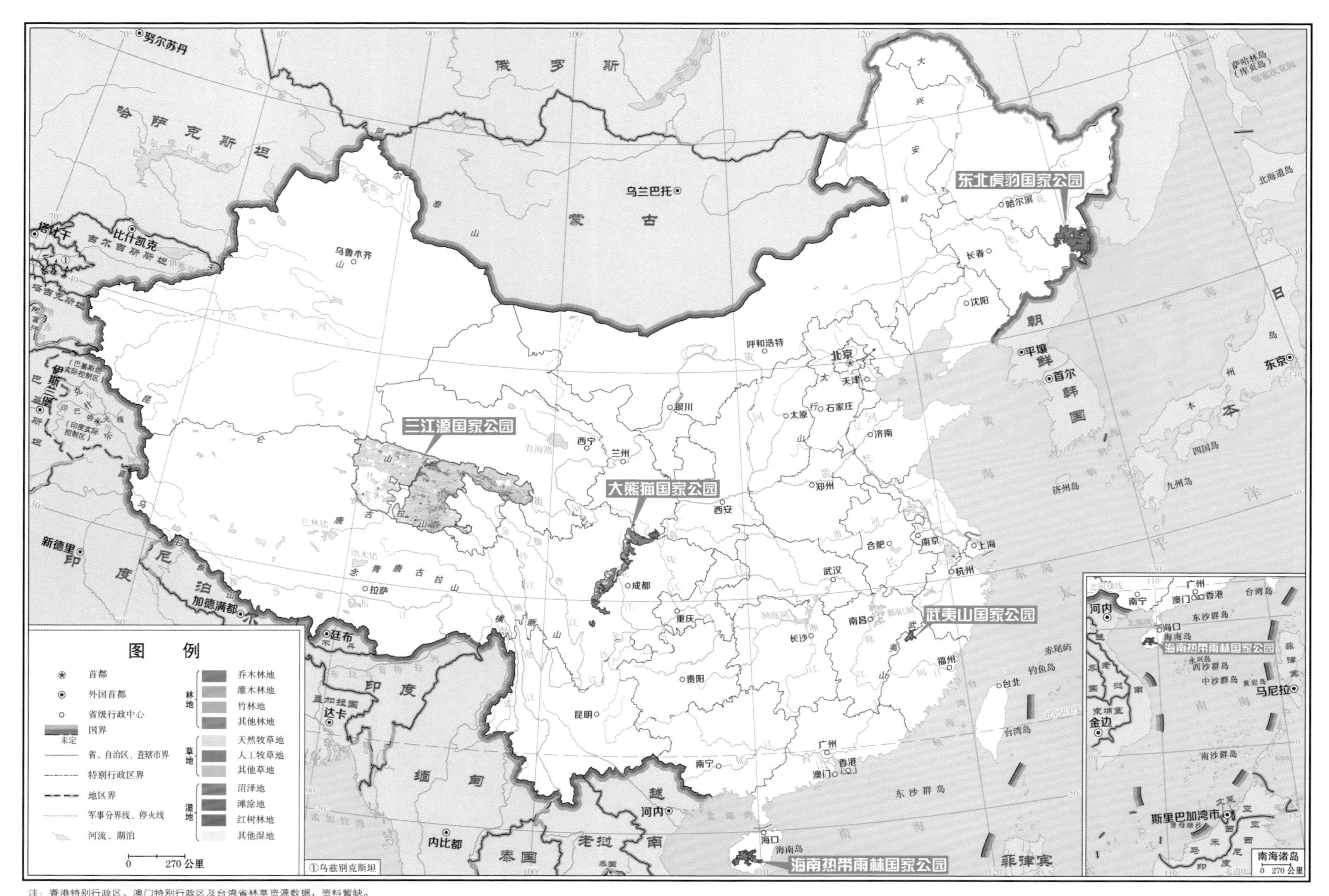

注：香港特别行政区、澳门特别行政区及台湾省林草资源数据，资料暂缺。

附图15　中国国家公园林草资源分布